国家重点研发计划资助：净零能耗建筑关键技术研究与示范 2016YFE0102300

净零能耗建筑示范工程与关键技术实施指南

蒋立红　邓明胜　孙鹏程　周　辉　**主　编**
于　科　潘玉珀　张世武　张起维　**副主编**

海洋出版社

2019年·北京

内容简介

本书以山东建筑大学教学实验楼、山东城市建设职业学院实验实训中心为我国净零能耗建筑的示范工程，详细介绍了装配式净零能耗建筑的施工组织设计，关键施工工艺操作技术，关键节点连接技术，BIM 技术，装配式全过程质量控制技术，基于净零能耗目标的保温、气密性、热回收等专项施工技术以及净零能耗建筑性能分析报告，为我国净零能耗建筑的设计、施工、检测、评价、调适和运维提供技术引领和参考。

图书在版编目（CIP）数据

净零能耗建筑示范工程与关键技术实施指南/蒋立红等主编. —北京：海洋出版社，2019.11

ISBN 978-7-5210-0479-3

Ⅰ.①净⋯ Ⅱ.①蒋⋯ Ⅲ.①建筑能耗-节能-指南 Ⅳ.①TU111.19-62

中国版本图书馆 CIP 数据核字（2019）第 272439 号

图书策划：张世武
责任编辑：常青青
责任印制：赵麟苏

海洋出版社 出版发行

http：//www.oceanpress.com.cn

北京市海淀区大慧寺路 8 号 邮编：100081

中煤（北京）印务有限公司印刷 新华书店发行所经销

2019 年 12 月第 1 版 2019 年 12 月北京第 1 次印刷

开本：787 mm×1092 mm 1/16 印张：21.5

字数：416 千字 定价：168.00 元

发行部：62132549 邮购部：68038093

总编室：62114335 编辑室：62100038

海洋版图书印、装错误可随时退换

前　言

我国正处在城镇化快速发展和全面建成小康社会的关键时期。经济社会快速发展，人民生活水平不断提高，导致能源和环境矛盾日益突出，建筑能耗总量和能耗强度上行压力不断加大。党的十九大报告提出"建立健全绿色低碳循环的经济体系，形成绿色发展方式和生活方式"，这是指导我国"十三五"时期甚至更为长远的科学发展的新理念和方式，是深入推进与加速发展绿色建筑及相关领域面临的难得机遇。实施能源资源消费革命发展战略，推进城乡发展从粗放型向绿色低碳型转变，对实现新型城镇化、建设生态文明具有重要意义。

建筑节能和绿色建筑是推进新型城镇化、建设生态文明、全面建成小康社会的重要举措。《国家新型城镇化规划（2014—2020）》提出了到 2020 年，城镇绿色建筑占新建建筑的比重要超过 50% 的目标，《关于加快推进生态文明建设的意见》要求，要大力发展绿色建筑，实施重点产业能效提升计划等措施，为推动城乡建设工作提出了新的任务和要求。

从世界范围来看，欧盟等发达国家为应对气候变化、实现可持续发展战略，不断提高建筑能效水平。欧盟 2002 年通过并于 2010 年修订的《建筑能效指令》（EPBD），要求欧盟国家在 2020 年前，所有新建建筑都必须达到近零能耗水平。丹麦要求 2020 年后居住建筑全年冷热需求降低至 20 kWh/（m²·a）以下；英国要求 2016 年后新建建筑达到零碳，2019 年后公共建筑达到零碳；德国要求 2020 年 12 月 31 日后新建建筑达到近零能耗，2018 年 12 月 31 日后政府部门拥有或使用的建筑达到近零能耗。德国"被动房"（passive house）是实现近零能耗目标的一种技术体系，它通过大幅度提升围护结构热工性能和气密性，同时利用高效新风热回收技术，将建筑供暖需求降低到 15 kWh/（m²·a）以下。美国要求 2020—2030 年"零能耗建筑"应在技术经济上可行；韩国提出 2025 年全面实现零能耗建筑目标。许多国家都在积极制定净零能耗建筑发展目标和技术政策，建立适合本国特点的净零能耗建筑标准及相应技术体系，净零能耗建筑正在成为建筑节能的发展趋势。

自 1980 年以来，我国建筑节能工作以建筑节能标准为旗帜取得了举世瞩目的成功，建筑节能工作经历了 30 年的发展，现阶段建筑节能 65% 的设计标准已经全面普及。在中国住房和城乡建设部与德国联邦交通、建设及城市发展部的支持下，住房城乡建设部科技发展促进中心与德国能源署自 2007 年起在建筑节能领域开展技术交流、培训和合作，引进德国先进建筑节能技术，以净零能耗建筑技术为重点，建设了河北秦皇岛在水一方、黑龙江哈尔滨溪树庭院等超低能耗绿色建筑示范工程。同时与美国、加拿大、丹麦、瑞典等多个国家开展了近零能耗建筑节能技术领域的交流与合作，示范项目在山东、河北、新疆和浙江等地陆续涌现，取得了很好的效果。建筑节能工作减缓了我国城镇化发展带来的持续高速增长的建筑能耗的趋势，净零能耗建筑的设计与发展，让建筑迈向更低能耗的方向，最终使建筑物可以达到能量供给和使用的长期平衡。

本书基于山东建筑大学教学实验综合楼、山东城市建设职业学院实验实训中心两栋净零能耗建筑，详细介绍装配式净零能耗建筑的施工组织设计，关键施工工艺操作技术，关键节点连接技术，BIM 技术，装配式全过程质量控制技术，基于净零能耗目标的保温、气密性、无热桥、装配式等专项施工技术以及净零能耗建筑性能分析报告，作为净零能耗示范工程，已取得非常好的节能效果与广泛的社会影响。

本书主要编写人员有中国建筑股份有限公司的蒋立红、孙鹏程、周辉、张起维、马瑞江、徐洪涛、王光瑞、胡安琪等。中国建筑第八工程局有限公司的邓明胜、于科、李忠卫、潘玉珀、徐玉飞、张爱军、葛振刚、房海波、刘永涛、王晓丽、张世武、马桂宁、李官辉、李景轩、王冰、程银行、唐伟耀、李强、王少安、吉柳彧、张长帅、赵海峰、庞茜、窦安华、孙洪磊；廖建平、柴宇麒（上海舜谷）；李长峰（山东大学）；孟嫣然（上海交大实习生）、许迪等。感谢本课题的项目牵头承担单位住房和城乡建设部科技与产业化发展中心的大力支持。

由于净零能耗建筑技术内容量大面广，工程载体数量有限，本书无法全面覆盖，期望抛砖引玉，为我国同类工程建设提供一点有益的技术参考。本书有不当之处在所难免，望读者批评指正，切磋交流。

目　录

第三篇　净零能耗建筑性能分析报告

第四篇　净零能耗建筑装配式施工组织

第一篇　净零能耗建筑综述

第1章　净零能耗建筑概念

面对日益严重的能源危机和环境污染，与普通的标准房屋相比，低能耗房屋能耗更低、碳排放更少，同时，在解决南方地区集中供暖、北方地区减少燃煤供暖，减少雾霾污染源、推动产业转型升级方面也将大有作为，建造低能耗房屋是未来建筑节能减排的重要途径。与此同时，出现了一批与能耗相关的建筑新名词，厘清其概念与相互关系，有助于明确研究对象的定位，展开适用于我国国情的净零能耗建筑技术研究。按照其节能效果先后顺序，归为四档：

第一档：低能耗建筑（Low energy buildings）：能耗指标各国、各纬度标准不一样；类似于我国寒冷地区节能65%标准。

第二档：被动房（Passive house）：建筑不需要传统供暖和制冷系统就能获得舒适的室内环境。能耗值15 kWh/（$m^2 \cdot a$）。类似于我国寒冷地区节能85%~90%标准。高保温、无热桥、门窗气密水密抗风压隔声、房屋气密、机械换热新风、创新供热技术。

第三档：零能耗建筑（Zero Energy Buildings）名称不统一。

（1）净零能耗建筑（Net Zero Energy Buildings）：取暖制冷耗能与产能平衡。其他用能另算，如家电。

（2）隔离式零能耗建筑（Zero Stand Alone Buildings）：外网能源仅备用，建筑全年蓄积的总能全年使用。

（3）零碳排放建筑（Zero Carbon Buildings）：建筑运行过程，全年产生的清洁能源提供全年能耗量。

另有美国零能耗住宅项目ZEH（Zero Energy Homes）：住宅零能耗。计划到2020年实现独立住宅净零能耗。

第四档：产能建筑（Plus Energy Buildings）：（德国叫Active House）。建筑全年产生的能源大于各类消耗能源之和。

在建筑物迈向更低能耗的方向上，国际上尚无统一定义，但目标是一致的，即通过建筑被动式、主动式设计和高性能能源系统及可再生能源系统应用，最大限度减少化石能源消耗。从定义涵盖范围来看，净零能耗建筑的核心内涵为通过被动式手段达到超低能耗；零能耗、产能建筑较近零能耗建筑增加了智能电网、分布式能

源等概念，与我国传统意义的建筑节能有所不同。[1,2]

另外，新概念的建筑造价比一般房屋贵，但是从长远来看，可省下不少电费，而且伴有较佳的室内温度和通风系统、更多采光和更好的防冷、隔热效果等好处。

净零能耗建筑与中国普通节能标准建筑相比，具备更低能耗、更舒适、更健康、更高质量、更智能等特点。建筑物全年供暖供冷需求显著降低，取消传统供暖方式，全年供暖供冷需求降低85%~95%。建筑内墙表面温度均匀一致，波动幅度小，与室内空气温度温差小，用户体感较普通建筑更为舒适。具备良好的气密性和隔声效果。应用带高效热回收的有组织的新风系统，全年保证足够的新鲜空气，同时通过空气净化技术提升室内空气品质。通过应用智能建筑技术，对新风量、室内空气质量、热舒适度指标、墙体温度进行实时监测，采用能耗分项计量等综合技术措施分析室内热舒适度受室外温度变化的影响；自动开启空调系统控制室内热舒适度。采用无热桥、高气密性设计和建筑装修一体化建造技术，建筑质量高、寿命长。

建设低碳城市不可照搬欧美国家的经验。中国与欧美国家居民的居住形态、生活习惯等都有所不同，不能一概而论。根据我国国情，谋求发展需借鉴其经验并吸取教训，并结合本地实际情况来考虑。

中国的建筑形态与发达国家不一样，主要是高密度聚居区，而"零能耗建筑"虽然不用商业能源，但依靠的太阳能板、地源热泵管道等都需要非常大的占地面积，在实际使用中受到客观条件的限制。在中国，大型住宅建筑也较少使用中央空调，中国居民具有节俭的好习惯，分体式空调的能耗反而更低。

中国发展净零能耗建筑需要重点考虑的问题是：室内环境标准、建筑特点、气候差异、生活习惯、用能特点及能源核算方法等。

主要参考文献

[1]　全国被动式超低能耗建筑大会会议论文集［C］. 北京：论文集出版社，2016、2017.
[2]　住房和城乡建设部. 2015.《被动式超低能耗绿色建筑技术导则（试行）（居住建筑）》.

第2章　国外净零能耗建筑研究现状

建筑能耗的边界可以划分为两个，第一个边界为建筑能量需求边界，在这个边界上建筑物同室外环境进行能量交换，如太阳辐射和室内得热、围护结构与室外环境之间的能量交换，我们将这个边界上的能量需求定义为负荷，即满足建筑功能和维持室内环境所需要向建筑提供的能量（冷、热、电）；第二个边界是建筑能源使用边界，在这个边界上建筑的电力、供暖、空调等能源系统提供建筑需要的能量所消耗的化石能源（图2-1）。

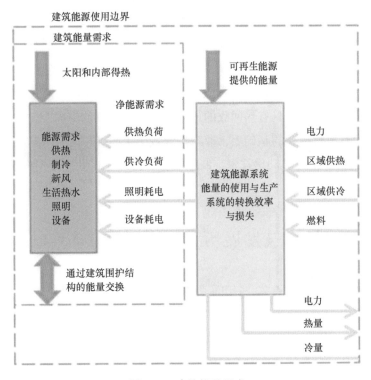

图 2-1　建筑能量组成

现阶段实现建筑的超低能耗主要在建筑的两个能量边界上采取相应的技术措施，技术措施的侧重点的差异产生了不同的低能耗建筑概念。而低能耗建筑强调在建筑能量需求边界上采取措施，最大限度地降低建筑能量需求，最小限度地依赖建筑能源系统，进而降低建筑的能源消耗。净零能耗建筑的理念认为降低能耗的关键在于减低需求，而不是提高能源供应的数量和效率。

2.1　净零能耗建筑产生背景

第一个符合被动房要求的并不是真正意义上的"建筑"，而是"弗莱姆"号（Fram）极地探险船，由探险家福瑞德约夫·南森（Fritjof Nansen）于 1883 年建造。

他在航海日志中写道："……墙面覆盖着煤焦油毡，里面填满了软木屑，外包一层软杉木，软杉木外面还有一层厚厚的油毡，之后是油布做的气密层，最后再用木头包裹作为外墙面。窗户由 3 层玻璃或者其他方法保护，以防止霜冻进入室内。即使温度计显示外面是 5℃或者−30℃，不需要火炉来供暖。通风是完美的，因为它完全依靠通风设备来抽取室外的冷空气。"

直到百年后，在沃尔夫冈·菲斯特（Wolfgang Feist）教授的长期推动下，"被动房"的概念才被世界广泛了解和认可，菲斯特教授因此被誉为"被动房之父"。

自 1988 年起，菲斯特就开始思考什么样的设计能使建筑更具可持续性、更加节能，菲斯特于 1991 年在德国达姆施塔特建成世界上第一栋低能耗房屋，展示了他对未来建筑的构想。该建筑为联排式房屋，共有 4 户，集节能、舒适、经济、高保温隔热的门窗及建筑墙体，具有热回收的通风系统以及良好的室内空气质量于一体。

在这个项目取得成功的基础上，菲斯特教授于 1996 年在德国创立了被动房研究所（PHI），致力于研究被动房技术、制定被动房标准并在世界范围内推广被动式建筑建造技术。

2.2　净零能耗建筑发展历程

在首个被动房诞生后的 20 多年间，被动房已在世界各地尤其是德国得到了迅速推广和广泛应用，2000 年德国建成了首个被动房小区，并以每年新增 3 000 栋的速度增长。

欧盟国家是当今全球仅次于美国的能源消耗大户，其中建筑能耗比重较大，占欧盟总能源消耗的 40%，建筑领域温室气体的排放已达到世界温室气体排放总量的 30%左右。欧盟建筑能耗比重最大的是采暖空调，约占居住建筑能耗的 70%，公共建筑能耗大 50%。由于建筑节能的成本收益相对于其他行业（工业、交通）更高，因此建筑节能成为欧盟实现其减排目标的优先发展领域。2007 年 3 月，欧盟国家与政府首脑会议提出了 3 个"20%"的节能减排目标：即在 2020 年以前将温室气体的排放量在 1990 年水平上降低 20%，2020 年前将一次能源消耗降低 20%，2020 年前将可再生能源的应用比例提高 20%。

2010 年 6 月 18 日，欧盟出台了《建筑能效 2010 指令》（EPBD2010）。该指令规定，成员国从 2020 年 12 月 31 日起，所有的新建建筑都是近零能耗建筑；2018 年 12 月 31 日起，政府使用或拥有的新建建筑均为零能耗建筑。为了实现欧盟的能效提升目标，各成员国都积极推进净零能耗建筑（近零能耗建筑）的发展，包括能效高于国家现行标准 30% 以上的低能耗建筑、被动房（3 升房）、零能耗建筑和产能房，逐步建立和完善了净零能耗建筑标准体系。低能耗建筑在欧洲各国的定义不太统一，通常指能效高于国家现行标准 30% 的建筑，这在几年后成了新的国家标准。

被动房指采用各种节能技术构造最佳的建筑围护结构和室内环境，极大限度地提高建筑保温隔热性能和气密性，使建筑物对采暖和制冷需求降到最低。在此基础上，通过各种低能耗建筑手段，如自然通风、自然采光、太阳能辐射和室内非供暖热源得热等来实现室内舒适的热湿环境和采光环境，最大限度地降低对主动式机械采暖和制冷系统的依赖或完全取消这类设施。当建筑采暖负荷不高于 10 W/m^2 时，被动房可以依靠带高效热回收效率的新风系统采暖。

被动房的推广成为欧盟进一步挖掘建筑节能潜力，摆脱对化石能源依赖的有力措施之一。在被动房的基础上，欧盟还进一步研究与发展零能耗建筑和产能房建筑（或正能效建筑）的概念，这代表了未来建筑节能的方向。

2.2.1　欧洲典型国家低能耗建筑和被动房标准现状

被动房标准是欧洲各国在低能耗建筑标准基础上发展起来的，欧洲节能减排发展较好的国家已经建立了相应的净零能耗建筑标准体系，推动了各国的能效提升工程。本章将介绍 8 个欧洲国家净零能耗建筑标准发展状况。[1,2]

1. 瑞典

瑞典目前执行的建筑节能规范是 2009 年修订后的 BBR16，该规范并没有提到低能耗建筑的定义，因此 2007 年成立的建筑效能论坛（Forum for Energy Efficiency Buildings，FEBY）制定了低能耗建筑认证的相关文件。FEBY 是瑞典能源署资助的机构，其合作成员包括瑞典环境研究机构（IVL）、ATON 技术咨询公司、隆德大学、瑞迪技术研究院（SP）。FEBY 颁布了低能耗建筑（Minienergi）和被动房两个标准，其中被动房标准包含了对零能耗建筑的定义。两个标准都参照德国被动房的标准，并进行了适当的调整以符合适应瑞典的气候条件和工程的经验和做法。根据 FEBY 的规定，被动式低能耗建筑的认证有两个选择，一个是规划设计认证，一个是建筑运营的认证，后者必须符合理论计算的值和相关标准。建筑运营核证需由第三方执行。对于零能耗建筑的认证只有针对实际运行效果的建筑运营认证。

　　瑞典将气候区划分为3个，瑞典北部属于气候一区，瑞典中部属于气候二区，瑞典南部属于气候三区。根据气候区的不同，划分不同的采暖负荷和终端能耗 [含采暖（制冷）、生活热水和辅助能源（用于新风系统或采暖）]。其限值如表2-1所示。

表2-1　瑞典低能耗建筑和被动房能耗限值

	采暖最大负荷 P_{max} [W/ (m²·a)]	一次能源 [kWh/ (m²·a)]	终端能耗 [kWh/ (m²·a)]	能源需求 [kWh/ (m²·a)]
低能耗建筑				
气候一区	20		≤88	
气候二区	18		≤84	
气候三区	16		≤80	
被动房				
气候一区	17		≤68（不含家用电器）	
气候二区	16		≤64（不含家用电器）	
气候三区	15		≤60（不含家用电器）	

2. 挪威

　　挪威现行的国家建筑节能标准是TEK，最新版本是2007年修订的TEK07，它规定建筑能源需求要比1997年降低25%。TEK07并不对低能耗建筑和被动房进行规定，挪威标准委员会专门起草了一个关于低能耗建筑和被动房的标准，名为NS3700。该标准也是基于德国被动房标准的定义和指标，并根据挪威的气候特征和施工标准进行了本土化的调整。该标准强调与瑞典和欧洲标准的一致性，避免大的变动。标准规定了一次能源表示方式有两种：一种方式是确定了一次能源每年每单位面积二氧化碳排放量；另一种方式是确定可再生能源在一次能源消耗总量中的比例（表2-2）。

表2-2　挪威低能耗建筑和被动房能耗限值

		采暖最大负荷 P_{max} [W/ (m²·a)]	一次能源 [kWh/ (m²·a)]	终端能耗 [kWh/ (m²·a)]	能源需求（仅指采暖需求） [kWh/ (m²·a)]
低能耗建筑（大于200 m²以上）	当年平均温度 t_{ym} ≥5℃		方案1: 二氧化碳（CO_2）: 35 kg/ (m²·a)		≤30
	当年平均温度 t_{ym} <5℃		方案2: 可再生能源比例 不小于15%		≤30+5 (5-t_{ym})
被动房			参照德国被动房标准		

3. 丹麦

自 1973 年第一次石油危机以来，丹麦就一直实行积极能源政策。1980 年以来，丹麦经济增长了 80%，但能源消耗总量基本维持不变。丹麦建筑能耗约占社会总能耗的 40%。目前，随着可再生能源供应比重的逐步提高，丹麦明确了未来能源发展的方向：到 2050 年，温室气体排放要在 1990 年的水平上降低 80% 以上，到 2050 年，完全摆脱对化石燃料的依赖。2013 年 3 月，丹麦议会批准通过了《2012—2020 年能源执政协议》。该协议提出了系列行动计划，旨在实现 2050 年 "100%依靠可再生能源供应" 的目标。其中 2020 年的主要预期目标为：

（1）与 1990 年相比，温室气体排放减少 34%；

（2）可再生能源占终端能源消费总量的比重超过 35%；

（3）2020 年前，新建建筑成为近零能耗建筑，主要依靠可再生能源；

（4）从 2013 年起，新建建筑禁止使用石油和天然气采暖，区域供热区内的现有建筑自 2016 年起不得安装新的燃油锅炉。进一步推广热泵、太阳能和生物质的热利用。

丹麦于 1961 年制定了第一部建筑条例（BR），随后每版建筑条例不断提高对建筑节能的要求，尤其是 BR08 和 BR10 版。丹麦的 2008 年的建筑条例（BR08）第 7.2.4 部分首次对低能耗建筑有明确的规定。2006 年丹麦为推动欧盟能效指令（EPBD2002/91/EC）在丹麦的实施，引入的低能耗建筑分级系统，将低能耗建筑分为低能耗建筑 1 级和低能耗建筑 2 级两级。低能耗建筑 2 级是低于 2006 年标准建筑能耗要求的 25%，目前已成为现行的丹麦 2010 版建筑条例的最低要求。低能耗建筑 1 级是低于 2006 年标准建筑能耗要求的 50%，预计成为丹麦 2015 版建筑条例的最低要求。丹麦 2020 版的建筑条例将进一步提高建筑能效，预计将建筑能耗降低到 2006 年水平的 75%（表 2-3）。

表 2-3　丹麦低能耗建筑和被动房能耗限值

	住宅能源需求 ［kWh/（m² · a）］	非住宅能源需求 ［kWh/（m² · a）］
2010 年建筑条例（强制性）/低能耗建筑 2 级	52.5（+1 650）	71.3（+1 650）
2015 年级别的建筑条例/低能耗建筑 1 级	30（+1 000）	41（+1 000）
2020 年级别的建筑条例	20	25

2000 年丹麦引入了被动房的概念，被动房的认证是参考了德国被动房的标准和指标，丹麦的被动房研究所是德国被动房研究所的合作单位，负责对丹麦的被动房进行认证。

4. 芬兰

自 2010 年 3 月，芬兰对建筑规范中的 C3 章（建筑保温）、D2 章（建筑室内环境和通风）及 D3 章（建筑能效）进行了修订。该规范中提到了低能耗建筑，但没有规定相应的限值，只是有推荐的最大热损失值。由于该规范对低能耗建筑只有一个推荐的指导值，因而规范对于低能耗建筑的定义不能视为低能耗建筑标准。因此，芬兰的工程师协会（RIL）专门制定了低能耗建筑和被动房标准 RIL 249—2009。该标准将低能耗建筑划分为几等，分别为 M-30、M-35、M-40、M-45 和 M-50，代表不同的单位面积年能耗需求。比如 M-40，代表每平方米每年终端能耗为 40 kWh（含采暖、通风、制冷和辅助设备用能）。

芬兰的被动房标准基于德国的被动房标准并根据芬兰的气候区进行了调整，也分为几个等级，包括 P15、P20 和 P25，也代表了不同的单位面积年终端能耗。

5. 德国

建筑能耗占德国能耗总量的 40% 左右，德国从 1977 年颁布第一部保温法规到 2012 年进一步修改建筑节能条例（En EV），共经历了 6 个节能阶段，建筑采暖能耗已由最初的 220 kWh/（$m^2 \cdot a$）下降到 2014 年 30 kWh/（$m^2 \cdot a$）的水平（见表 2-4）。在过去 20 年里，通过一系列措施，德国新建建筑单位居住面积的采暖能耗降低了 40% 左右。在此基础上，到 2020 年和 2050 年，采暖能耗应分别再次降低 20% 和 80%。

表 2-4　德国建筑节能条例发展历程

标准名称	采暖能耗需求限值 ［kWh/（$m^2 \cdot a$）］	折合一次能源耗油量（L）
保温条例（1977）	220	22
保温条例（1984）	190	19
保温条例（1996）	140	14
保温条例（2002）	70	7
保温条例（2009）	50	5
保温条例（2014）	30	3

日本发生福岛核电站事故后，德国率先宣布放弃使用核能（占其能源总供应量的 40%），并于 2011 年提出了新的房屋节能目标：自 2019 年 1 月 1 日起，将政府办公建筑建成近零能耗房屋；自 2021 年 1 月 1 日起，将所有新建房屋建成近零能耗房屋；到 2050 年，所有房屋节约 80% 的一次能源。发展被动式房屋是德国实现上述目标的基础，可为德国节省近 40% 的社会终端能耗。在被动式房屋的基础上，德国还将进一步研究产能房屋（energy plus）。

德国的低能耗建筑包括几类：RAL 认证体系下的低能耗建筑、被动房、3 升房、高能效建筑-德国复兴信贷银行节能房屋 70 和节能房屋 55。

1）RAL 认证体系下的低能耗建筑

德国的低能耗建筑是根据 RAL-GZ965 标准认证的，其规定低能耗建筑的传热损失要比现行的 En EV2009 低 30%，同时对其他的指标例如保温、气密性和通风系统进行了更严格的规定。该认证体系对低能耗建筑的认证也分为两类：一类是规划设计认证，另一类是运营阶段的认证。

2）被动房

它是在德国沃尔夫冈·菲斯特教授的研究下由德国被动房研究所（PHI）提出的净零能耗建筑形式。对"被动房"的定义是必须满足相应的能效指标。

表 2-5 德国被动房的指标体系

类别	指标名称	指标要求
气密性	n_{50}	≤0.6
能耗指标	总一次能源（含采暖、制冷、新风、生活热水、家用电器）	≤120 kWh/（m²·a）
	采暖一次能源	≤40 kWh/（m²·a）
	采暖需求	≤15 kWh/（m²·a）
	采暖负荷	≤10 W/m²
	制冷需求	≤15 kWh/（m²·a）
室内环境指标	室内温度	20~26℃
	超温频率	≤10%
	室内 CO_2 浓度	≤1 000×10⁻⁶

注：传热系数方面，德国的 U 值近似于我国采用的 K 值，可以互换。

德国被动房研究所是对被动房及其构件进行认证的权威机构之一。德国被动房与按 En EV 设计的节能建筑不一样，前者是由 PHPP 进行模拟的计算和认证。PHPP 是个工具包，包括对建筑围护结构构件的 U 值计算、能源平衡计算、设计舒适的通风系统、计算供热负荷等。该软件包括了许多欧洲国家的气象数据，从而使它更具有国际化的兼容性。En EV 被动房研究所除了对被动房进行认证外，也对建筑服务系统，如热交换器、热泵进行设备认证。

被动房的造价比按照德国 En EV 2009 建造的常规节能建筑，单位面积增量成本约高 150 欧元（Wuppertal 气候环境与能源研究所），其中窗户和通风系统增量成本占比较大，其次是保温隔热系统。

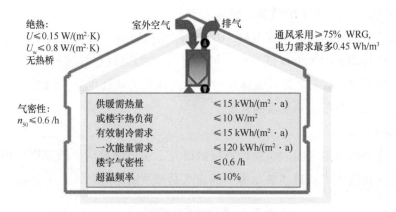

图 2-2　能效控制指标

在舒适性指标方面，被动房具体要求如表 2-6 所示。

表 2-6　被动房舒适性指标

项目	要求
室内温度	20~26℃
超温频率	≤5%
室内相对湿度	40%~60%
室内 CO_2 含量	$\leq 1\,000\times10^{-6}$
室内噪声	卧室≤25 dB，起居室≤30 dB
房屋气密性	$n_{50}\leq0.6/h$，即在室内外压差为 50 Pa 时，每小时的换气次数不得超过 0.6 次

3）3 升房

3 升房的概念是由德国弗朗霍夫研究所引入的建筑概念，指单位建筑面积年采暖需求不高于 35 kWh/（m² · a），即相当于 3 升耗油量，对应的是一次能源需求。该类建筑没有相应的认证体系，只是由弗朗霍夫研究所定义的一种净零能耗建筑，它给出了一次能源需求的限值，但没有技术系统方面的特殊要求，技术路线仍是参照德国 En EV 的要求。

6. 奥地利

奥地利有 9 个州，各自有自己的建筑法规。建筑能耗的计算方法参照奥地利 OIB 制定的奥地利标准 ONORM B8110-1 和欧洲标准 EN832。2008 年奥地利建立了建筑能效认证制度，它根据建筑采暖需求将建筑划分为几个等级，分别为 A++，A+，A 到 G，其中 A+ 相当于被动房的标准，采暖需求不高于 15 kWh/（m² · a），A++ 是最优等级，即采暖能耗和总能耗最低。

　　奥地利政府有专门针对低能耗建筑和被动房的资助计划。获得资助的低能耗建筑和被动房在国家标准 RLMA25 中有明确的定义。低能耗建筑中居住建筑的能耗标准被划分为两类：一类是有机械通风的建筑，另一类是不含机械通风的建筑。被动房的指标等同于德国的指标体系。

　　同时奥地利专门的"推动环境保护计划"也对被动房进行认证和资助。该项目的目标是降低 CO_2 的排放并提高可再生能源利用。该项目资助的被动房分 4 个分项进行评估和认证，分别是规划和竣工验收，能源供应，建筑材料和施工，空气质量和舒适性。每个分项都列出了相应的评价标准，这些标准也分为强制项和可选项，达到可选项便可获得相应的分数。4 个分项的总分为 1 000 分，获得被动房的认证必须达到所用的强制项且总分达到 900 分。截至 2010 年，奥地利的被动房已达到8 500 栋，并呈上升的发展趋势。自 2015 年起，奥地利只有被动房建筑可享受政府补贴。

　　7. 瑞士

　　瑞士的建筑节能国家标准是 SIA380/1：2009，但是该标准并没有对低能耗建筑进行定义。瑞士于 2006 年提出"2000 瓦社会"，并出台了指导文件 SIAD 0216，旨在促进可持续建筑的发展。该文件针对居住建筑、办公建筑和学校提出了建筑材料的一次能源耗能，对室内环境、生活热水、灯光、暖通设施的安装规定了相应的限值和要求，该指导文件也没有对低能耗建筑进行定义，而是专门制定了针对低能耗建筑认证的标准 Minergie。Minergie 于 2003 年颁布，认证的标志分为 Minergie ®，Minergie-P ® 和 Minergie-ECO ®/P-ECO ® 三类，每类标志的有效期为 5 年。Minergie-P 的能效要求参照德国被动房的认证标准，相当于瑞士被动房，Minergie-ECO/P-ECO 除了要满足 Minergie-P 的能效要求外，还加入了保持环境和健康的可持续性的标准。健康涉及采光、噪声、室内空气等细则，而环境标准涉及环保建筑材料的生产、建筑材料的循环利用和可再生能源优先利用，易于拆迁的建筑材料的循环利用等。这些标准等同于我国绿色建筑评价标准。

　　8. 英国

　　英国目前还没有对低能耗建筑和被动房进行明确的官方定义，然而国家的《可持续建筑规范》含有对可持续建筑评价分级的内容。该评价标准将可持续建筑分为六级，第六级是最节能和可持续方面水平最高的建筑，被认为达到"零碳"水平。评价内容包括能源和 CO_2 排放、水和材料、地表水径流、垃圾、污染、健康和舒适、能源能运管理和建筑生态等几个方面，也类似国内的绿色建筑评价。自 2008 年开始，英国所有的新建保障住房必须达到可持续建筑的三级水平，而对于商业开发建筑，可以自愿申请是否进行分级评价。在英国，英国建筑科学研究院（BRE）负责对被动房进行认证，认证标准参照德国的被动房标准。

2.2.2 其他国家低能耗建筑和被动房标准现状

2014 年 7 月，韩国政府发布《应对气候变化的零能耗建筑行动计划》，完成了世界第一个国家级零能耗建筑研究推广的顶层设计，分析了零能耗建筑推广的障碍，提出零能耗建筑发展目标和具体实施方案，明晰了零能耗建筑财税政策及技术补贴。同时，韩国设立国家重点研究计划，建立国家级科研团队进行零能耗建筑技术的研发，完成示范工程，建立零能耗建筑认证标准。

在韩国，"零能耗建筑"定义为"将建筑围护结构保温性能最大化从而将能量需求降到最低，然后使用可再生能源供能，从而实现能源自给自足的建筑"[2,3]。

为了加速推动零能耗建筑，韩国将广义的"零能耗建筑"具体划分为 3 种类别，分别是"低层零能耗建筑""高层零能耗建筑"以及"零能耗建筑社区"。

"低层零能耗建筑"，指层数小于 8 层，全年供冷、供暖、照明和通风能耗能实现自给自足的建筑。

"高层型零能耗建筑"，层数大于等于 8 层，建筑物需要通过最大化的使用自身可提供的可再生能源系统以满足所需的供冷供暖需求，不足的部分可以由附近学校、公园内的可再生能源装置补充。

"零能耗建筑社区"指高新智能化的零能耗城市，将零能耗建筑的规模从单体建筑扩展到了城市社区。

考虑到当前国家经济技术水平，零能耗建筑的推广实施不能一蹴而就，为此，韩国制定了详细的阶段性发展目标。2009 年 7 月 6 日，韩国政府颁布了"绿色增长国家战略及五年计划"，针对零能耗建筑目标做出三步规划：到 2012 年，实现低能耗建筑目标，建筑制冷/供暖能耗降低 50%；到 2017 年，实现被动房建筑目标，建筑制冷/供暖能耗降低 80%；到 2025 年，全面实现零能耗建筑目标，建筑能耗基本实现供需平衡。

德国被动房被作为净零能耗建筑理念的重要参考标准在世界范围内被广泛吸收和应用，除上述的丹麦和瑞士，其他国家推广净零能耗建筑的方式可以分为三类：第一类为直接应用德国被动房标准，如挪威、新西兰、英国、加拿大等国；第二类为根据本国的气候条件和国情在德国被动房的基础上进行调整，如奥地利、芬兰、意大利等国家；第三类国家仅接受被动式理念，针对本国情况重新开发，如美国、瑞士等。

净零能耗建筑作为更高节能性能建筑，是建筑节能的中短期目标，欧美发达国家均将净零能耗建筑作为建筑节能的发展方向和现有节能标准的重要补充。为全面提升建筑能效储备技术和产品。净零能耗建筑是目前欧美建筑节能研发和应用的重要领域，欧美主要国家已经或正在制定适应本国国情的净零能耗建筑技术体系。

2.3　我国净零能耗建筑政策及规范

目前，我国有针对超低能耗居住建筑的《被动式超低能耗绿色建筑技术导则（试行）（居住建筑）》、部分地标，部分省市还有"净零能耗建筑示范工程技术要点"等指导文件，详细规定了超低能耗居建、公建的各项指标，为净零能耗建筑的设计提供依据。2016年国家工程标准计划《近零能耗建筑技术标准》立项。

2.3.1　净零能耗建筑政策

1. 中共中央国务院

（1）《关于进一步加强城市规划建设管理工作的若干意见》（2016年2月21日）第五条第十二款要求：支持和鼓励各地结合自然气候特点，推广应用地源热泵、水源热泵、太阳能发电等新能源技术，发展被动式房屋等绿色节能建筑。完善绿色节能建筑和建材评价体系，制定分布式能源建筑应用标准。

（2）《"十三五"节能减排综合工作方案》（2017年1月5日）第七条指出：强化建筑节能。实施建筑节能先进标准领跑行动，开展超低能耗及近零能耗建筑建设试点，推广建筑屋顶分布式光伏发电。编制绿色建筑建设标准，开展绿色生态城区建设示范，到2020年，城镇绿色建筑面积占新建建筑面积比重提高到50%。实施绿色建筑全产业链发展计划，推行绿色施工方式，推广节能绿色建材、装配式和钢结构建筑。强化既有居住建筑节能改造，实施改造面积$5×10^8$ m^2以上，2020年前基本完成北方采暖地区有改造价值城镇居住建筑的节能改造。推动建筑节能宜居综合改造试点城市建设，鼓励老旧住宅节能改造与抗震加固改造、加装电梯等适老化改造同步实施，完成公共建筑节能改造面积$1×10^8$ m^2以上。推进利用太阳能、浅层地热能、空气热能、工业余热等解决建筑用能需求。（牵头单位：住房城乡建设部；参加单位：国家发展改革委、工业和信息化部、国家林业局、国管局、中直管理局等）

2. 国家发展改革委、住房城乡建设部

（1）《城市适应气候变化行动方案》（2016年2月4日）在建筑设计、建造以及运行过程中充分考虑气候变化的影响，在新建建筑设计中充分考虑未来气候条件。积极发展被动式超低能耗绿色建筑，通过采用高效高性能外墙保温系统和门窗，提高建筑气密性。

（2）《"十三五"全民节能行动计划》（2016年12月23日）第一条指出：大幅提升新建建筑能效。编制绿色建筑建设标准，提高建筑节能标准要求，严寒及寒冷地区城镇新建居住建筑加快实施更高水平的地方建筑节能强制性标准，逐步扩大绿色建筑标准强制执行范围。实施绿色建筑全产业链发展行动，推进高水平高性能绿色建筑发展，积极开展超低能耗或近零能耗建筑（小区）建设示范。推进建造方式绿色化，推广装配式住宅，鼓励发展现代钢结构建筑。推动绿色节能农房建设试点。引导绿色建筑开发，6单位及物业管理单位更加注重绿色建筑运营管理，实现绿色设计目标，加快培育绿色建筑消费市场，定期发布绿色建筑信息。到2020年，城镇新建建筑能效水平较2015年提升20%，城镇绿色建筑占新建建筑比重超过50%，比2015年翻一番。

3. 北京市

（1）2016年，《中共北京市委北京市人民政府关于全面深化改革提升城市规划建设管理水平的意见》指出：鼓励发展净零能耗建筑技术，建设近零碳排放区示范工程。大力实施建筑节能改造工程，推进既有建筑绿色化改造，全面完成城镇非节能居住建筑节能改造。

（2）《北京市公共建筑能效提升行动计划（2016—2018年）》提出：将在北京城市副中心市级行政办公区、北京新航城、海淀北部新区等区域建设一批超低能耗和高星级绿色公共建筑，引领示范本市其他新建的公共建筑。

（3）《北京市推动净零能耗建筑发展行动计划（2016—2018年）》要求：三年内建设不少于30×10^4 m^2的超低能耗示范建筑，建造标准达到国内同类建筑领先水平，争取建成净零能耗建筑发展的典范，形成展示北京绿色发展成效的窗口和交流平台。

2.3.2 净零能耗建筑规范

我国净零能耗建筑相关标准、图集、规范整理如表2-7所示。

表2-7 我国净零能耗建筑相关标准、图集、规范

序号	名称	级别
1	《被动式超低能耗绿色建筑技术导则（试行）（居住建筑）》	住建部
2	《被动式低能耗建筑——严寒和寒冷地区居住建筑》（16J 908—8）	住建部
3	《被动式低能耗居住建筑节能设计标准》[DB 13（J）/T 177—2015]	河北省住建厅
4	《被动式低能耗居住建筑节能构造》（DBJT 02—109—2016）	河北省工程建设标准设计
5	《被动式低能耗建筑施工及验收规程》[DB13（J）/T 238—2017]	河北省工程建设标准
6	《被动式超低能耗居住建筑节能设计标准》（DB37/T 5074—2016）	山东省住建厅
7	《黑龙江省净零能耗建筑设计标准》（即将发布）	黑龙江省住建厅

2.4 国内净零能耗建筑技术指标体系

2.4.1 气候区划及设计原则

中国幅员辽阔，地形复杂。由于地理纬度、地势等条件的不同，各地气候相差悬殊。因此，针对不同的气候条件，各地建筑的节能设计都有对应不同的做法。夏季炎热地区的建筑需要遮阳、隔热和通风，以防室内过热；寒冷地区的建筑则要防寒和保温，让更多的阳光进入室内。《民用建筑热工设计规范》（GB 50176—2016）将中国划分为 5 个一级区划气候区（表 2-8），11 个二级区划气候区（表 2-9），并对各个子气候区的建筑设计提出了不同的要求。被动式技术的合理应用，可以使北方建筑保证冬季室内温暖舒适的同时，夏季更加凉爽宜人；南方建筑保证夏季室内凉爽舒适的同时，冬季更加温暖舒适。

表 2-8 气候区一级区划

一级区划名称	区划指标		设计原则
	主要指标	辅助指标	
严寒地区（1）	$t_{min \cdot m} \leqslant -10℃$	$145 \leqslant d_{\leqslant 5}$	必须充分满足冬季保温要求，一般可不考虑夏季防热
寒冷地区（2）	$-10℃ < t_{min \cdot m} \leqslant 0℃$	$90 \leqslant d_{\leqslant 5} < 145$	应满足冬季保温要求，部分地区兼顾夏季防热
夏热冬冷地区（3）	$0℃ < t_{min \cdot m} \leqslant 10℃$ $25℃ < t_{max \cdot m} \leqslant 30℃$	$0 \leqslant d_{\leqslant 5} < 90$ $40 \leqslant d_{\geqslant 25} < 110$	必须满足夏季防热要求，适当兼顾冬季保温
夏热冬暖地区（4）	$10℃ < t_{min \cdot m}$ $25℃ < t_{max \cdot m} \leqslant 29℃$	$100 \leqslant d_{\geqslant 25} < 200$	必须充分满足夏季防热要求，一般可不考虑冬季保温
温和地区（5）	$0℃ < t_{min \cdot m} \leqslant 13℃$ $18℃ < t_{max \cdot m} \leqslant 25℃$	$0 \leqslant d_{\leqslant 5} < 90$	部分地区应考虑冬季保温，一般可不考虑夏季防热

表 2-9 气候区二级区划

二级区划名称	区划指标	设计要求
严寒 A 区（1A）	$6\,000 \leqslant HDD18$	冬季保温要求极高，必须满足保温设计要求，不考虑防热设计
严寒 B 区（1B）	$5\,000 \leqslant HDD18 < 6\,000$	冬季保温要求非常高，必须满足保温设计要求，不考虑防热设计
严寒 C 区（1C）	$3\,800 \leqslant HDD18 < 5\,000$	必须满足保温设计要求，可不考虑防热设计

续表

二级区划名称	区划指标		设计要求
寒冷 A 区（2A）	2 000≤HDD18 <3 800	CDD26≤90	应满足保温设计要求，可不考虑防热设计
寒冷 B 区（2B）		CDD26>90	应满足保温设计要求，宜满足隔热设计要求，兼顾自然通风、遮阳设计
夏热冬冷 A 区（3A）	1 200≤HDD18<2 000		应满足保温、隔热设计要求，重视自然通过、遮阳设计
夏热冬冷 B 区（3B）	700≤HDD18<1 200		应满足隔热、保温设计要求，强调自然通风、遮阳设计
夏热冬暖 B 区（4B）	HDD18<500		应满足隔热设计要求，可不考虑保温设计，强调自然通风、遮阳设计
夏热冬暖 A 区（4A）	500≤HDD18<700		应满足隔热设计要求，宜满足保温设计要求，强调自然通风、遮阳设计
温和 A 区（5A）	CDD26<10	700≤HDD18<2 000	应满足冬季保温设计要求，可不考虑防热设计
温和 B 区（5B）		HDD18<700	宜满足冬季保温设计要求，可不考虑防热设计

注：$HDD18$ 为采暖度日数，$CDD26$ 为空调度日数，全国主要城镇热工设计区属及建筑热工设计用室外气象参数应按《民用建筑热工设计规范》（GB 50176），表 A.0.1 选用。

2.4.2 净零能耗建筑适用性分析

中国作为一个历史悠久、国土广袤的多民族发展中大国，在室内环境、居民生活习惯、建筑特点和建筑能耗特点等方面与国外相比都有独特之处，且无发达国家成熟经验供参考，这些都增加了我国净零能耗建筑技术体系研发难度。

1. 中国发展净零能耗建筑的特殊国情

1）室内环境标准和生活习惯

我国是一个发展中国家，经济发展不均衡，不同气候区居住建筑室内环境有着较大的差异，整体低于发达国家。主要体现在室内温度不达标、新风量不足。欧美发达国家大多严格规定满足用户的新风量，为了保证送风量的稳定，一方面增加建筑的气密性要求，同时使用机械通风保证新风量的供应。在我国开窗是居住建筑获得新风最普遍的方式，并不对室内新风量进行严格要求。在室内温度方面，我国夏季室内温度显著高于欧美，冬季室内温度普遍偏低。调查表明，冬季严寒和寒冷地区集中供暖的建筑室内温度普遍在18℃以上，但夏热冬冷地区室内温度基本在10℃

以下。该地区供暖设施并不普及，室内湿度主要分布在 60% ~ 90%，室内湿冷，舒适度差。在夏季，开窗通风是解决室内过热问题的首选，空调系统间歇运行，室内温度偏高，基本分布在 25~32℃。

如果我国净零能耗建筑追求欧美的全空间、全时间的高舒适度，对室内环境标准进行大幅度的提升势必导致建筑能耗的快速上升，因此我国被动式低能耗建筑指标体系必须立足于国情，在尊重居民生活习惯和降低建筑能耗的前提下，适当地提高建筑环境标准，营造适合我国居民的健康舒适的室内环境。

2) 气候特点

不同于德国的单一气候，我国地域广阔，横跨多个气候带，五大建筑气候分区气候特点差异大。从纬度上看柏林比哈尔滨更靠近北极，但其冬季供暖度日数与沈阳接近，供冷度日数与哈尔滨相近，也就是说德国相比于我国同纬度的地区气候更加温和，供暖为主而空调需求较小。从数值上来看，德国夏季基本无须空调，我国多数地区夏季存在空调需求。而且，从供暖度日数和供冷度日数上来看，我国不同气候区差异大，东西南北的供暖和空调需求极不均衡，因此我国不同气候区气候的差异使得全国无法实施统一的净零能耗建筑能耗指标，德国被动房指标体系更是无法适用。

3) 建筑特点

我国居住建筑与欧美存在显著差异，国内大型城市新建城镇住宅建筑以高层建筑为主，中小型城市以多层住宅为主，从分布来看，多层住宅是我国住宅的主要形式，高层住宅的比例在不断提升。欧美居住建筑普遍为三层及三层以下的别墅，德国约 85%（以面积计算）的居住建筑为三层和三层以下（Villa），15% 为中高层公寓（Apartment）。与德国建筑相比，我国建筑密度大，容积率高，公共空间面积大，公共外门频繁开启，导致了能耗特点的明显差异。

4) 建筑能耗特点

不同于发达国家的高舒适度和高保证率下的高能耗，我国建筑能耗特点为低舒适度和低保证率下的低能耗，并且我国不同年代建筑能耗强度差异大。统计数据表明，英国、法国、德国、意大利四国普通居住建筑单位面积能耗为 35 kgce/（m² · a）[一次能源消耗量约为 285 kWh/（m² · a）]，我国普通城镇居住建筑单位面积能耗仅为 14.5 kgce/（m² · a）[一次能源消耗量约为 118 kWh/（m² · a）]，现有居住建筑的能耗本来就满足德国被动房一次能源消耗不高于 120 kWh/（m² · a）的要求。不可否认，随着生活水平的提高，建筑能耗强度会有所上升，但就现阶段而言，德国被动房指标体系中的一次能源消耗量要求对于我国是不适用的。

2. 中国净零能耗建筑技术适用性研究

1）健康舒适的建筑室内环境标准

营造健康、舒适的室内环境是净零能耗建筑的核心目的之一。就像保温瓶的保温原理一样，净零能耗建筑的高保温性能的外围护结构使室内能够保持适宜的温度。无论是寒冷的冬季还是炎热的夏季，净零能耗建筑通过被动技术措施使室内温度在适宜的范围内波动。在我国传统的习惯中，居民在室外环境适宜时，通过开窗调节室内的环境。

在自然通风的环境下，人们可以获得满意的舒适度，这也是净零能耗建筑追求的目标，而当室外气象条件无法通过自然通风满足人体的热舒适要求时，主动供冷或供暖系统将启动，用以保持适宜的室内环境。净零能耗建筑通过高效的新风系统能够在室外环境不适宜开启外窗自然通风的时候，以极低的能源消耗，在保证室内温度恒定的前提下，提供充足、健康、新鲜的空气，新风量不少于 30 m³/（h·人），以保证室内良好的空气品质，因此，净零能耗建筑能够提供充足健康的新风。

净零能耗建筑使用被动式技术在所有的气候区都能够营造健康和舒适的室内环境，它通过供暖系统保证冬季室内温度不低于 20℃，在过渡季，通过高性能的外墙和外窗遮阳系统保证室内温度在 20~26℃ 之间波动；在夏季，当室外温度低于28℃、相对湿度低于 70% 时，通过自然通风保证室内舒适的室内环境；当室外温度高于 28℃ 或相对湿度高于 70% 时以及其他室外环境不适宜自然通风的情况下，主动供冷系统将会启动，使室内温度不高于 26℃，相对湿度不高于 60%。当然，在一些气候区，净零能耗建筑可以不使用主动供暖或供冷系统也可以保证室内有很好的舒适度，当不设供暖设施时，要求过冷小时数（全年室内温度低于 20℃ 的小时数占全年时间的比例）不高于 10%；当不设空调设施时，要求过热小时数（全年室内温度高于 28℃ 的小时数占全年时间的比例）不高于 10%。例如，在严寒地区，仅通过被动式技术就可以保证夏季室内保持舒适的温度，或是在夏热冬暖气候区，良好的围护结构使得冬季不采用主动供暖系统，改善冬季室内温度偏低的情况。我国净零能耗建筑的室内环境较现有水平有较大的提升，但不盲目追求欧美过高的舒适度和保证率。

2）科学合理的主要控制性性能指标的制定

控制性性能指标作为净零能耗建筑技术体系的核心，其科学合理对净零能耗建筑的发展有着至关重要的意义。控制性性能指标由单位面积年供暖量和年供冷量要求、气密性要求、供暖空调和照明年一次能源消耗三项指标组成。单位面积年供暖量和供冷量要求主要立足于通过被动技术将建筑物的冷热需求减低到最低，低至仅新风系统即可承担建筑的冷、热负荷，不再需要传统的供热和供冷设施，尤其是集中供热，使净零能耗建筑的经济性产生质的变化。气密性要求主要是保证建筑物在需要时能够与室外环境有良好的隔绝，当建筑的围护结构足够好时，室外空气渗透就成了影响建筑室内环境的主要因素。而良好的气密性可以降低建筑室外环境对室内环境的影响，如在供暖和供冷或当室外 PM2.5 超标时，室内环境需要与室外环境完全隔绝，此时保证良好的气密性；一次能源消耗指标则是要求在建筑物在能量需求极低的前提下，能源消耗最少。

净零能耗建筑作为更高节能性能的建筑，在舒适、健康和节能方面有着独特的优势。通过采用适宜的技术在不同气候区都能提高室内环境并大幅度减少建筑的能源消耗。但就节能效果、技术难度和经济性而言，被动式超低能耗推广的顺序应该为严寒和寒冷地区、夏热冬冷地区、夏热冬暖地区。

3. 主要技术措施

净零能耗建筑的核心要素是以超低的建筑能耗值为约束目标；具有高保温隔热性能和高气密性的外围护结构；高效热回收的新风系统。被动优先、主动优化、使用可再生能源是实现净零能耗建筑的基本路线，它并不是高科技的堆砌，其更重要的内涵是回归建筑的根本，科学规划设计和精细施工，建造高品质的精品建筑。

净零能耗建筑主要依赖高性能围护结构、新风热回收、气密性、可调遮阳等建筑技术，但实现被动式超低能耗的难点主要在技术的适宜性和多种技术的集成，是如何提供一个基于被动式理念的系统解决方案。被动式的核心理念强调直接利用太阳光、风力、地形、植被等场地自然条件，通过优化规划和建筑设计，实现建筑在非机械、不耗能或少耗能的条件下，全部或部分满足建筑供暖、降温及采光等需求，达到降低建筑使用能量需求进而降低能耗，提高室内环境性能的目的。因此，实现净零能耗建筑需要更加科学合理地进行建筑设计，建筑师与暖通工程师更紧密地配合，确定合理的建筑方案和设计，利用性能化设计方法提供实现既定目标的系统解决方案，提升建筑设计的科技含量和附加值。

在立足于我国基本国情，吸收和借鉴欧洲被动式低能耗建筑体系的基础上，细致分析国内现有净零能耗建筑试点工程，充分考虑经济发展水平、产业情况、建筑特点、居民生活习惯的因素，科学合理地制定了中国净零能耗建筑指标体系。该体系以控制性能要求作为核心评价标准并推荐对应指标的技术和做法，对室内环境要求、能耗指标等进行了科学严谨的规定。我国净零能耗建筑的定义为：净零能耗建筑指通过最大限度提高建筑围护结构保温隔热性能和气密性，充分利用自然通风、自然采光、太阳辐射和室内非供暖热源得热等被动式技术手段，将供暖和空调需求降到最低，实现舒适的室内环境并与自然和谐共生的建筑。

2.5 发展净零能耗建筑的意义

大力发展净零能耗建筑是中国建筑业同时也是住房城乡建设领域实现可持续发展的必由之路。随着改革开放的不断深入,中国建筑业取得的发展及能源消耗所占的比重也越来越大。中国从 1949 年以前每人每年消耗 100 kg 标准煤,到 1978 年达到了 0.5 t,1978 年到 1998 年每人每年 1 t,到 2008 年达到了人均 2 t,到 2013 年人均接近 3 t 标准煤,能源消耗的总量巨大。为此,需要我们进行能源转型,随着建筑节能和可再生能源技术的进步,一定有很大的发展前景。

从全球气候变化的角度而言,人类有一个共同的目标,就是从 1895 年到 2100 年全球气候升高不超过 2℃。自 1992 年起,人们开始重视这个问题,用了 8 年的时间研究和讨论,得出一个结论,从 2012 年到 2100 年全球气候排放的总量为(5 000~10 000)×10^8 t,也就是说全球平均每年的排放总量在(60~100)×10^8 t。从实际情况来看,2012 年全球排放了 312 t,中国排放了 80×10^8 t,超过了美国 52×10^8 t,中国的人均排放已经达到了 6.4 t,超过了世界 4.6 t 的平均水平,也接近欧盟的平均水平;2013 年全球气候排放总量 360×10^8 t,中国达到 100×10^8 t,已经远远超过了全球允许的排放空间。中国人均排放达到 7.6 t,超过了欧洲,我们这方面压力很大。建筑节能作为世界公认的三大节能减排的主要领域之一,潜力最大。所以,发展被动式超低能耗,可以大幅度调整建筑节能的用能结构,从根本上解决这个问题,对世界的能源消耗,对减少全球温室气体排放和气候变化将会做出巨大贡献。

与传统节能建筑相比,发展被动房具有以下几方面的积极意义:

(1)大大缓解能源和温室气体减排压力。被动房能耗仅为普通节能建筑的 1/10~1/4,以北方采暖地区估算,如将新建居住建筑建成被动房,可以在 2050 年时累计节省 34×10^8 t 标煤,并将每年采暖能耗增量控制在 100×10^4 t 以内。

(2)全面提升建筑质量。可以提供更高的居住品质,室内温度一年四季保持在 18~24℃,房间全年有新鲜空气,不潮湿,无霉菌,有效改善空气质量和生态环境;而且由于施工中非常强调气密、保温等施工细节,还可以改善粗放式施工,对于工程质量保障也有促进作用。

(3)促进节能产业升级。符合被动房标准的外窗、滴水线条、护角胶条等构配件由于技术要求较高且应用不多,国内很少生产,主要从国外进口,如能大面积推广净零能耗建筑,对国内建材产业的升级有很大帮助。

(4)有助于解决长江流域集中供暖问题。随着人们生活水平的提高,对于长江流域集中供暖的呼声越来越高,但是受限于我国能源供给能力以及供热管网尚未构建等因素，短期内难以实现。若采用被动房，则无须考虑集中供暖问题（秦皇岛"在水一方"住宅小区未铺设供热管道，户内不设置供暖设备）。

（5）有利于提高室内综合环境质量。随着社会进步，人们对建筑室内环境提出越来越高的要求。绿色技术、智能技术的发展可以创造更为健康、舒适的室内环境，同时有助于解决全球环境气候问题。

主要参考文献

[1]   全国被动式超低能耗建筑大会会议论文集 ［C］. 北京：论文集出版社，2016、2017.

[2]   住房和城乡建设部 .2015.《被动式超低能耗绿色建筑技术导则（试行）（居住建筑）.

[3]   中国可再生能源学会太阳能建筑专业委员会，2015. 被动式超低能耗绿色建筑与可再生能源应用结合技术 ［M］. 北京：中国建筑工业出版社 .

第二篇　净零能耗建筑示范工程介绍

第3章 山东建筑大学教学实验
综合楼工程

3.1 工程概况

山东建筑大学教学实验综合楼项目为一个装配式的、超低能耗的、新型工业化的、智能的绿色建筑（图3-1）。项目采用钢框架+ALC内嵌式墙板体系，是国内首次在净零能耗建筑中采用的一种结构类型。

图3-1 建筑效果图

在同一建筑中，采用装配式施工的同时要达到超低能耗效果，具有较大的施工难度，主要表现为两者间存在两点冲突：一是净零能耗建筑气密性要求高，而采用装配式建筑的围护层会存在大量的安装和拼接缝隙，同时装配式建筑需要一定的弹性或扰度，导致建筑气密性较差；二是在保证结构安全的前提下，净零能耗建筑要求高断热和高保温性能，而装配式建筑围护层会产生一些热桥。

其表现出来的施工难点为：外挂预制墙板板间通缝、与楼板间通缝等保温连续以及确保气密等处理；被动式外门窗与主体结构连接处理；穿外墙钢梁钢柱保温气密处理。

具体节能参数详见表 3-1，节能效果详见表 3-2。

表 3-1　山东建筑大学教学实验综合楼节能参数

序号	名称	本工程净零能耗建筑节能标准	德国被动房屋节能标准
1	外墙传热系数［W/（m²·K）］	0.14	≤0.15
2	屋顶传热系数［W/（m²·K）］	0.14	≤0.15
3	外窗、外门传热系数［W/（m²·K）］	0.8	≤0.8
4	建筑气密性（次）	$n_{50} \leq 0.6/h$	$n_{50} \leq 0.6/h$
5	通风设备热回收率（%）	≥75	≥75
6	室内温度（℃）	20~26	20~24
7	年一次能源总消耗［kWh/（m²·K）］	≤120	≤120
8	体形系数 A/V	0.18	0.4

表 3-2　山东建筑大学教学实验综合楼与国内节能 65%房屋节能比较

项目名称	被动房	节能 65%房屋	节约量
冬季供热耗煤量［kg/（m²·K）］	1.45	10.90	9.45
夏季空调耗煤量［kg/（m²·K）］	0.19	1.9	1.71
太阳能热水系统节煤量［kg/（m²·K）］	-1.15		1.15
耗煤量汇总［kg/（m²·K）］	0.49	12.8	12.31
减少 CO_2 排放量［kg/（m²·K）］			32.00

山东建筑大学教学实验综合楼建筑面积 9 696.7 m²。节约标准煤总量：119.27 t/a；减少二氧化碳（CO_2）排放总量：310.29 t/a；运行节省总费用：23.7 万元/a。

3.2　工程建设概况

具体工程概况详见表 3-3。

表 3-3　山东建筑大学教学实验综合楼工程建设概况

工程名称	山东建筑大学教学实验综合楼	工程性质	教学实验综合楼
建设规模（造价）	57 922 087.13 元	工程地址	济南市临港开发区凤鸣路
总占地面积	3 125.4 m²	总建筑面积	11 936.7 m²
建设单位	山东建筑大学	项目承包范围	施工图纸范围内的建筑、装饰、安装工程施工及总承包单位竣工验收之前的全部工作内容

续表

工程名称	山东建筑大学教学实验综合楼	工程性质	教学实验综合楼
设计单位	山东建筑大学建筑规划设计研究院	主要分包工程	电梯安装及调试、太阳能安装及调试、智能化系统安装及调试
勘察单位	济南市勘察测绘研究院		质量 合格
监理单位	济南城建监理有限责任公司	合同要求	
总承包单位	中国建筑股份有限公司		工期 约370日历天
质量监督单位	济南市工程质量与安全生产监督站		
工程主要功能或用途	教学实验		

3.3 建筑设计概况

具体建筑设计概况详见表3-4和图3-2。

表3-4 山东建筑大学教学实验综合楼建筑设计概况

总建筑面积	11 936.17 m²		主楼建筑面积	9 696.30 m²	裙房建筑面积	2 239.87 m²
层数	地上	6	层高	首层 4.3 m	最大层高	4.3 m
	地下	—		标准层 3.7 m	防火等级	二级
	裙楼	2		地下		
装饰装修	楼地面	陶瓷地砖地面;陶瓷地砖防水地面;水泥砂浆防潮地面;花岗石地面;实木复合地板				
	墙面	混合砂浆墙面;釉面砖防水墙面;矿棉装饰吸声板墙面;"U"形玻璃内墙等				
	顶棚	装饰石膏板吊顶;PVC板吊顶;刮腻子乳胶漆顶棚;铝合金"T"形龙骨玻璃棉装饰吸声板吊顶				
	楼梯	预制混凝土楼梯				
	电梯厅	地面:花岗石地面		墙面:抹灰	顶棚:装饰石膏板	
	窗	铝塑玻璃窗		内门	铝塑玻璃门	
	外装	涂料				
幕墙	面积	600 m²	龙骨	角钢+方管	面材	玻璃
防水	地下	防水等级 Ⅰ级		防水材料	SBS改性沥青防水卷材	
	屋面	防水等级 Ⅰ级		防水材料	SBS改性沥青防水卷材	
	厕浴间	防水材料 高分子防水涂料		面层材料	陶瓷锦砖	
	雨篷	钢结构框架+混凝土顶板				
保温节能		屋面、地面2×110 mm厚挤塑聚苯板		墙体	2×100 mm厚石墨聚苯板	
绿化		室外绿化符合相关要求				
环境保护		各项指标达到设计限制				
其他需要说明的事项		无				

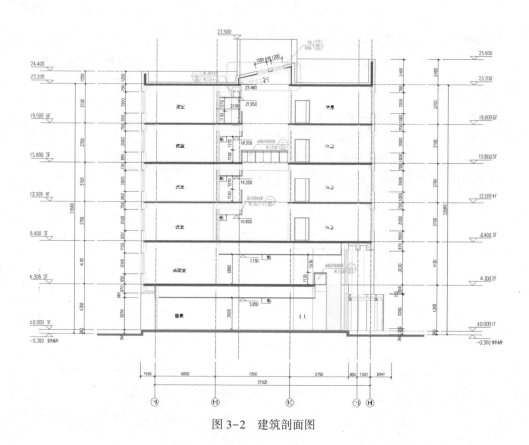

图 3-2　建筑剖面图

3.4　工程结构概况

具体工程结构详见表 3-5。

表 3-5　山东建筑大学教学实验综合楼建筑工程结构概况

工程结构					
地基基础	埋深	-2.3 m	持力层	较完整的中风化石灰岩	承载力标准值　1 000 kPa
	条基	主要位于合堂教室外墙基础			
	独立基础	基础类型为独立基础+基础拉梁			
主体	结构形式	钢框架	主要柱网间距	7.8 m	
	主要结构尺寸	梁： H550×200× 10×16	板： DBD-67-3918 DBD-67-3618	柱： H500×500× 14×25	墙： ALC 板
	结构安全等级	—	结构抗震等级	四级	

续表

工程结构				
人防等级	无		抗震设防烈度	六度设防
混凝土强度等级及抗渗要求	基础	C30	墙体	C30 其他
	梁	C30	板	C30
	柱	C35	楼梯	C30
钢筋	类别：HRB400 6.5、HRB400 8、HRB400 10、HRB400 12、HRB400 14、HRB400 16、HRB400 18、HRB400 20、HRB400 22、HRB400 25、HRB400 28			
特殊结构	—			

3.5 机电及设备安装概况

具体机电及设备安装概况详见表3-6。

表3-6 山东建筑大学教学实验综合楼建筑机电及设备安装概况

机电及设备安装				
给水	冷水	自来水系统不分区，直接由校区给水管网直接供水，校区管网供水压力为0.38 MPa	污水	污废水合流，室内地面以上污废水重力自流排入室外污水管网
	热水	热水系统采用屋面太阳能+电辅强制循环供水方式	排水 雨水	屋面雨水采用外排和内排水方式，内排水经雨水斗和室内雨水管排至室外散水或室外雨水管网
	消防	消防用水由校区内的管网提供，校区统一设置消防泵房和消防水池	中水	本工程室内部分无中水系统，仅室外部分绿化由校区中水管网引至
电气	高压	本工程由校区其他变电所引来1路10 kV高压电缆至合堂教室一层的配变电所，经变压器后由低压配电柜引出至各用电设备或配电箱	智能建筑 建筑设备管理系统	系统采用直接数字控制（DDC）技术，对建筑物内机电设备进行监视及节能控制；采用集散控制方式的两层网络结构——管理层、控制层
	低压	本工程配电电压为~220 V/380 V，配电系统的接地形式采用TN-S系统。低压配电系统采用放射式与树干式相结合的方式	建筑能耗监测系统	对建筑物内用电、水、冷热量等能耗进行分类分项计量。通过能耗管理平台，将建筑物内的能耗数据进行处理并远传至山东建筑大学能源管理数据中心

机电及设备安装					
电气	接地	本工程为人员密集的公共建筑物，属于第二类防雷建筑物	智能建筑	建筑能耗信息展示系统	基于智能化控制网建立建筑能耗信息展示平台，实现对建筑设备管理系统、建筑能耗监测系统的集中控制、管理，并通过前端 LED 显示屏实现对建筑内设备能耗、监测数据的信息展示
	防雷	外墙引下线在室外地面下 1.0 m 处引出与室外接地体焊接。沿建筑物周围距地面下 0.8 m 处敷设一条 40×4 热镀锌扁钢室外环形接地体，通过基础内钢筋与建筑物的柱内避雷引下线连接，利用建筑物基础内的钢筋作为总接地装置		综合布线系统	本系统主要为建筑物内数据、语音通信提供传输平台，数据、语音外进线沿校区弱电管网接入主楼一层弱电机房
空调通风系统		本工程冷热源采用地源热泵，主楼（被动房）采用双冷源温湿分控调节技术 主楼（被动房）一、三、五层分设 1 台 6 000 m³/h 的内冷式双冷源新风机组，热回收效率不小于 75%，末端系统采用干式风机盘管机组，全年只进行显热交换，负责室内温度控制		计算机网络系统	本建筑网络系统与校园网络系统互联互通，需满足集中管理需求 汇聚交换机设置在一层弱电机房，通过室外光纤实现与学校总网络机房内核心交换机的互联互通，同时，为保证本建筑网络安全，在出口处设置 1 台防火墙 系统无线方案采用 FIT AP 架构
				多媒体会议系统	合堂教室的会议室系统包含内容：数字会议发言系统、音频扩声系统、投影显示系统
				视频监控系统	采用数字监控系统系统预留与学校总监控管理平台对接接口，实现校区整体管理
				门禁管理系统	系统采用总线结构，主要由管理工作站、发卡器、门禁控制器、读卡器、指纹仪、出门按钮、电控锁等设备组成。管理工作站设置在一层消防控制室。门禁系统与消防系统实现联动

续表

机电及设备安装		
消防系统	火灾自动报警系统	本工程采用集中报警系统（设有自动和手动两种触发装置），系统应由火灾探测器、手动火灾报警按钮、火灾声光警报器、消防应急广播、消防专用电话、消防控制室图形显示装置、火灾报警控制器、消防联动控制器、手动控制盘、消防电源监控器等组成。消防控制室设置在一层
	电气火灾监控系统	系统采用二总线的通信方式，把主控机、控制模块连接起来，对各被保护线路和用电器的漏电、温度情况通过主控机平台进行集中监控和管理
	防、排烟系统	主楼采用自然排烟。合堂教室在屋面设置 2 台 9 500 m³/h 和 1 台 26 000 m³/h 的排烟风机，负责一二层会议室、报告厅的消防排烟
	气体灭火系统	本工程合堂教室配电室内设置 24 套 FZXA10/1.2-CX 型贮压悬挂式超细干粉灭火装置
电梯	人梯：2 台	货梯：— 消防梯：— 自动扶梯：—

3.6 工程施工条件

具体工程施工条件详见表 3-7。

表 3-7 山东建筑大学教学实验综合楼建筑工程施工条件

工程施工条件				
建设地点气象状况	气温	极端最高温度及期限	42.5℃，7 月	最大雨量及雨季时间	893.9 mm、6—8 月
		极端最低温度及期限	-22.5℃，1 月	最大风力、风向及发生时间	36.3 m/s、SSW 向、
	最大雪量及发生时间		—	冬季土的冻结深度	0.5 M
工程水文地质状况	地质构造		属山东台地，泰山隆起之北侧，北邻济阳凹陷，南部多为下古生界寒武系、奥陶系灰岩地层		
	土性质和类别		第 1 层素填土；第 2 层黄土；第 3 层黏土、粉质黏土、碎石；第 4 层石灰岩、泥灰岩	施工区域水准点及绝对标高	黄海绝对高程 110.36 m 为±0.000
	地基土承载力		200 kPa	地下水位标高及流向	最高洪水期 66.91 m
	含水层厚度及水质		混凝土结构具有微腐蚀性		枯水期 59.61 m

工程施工条件							
施工区域环境	地下管线	名称	—	相邻建（构）筑物分布	地下	位置：无	结构
		位置	—		地上	位置：无	结构
	地上管线	名称	—	周围道路及可利用情况		校园道路	
		位置	—	周围河流及可利用情况		无	
当地资源供应情况	工程用主材供应情况			钢材、混凝土：由公司集中采购，供应能力能保障本项目需求			
	工程用大型设备供应情况			供应商数量及企业能力满足本工程需要			
	工程用特殊材料供应情况			无			
	电力供应情况			需用 500 kVA 容量			
	通信、网络情况			良好			
	水资源供应情况			市政管线接入			

第4章　山东城市建设职业学院实验实训中心工程

4.1　工程概况

山东城市建设职业学院实验实训中心位于山东省济南市东部教育城彩石片区，旅游路东首。分南、北两楼，总建筑面积 31 695.25 m²，结构总高度 23.25 m²。主要包括地下室 459.28 m² 为筏板基础，地上建筑面积 31 235.97 m²，框架结构地上 6层。其中南楼为超低能耗绿色建筑，建筑面积为 21 488.53 m²，绿色建筑设计评价标识为一星级。

表 4-1　山东城市建设职业学院实验实训中心总概况

工程名称	山东省城市建设职业学院实验实训中心
建设单位	山东省城市建设职业学院
设计单位	中国建筑科学研究院
监理单位	青岛建设监理研究有限公司
施工单位	中建八局第二建设有限公司
质量要求	合格，确保"鲁班奖"
合同工期	752 日历天

图 4-1　西南向鸟瞰图

图 4-2　建筑效果图

4.2　建筑设计概况

本工程建筑设计概况详见表4-2。

表4-2　山东城市建设职业学院实验实训中心建筑设计概况

工程	类别	内容	
建筑设计	总建筑面积	31 695.25 m²	
	设计使用年限	50 年	
	建筑物耐火等级	地下一级、地上二级	
	抗震设防类别	重点设防类	
	抗震设防烈度	六度	
	建筑物场地类别	Ⅱ类	
	防水等级	地下工程防水等级	一级
		屋面防水等级	Ⅰ级
	建筑高度	23.9 m	
	建筑层数	地下室	地下 1 层
		主楼	6 层
	建筑层高	-1 层	4.5 m
		1 层	3.9 m
		2~5 层	3.8 m
		6 层	3.7 m
装饰装修	外墙	250 厚膨胀聚苯板（EPS）、聚氯乙烯塑料隔膜	
	楼、地面	陶瓷地砖、水泥砂浆、150（30）厚 EPS、C15（C20）细石混凝土、橡胶板、0.4 厚塑料膜等	
	踢脚线	水泥砂浆踢脚、面砖踢脚	
	内墙面	合成树脂乳胶漆墙面、内墙涂料墙面、玻璃棉毡铝板网吸声板墙面、矿棉装饰吸音板墙面、黏结铝塑板墙面等	
	顶棚	铝合金"T"形玻璃棉装饰吸声板吊顶、装饰石膏板吊顶、铝合金条形板吊顶、合成树脂乳液涂料等	
	门窗	铝包木窗框中空玻璃窗（6+12a+6+12a+6）、防火门、木门、玻璃幕墙等	
防水	地下室	防水等级一级，混凝土自防水+1.5 厚 SAM-930 自粘聚合物改性沥青防水卷材+2.0 厚 PBC-328 非固化橡胶沥青防水涂料+3.0 厚 PBC-328 非固化橡胶沥青防水涂料	
	厨房、卫生间	2.0 厚 PBC-328 非固化橡胶沥青防水涂料、1.5 厚 SAM-930 自粘聚合物改性沥青防水卷材	
	屋面	防水等级为Ⅰ级，2.0 厚 PBC-328 非固化橡胶沥青防水涂料+2.0 厚 SAM-930 自粘聚合物改性沥青防水卷材	

4.3 结构设计概况

本工程结构设计概况详见表 4-3。

表 4-3 山东城市建设职业学院实验实训中心结构设计概况

序号	类别		内容
1	地基基础	基础形式	筏板基础、独立基础
		建筑结构的安全等级	一级
2	结构形式	框架结构	
3	主要轴网	7.4 m×3.7 m，7.4 m×7.4 m，8.4 m×8.4 m，7.4 m×8.4 m，7.8 m×7.8 m	
4	主要构件尺寸	混凝土楼板（mm）	100、120、150、180
		混凝土柱（mm）	600×600、600×500、800×600、600×400
		框架梁（mm）	400×1 000、300×1 000、400×750、350×750、200×600、300×600
		墙（mm）	200、300
5	填充墙	加气混凝土砌块填充墙 A3.5、黄河淤泥烧结砖 MU10	
6	砂浆	MU10 专用砂浆	
7	混凝土墙度等级	墙柱	C35、C30
		梁板梯	C30
		基础垫层	C15
		基础	C30
		筏板、地下室外墙	C30P6、C35P6
		圈梁、构造柱、过梁	C20
8	钢筋类别	HPB300、HRB400、HRB400E	

4.4 机电安装工程设计概况

4.4.1 电气工程系统工程概况

本工程电气专业包含低压配电系统、照明及应急照明系统、空调动力配电系统、防雷与接地系统、防触电安全保护系统等。

4.4.2 给排水工程概况

本工程给排水工程主要包括：生活给水系统、污废水排水系统、雨水排水系统和消防给水系统等，详见表 4-4。

表 4-4 给排水工程概况

序号	分项工程名称	给排水分项工程功能简介
1	生活给水系统	生活给水水源由市政给水管网提供 低区充分利用市政水压，采用直接供水方式
2	生活热水系统	本工程采用太阳能设集中生活热水系统
3	雨水排水系统	屋面雨水系统将采用内排水方式。雨水经雨水口收集后排入排水立管排入市政雨水管网
4	消防给水系统	本工程为一类多层建筑，耐火等级均为一级。消防系统设计包括：室外消火栓系统、室内消火栓系统、移动式灭火器配置
5	室内消火栓系统	本工程室内消火栓系统布置成环状管网，并在水箱间分设室内消火栓系统、自动喷淋系统增压稳压设备各 1 套

4.4.3 通风空调工程概况

本工程的通风空调包括：空调系统、新风热回收系统等。本工程有通风空调，拟采用集中式空调系统，冷源为冷水机组，并联运行。冷却塔进水管设电动阀与冷冻机连锁。冷却水回水总管进冷冻机前设旁流式电子除垢装置，以保障冷却水水质。空调冬季热源由城市热力管网供给。

4.4.4 智能化工程概况

本工程智能化工程包括：综合布线及有线电视系统、视频安防监控系统、室内移动通信覆盖系统、消防设备电源监控系统、电气火灾监控系统、能耗监测系统（见表 4-5）。

本工程外墙保温隔热系统采用两层 100 mm+150 mm 厚聚苯板，屋面为 150 m+150 m 厚聚苯板。地面保温系统采用 150 mm 厚挤塑聚苯板，楼面采用 50 mm 厚挤塑聚苯板。地下室外墙保温隔热系统采用两层 125 mm+125 mm 厚挤塑聚苯板。门窗采用三层玻璃的塑钢窗，外层镀低辐射膜，传热系数比普通中空玻璃下降 70%以上。独特的腔体设计，内填保温隔热材料，具有卓越的保温性能，在寒冷的冬季可有效减少室内热量的损失，在酷热的夏季阻挡室外的热气以及早夜间的湿气，提供高效节能的舒适生活。

表 4-5　净零能耗建筑室内环境参数

室内环境参数	冬季	夏季
温度（℃）	≥20	≤26
相对湿度（%）	≥30	≤60
新风量 ［m³/（h·人）］	≥30	
噪声 dB（A）	昼间≤40；夜间≤30	
温度不保证率	≤10%	≤10%

第三篇　净零能耗建筑性能分析报告

第5章 山东建筑大学教学实验综合楼分析报告

5.1 室外风环境模拟分析报告

5.1.1 技术概况

本工程室外风环境模拟分析采用斯维尔 VENT 软件（图 5-1），室外风环境分析条件中的主导风向及风速数据取自《建筑节能气象参数标准》（JGJ/T 346—2014），主要分析在冬季和夏季工况下教学实验综合楼主楼部分及周边的人行活动区域的室外风速、风速放大系数及建筑表面风压等风环境相关指标。

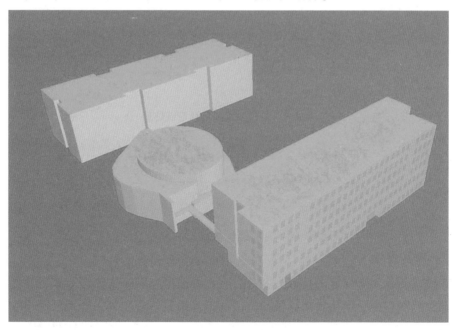

图 5-1　VENT 分析模型图

5.1.2 计算分析标准、依据

1. 分析标准

《绿色建筑评价标准》（GB/T 50378—2014）；

《建筑通风效果测试与评价标准》（JGJ/T 309—2013）；

《绿色建筑评价技术细则》。

2. 评价依据

根据《绿色建筑评价标准》中有关室外风环境的条目要求，对本项目的室外风环境进行评价。

具体评价内容：场地内风环境有利于室外行走、活动舒适和建筑的自然通风。

评分规则：冬季典型风速和风向条件下，建筑物周围人行区风速低于 5 m/s，且室外风速放大系数小于 2，得 2 分；除迎风第一排建筑外，建筑迎风面与背风面表面风压差不超过 5 Pa，得 1 分。过渡季、夏季典型风速和风向条件下，场地内人活动区不出现涡旋或无风区，得 2 分；50% 以上可开启外窗，室内外表面的风压差大于 0.5 Pa，得 1 分。

3. 计算原理

1) 风场计算域

进行室外风场计算前，需要确定参与计算风场的大小，在流体力学中称为计算域，通常为一个包围建筑群的长方体或正方体，本项目的风场计算域信息如表 5-1 和图 5-2 所示。

表 5-1 冬季工况风场计算域信息

工况风场	尺寸
顺风方向	332 m
宽度方向	217 m
高度方向	107 m

2) 网格划分

网格划分决定着计算的精确程度并影响计算速度，网格太密会导致计算速度下降并浪费计算资源；网格太疏导致计算精度不足结果不够准确，合理的网格方案需要考虑对计算域中不同的部分采用不同的网格方案。建筑周围，远离建筑的区域，建筑物轮廓有明显的局部特征（如尖角，凹槽，凸起等细微的外装饰），贴近地面的区域，都需要采用不同的网格方案。

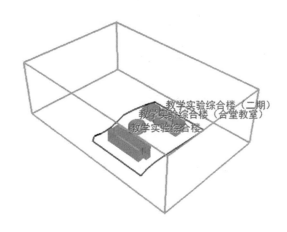

图 5-2　冬季工况风场计算域图示

表 5-2 为本项目的网格划分信息，上述网格方案对网格的控制分别体现在相应的网格参数中。

表 5-2　冬季网格划分信息

网格总数（个）	网格类型	网格尺寸	
	普通网格	分弧精度（m）	0.24
		初始网格（m）	8.0
		最小细分级数	1
164 473		最大细分级数	2
	地面网格	远场细分级数	1
		近场细分级数	2
	附面层	地面附面层数	2
		建筑附面层数	0

4. 边界条件

1）入口与出口边界条件

（1）入口风速梯度：本项目中，入口边界条件主要包括不同工况下的风速和风向数据，其中入口风速采用下列梯度风：

$$v = v_R \left(\frac{z}{z_R} \right)^{\alpha} \tag{5-1}$$

式中：v，z 为任何一点的平均风速和高度；v_R、z_R 为标准高度处的平均风速和标准高度值，《建筑结构荷载规范》（GB 50009—2012）规定自然风场的标准高度取 10 m，此平均风速对应入口风设置的数值；a 为地面粗糙度指数，本项目为 0.22。

表 5-3　地面粗糙度指数参考值

参考标准	地貌类别	地面粗糙度指数
《绿色建筑评价技术细则》	空旷平坦地面	0.14
	城市郊区	0.22
	大城市中心	0.28

注：上述地面粗糙度指数参考《绿色建筑评价技术细则》第 4.2.6 节说明，也可酌情参考《建筑通风效果测试与评价标准》（JGJT 3099—2013）中第 5.2.1 节。

（2）出口边界条件：本项目采用自由出流作为出口边界条件。

2）壁面边界条件

风场的两个侧面边界和顶边界设定为滑移壁面，即假定空气流动不受壁面摩擦力影响，模拟真实的室外风流动。

风场的地面边界设定为无滑移壁面，空气流动要受到地面摩擦力的影响。

5. 湍流模型

湍流模型反映了流体流动的状态，在流体力学数值模拟中，不同的流体流动应该选择合适的湍流模型才会最大限度模拟出真实的流场数值。

依据《绿色建筑评价技术细则》推荐的标准 k-ε 湍流模型进行室外流场计算。

表 5-4 为几种工程流体中常见的湍流模型适用性。

表 5-4　常用湍流模型适用范围

常用湍流模型	特点和适用工况
standard k-ε 模型	简单的工业流场和热交换模拟，无较大压力梯度、分离、强曲率流，适用于初始的参数研究，一般的建筑通风均适用
RNG k-ε 模型	适合包括快速应变的复杂剪切流、中等旋涡流动、局部转捩流如边界层分离、钝体尾迹涡、大角度失速、房间通风、室外空气流动
realizable k-ε 模型	旋转流动、强逆压梯度的边界层流动、流动分离和二次流，类似于 RNG

5.1.3　冬季室外风环境分析

1）冬季工况计算条件

本项目冬季工况的入口边界风速为 3.70 m/s，风向为 E 向。

前述《绿色建筑评价标准》中要求，冬季工况时，建筑物周围人行区风速低于 5 m/s，且室外风速放大系数小于 2。本规定旨在指导建筑设计，合理控制建筑布局，避免冬季建筑周围风速过大造成行人在人行区内感到不舒适。因此，本项目需要分析建筑周围人行区的风速和风速放大系数分布，并做出判断。

2）冬季室外风速分析

图5-3为整个计算域内风速分布云图，参考图中速度分布可以对项目中建筑布局进行优化。

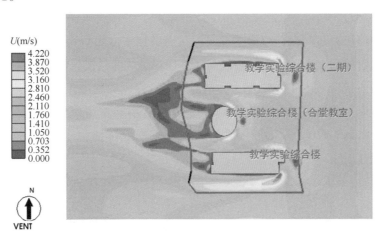

图5-3　1.5 m高度水平面风速云图（冬季）

分析图5-3数据，冬季室外风速主要分布在0.35~2.81 m/s，建筑迎风面的边角处风速为最大值可达到4.2 m/s，该部分区域不宜布置人行活动区域，可通过绿化乔木设置，导风板等设计改善室外风环境。综合分析，冬季室外风速未超过5 m/s，风环境良好。

3）冬季风速放大系数分析

图5-4为整个计算域内风速放大系数分布云图，参考该图中速度分布以及前述风速分布可以对项目中整体建筑布局进行优化。

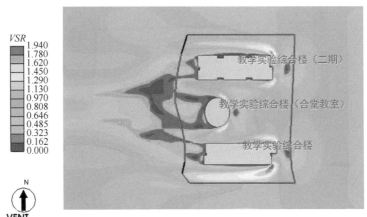

图5-4　1.5 m高处风速放大系数云图

分析图 5-4 数据，冬季室外风速放大系数主要分布在 0.162~0.97 m/s，建筑迎风面的边角处风速放大系数最大，该区域的风速变化较大。综合分析，冬季室外风速放大系数未超过 2，风环境良好。

4）冬季建筑迎风面和背风面风压差分析

标准 4.2.6 中规定"冬季工况下除迎风第一排建筑外，建筑迎风面与背风面表面风压差不超过 5 Pa"，以此来指导设计避免由于建筑迎风面与背风面表面风压差过大，导致冷风通过门窗缝隙渗透过多，从而增加室内热负荷而不节能，因此，建筑迎风面与背风面表面风压差的控制需要体现在对应的门窗表面风压上（图 5-5）。

分析图 5-5 和图 5-6 的数据，建筑迎风面、背风面均在建筑的短边面，建筑主要功能房间朝向均在长边方向，故未对主要功能房间产生影响；迎风面平均风压 3.6 Pa，背风面平均风压-3.06 Pa，风压差 6.66 Pa，需加强建筑迎风面背风面区域的外窗气密性。

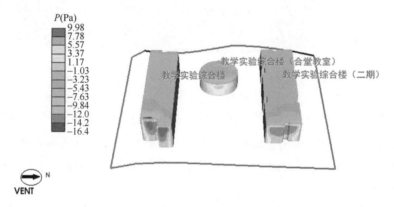

图 5-5　建筑迎风面风压云图

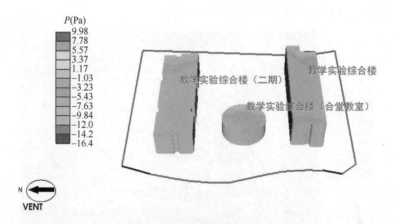

图 5-6　建筑背风面风压云图

5.1.4 夏季室外风环境分析

本项目夏季工况的入口边界风速为 3.60 m/s，风向为 SW 向。

根据前述《绿色建筑评价标准》对于夏季工况的要求，在夏季典型风速和风向条件下，场地内人活动区不出现涡旋或无风区。通过该项标准指导设计确保合理的建筑布局，在夏季形成有效的巷道风，优化街区自然通风环境，避免夏季人行区有明显的气流旋涡和无风区，从而造成闷热不适感。因此，本项目需要分析建筑周围人行区的风速和风速放大系数分布，并做出判断。

1）无风区计算分析

图 5-7 为整个计算域内风速分布云图，参考图中速度分布可以对项目中建筑布局进行优化，黑色等值线标示出了人行区内风速小于 0.2 m/s 的超限区域。

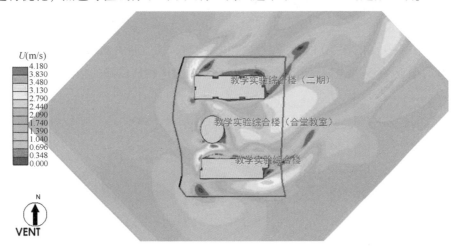

图 5-7　1.5 m 高度水平面风速云图（夏季）

分析图 5-7 的数据，出现无风区的区域面积较小，基本上分布在建筑边角，此部分区域非人行活动区域，不影响室外人行活动。整个室外风速为 0.2~2.79 m/s。

2）旋涡区分析

图 5-8 为计算域内的风速矢量图，分析图 5-8 可知，计算域内没有明显的旋涡产生，本项目建筑布局基本合理。

3）外窗内外表面风压差达标分析

夏季为充分利用自然通风获得良好的室内风环境，要求 50% 以上可开启外窗，室内外表面的风压差大于 0.5 Pa。可见在夏季，为了获得良好的室内风环境，首先要有良好的室外风环境。只有外窗外表面的风压绝对值足够大时，才可以确保良好的开窗通风效果，形成较好的室内风环境。

图 5-8　1.5 m 高度水平面风速矢量图

分析图 5-9 和图 5-10 的数据，建筑主要朝向，长边迎风面风压均大于 0.5 Pa，背风面均小于-0.5 Pa，该室外风压条件可为室内通风创造良好的条件。

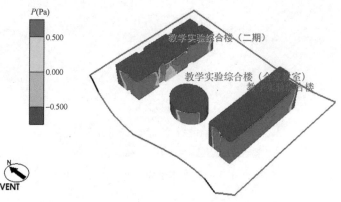

图 5-9　建筑迎风面外窗表面风压云图（夏季）

图 5-10　建筑背风面外窗表面风压云图（夏季）

5.1.5 小结

综合上述分析过程，参考《绿色建筑评价标准》中有关室外风环境的评价要求，本项目冬季，场地人行活动区域的风速较小，冬季不容易产生不舒适的吹风感，冬季室内外风压差较小，加上建筑整体气密性良好，不容易产生冷风渗透；夏季及过渡季，少部分区域存在无风区，但基本不在人行活动区域，整个建筑主要朝向的外窗风压差较大，有利于室内自然通风。

5.2 室内风环境模拟分析报告

5.2.1 项目概况

本工程室外风环境模拟分析采用斯维尔 VENT 软件，其中室内风环境的计算基于外窗风压条件，提取的自室外风环境分析的建筑门窗风压；在此基础上进行室内风环境模拟分析，并通过建筑内部的风速、风向，换气次数等指标综合评价本项目的室内风环境情况。

5.2.2 计算标准、依据

1）分析标准

《绿色建筑评价标准》（GB/T 50378—2014）；

《绿色建筑评价技术细则》。

2）评价依据

本项目计算分析以充分利用过渡季节自然通风为目标，根据下列标准进行分析：

《绿色建筑评价标准》中第 8.2.10 条款对公共建筑的室内自然通风效果按表 5-5 中所列规则进行分析评价：根据在过渡季节典型工况下主要功能房间平均自然通风换气次数不小于 2 次/h 的面积比例，按照下表的规则评分，最高得 13 分。

表5-5 过渡季节典型工况下主要功能房间自然通风评分规则

面积比例 RR	得分	面积比例 RR	得分
60%≤RR<65%	6	80%≤RR<85%	10
65%≤RR<70%	7	85%≤RR<90%	11
70%≤RR<75%	8	90%≤RR<95%	12
75%≤RR<80%	9	RR≥95%	13

5.2.3　计算方法

本项目采用多区域网络法对该建筑室内换气次数进行计算，多区域网络法即把室内各房间分为不同的通风换气区域，以门窗风压作为边界条件，不同区域之间通过联通的门窗作为连接，进行数据的传输，最终获得各个房间的换气次数。

房间换气次数的计算源于通风路径空气质量流量的计算，基于多区域网络法的空气质量流量计算如公式（5-2）：

$$Q = C_d A \sqrt{\frac{2\Delta P}{\rho}} \tag{5-2}$$

式中：Q 为房间体积流量（m^3/s）；ΔP 为相邻房间之间门窗的风压差；C_d 为流量系数，对于大的建筑洞口，取 0.5，对于狭小的洞口取 0.65，本项目计算取 0.6；A 为洞口面积（m^2）；ρ 为空气密度（kg/m^2）。

通过上述方法获取一个房间的体积流量 Q 之后，即可进行房间换气次数的计算：

$$A_{cr} = \frac{Q \times 3\ 600}{V} \tag{5-3}$$

式中：Q 为房间体积流量（m^3/s）；A_{cr} 为换气次数（次/h）；V 为房间体积（m^3）。

5.2.4　室内风环境分析

1）室内风速云图

主要功能房间，室内自然通风的风速为 0.17~1.24 m/s，部分内部房间未设置外窗，换气较差，室内基本无自然通风；主要房间除外窗，在内门开启时可在南北向形成穿堂风，保证室内空气流动良好，走廊等公共区域的通风也得到保障（图 5-11）。

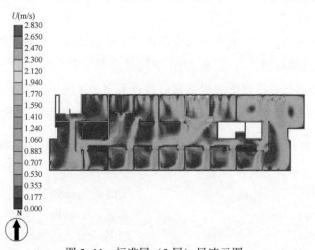

图 5-11　标准层（3 层）风速云图

2）室内风速矢量图

过渡季节工况下，主要功能房间的来风方向为北向，北向为正压，南向为负压；并通过外窗，房间门形成南北向的穿堂风；外窗与房间门开口路径范围的风速较大，室内其他区域风速较小，基本处于无风的状态（图5-12）。

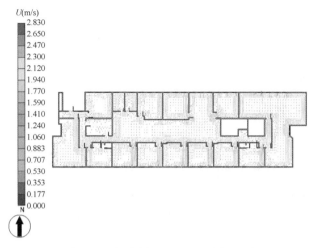

图5-12 标准层（3层）风速矢量图

3）室内空气龄图

过渡季节工况下，除靠近楼梯间且背风的房间，其他主要功能房间的空气换气情况均较好，迎风方向空气换气更佳，房间的空气龄在37 s，背风方向换气略差，空气龄在130~180 s（图5-13）。

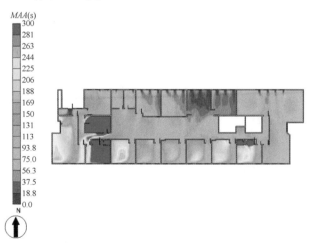

图5-13 标准层（3层）空气龄图

4）换气次数分析

根据表 5-6 和表 5-7 分析，可知在过渡季节工况下，主要功能房间的换气次数均大于 2 次/h。

表 5-6　标准层主要功能房间换气次数分析

分类	体积（m³）	面积（m²）	换气次数（次/h）
├○第 3 层（标准层）			
│├⊙3090@3［实验室］	231.60	62.60	18.93
│├⊙3089@3［实验室］	222.93	60.25	55.52
│├⊙3088@3［实验室］	239.76	64.80	51.61
│├⊙3087@3［实验室］	226.38	61.19	49.48
│├⊙3078@3［实验室］	171.29	46.29	39.17
│├⊙3077@3［实验室］	1 004.97	271.61	25.83
│├⊙3076@3［实验室］	200.57	54.21	48.32
│├⊙3075@3［实验室］	200.98	54.32	46.48
│├⊙3074@3［实验室］	200.57	54.21	44.72
│├⊙3073@3［实验室］	201.19	54.38	42.56
│├⊙3072@3［实验室］	200.98	54.32	39.07
│├⊙3071@3［实验室］	170.72	46.14	27.03
│└⊙3070@3［实验室］	427.36	115.50	36.27

表 5-7　过渡季节典型工况下换气次数统计

	换气次数大于 2 次/h 的面积比
换气次数大于 2 次/h 的面积（m²）	5 609.11
总面积（m²）	5 609.11
面积比例 RR（%）	100.00

5.2.5　小结

在过渡季节工况下，本项目的主要功能房间实验室，换气次数均可满足 2 次/h 的要求；但是考虑室内自然通风的气流组织，建筑外窗与内门对角开可增加室内气流的路径，增加室内自然通风的覆盖区域；室内风速大部分区域大于 0.2 m/s，小于 1.5 m/s，可以感觉到风且舒适，不至于风速过大；整体在过渡季有良好的室内自然通风换气的条件，可降低空调能耗。

5.3 采光分析报告

5.3.1 项目概况

分析教学实验综合楼主楼部分在 CIE 全阴天天空工况下的自然采光条件，是根据建筑平面、饰面材料、外窗设计等情况进行模拟分析，判断主要功能房间是否满足采光要求。模拟法以 Radiance 为计算核心。目前，国际上大多数采光软件以 Radiance 为内核计算，其采用了蒙特卡洛算法优化的反向光线追踪算法，相对于光能传递算法来说更适合于精确的建筑采光分析，国际上采光标准制定与论文基本上都采用 Radiance 进行模拟，该程序的分析计算结果受到广泛认可。

5.3.2 分析标准与依据

1. 分析标准

《绿色建筑评价标准》（GB/T 50378—2014）；

《建筑采光设计标准》（GB 5003—2013）。

2. 分析依据

本次采光的分析参考《建筑采光设计标准》中对于学校建筑实验室用房的要求，采光系数的标准值为 3.3；通过采光达标率进行具体的采光评价，根据《绿色建筑评价标准》的第 8.2.6 条的规定，具体评分规则如下表 5-8 所示。

表 5-8 公共建筑主要功能房间采光评分规则

面积比例 R_A	得分
$60\% \leqslant R_A < 65\%$	4
$65\% \leqslant R_A < 70\%$	5
$70\% \leqslant R_A < 75\%$	6
$75\% \leqslant R_A < 80\%$	7
$R_A \geqslant 80\%$	8

5.3.3 计算方法

1. 计算原理

1）采光系数

在室内参考平面上的一点，由直接或间接地接收来自假定和已知天空亮度分布的天空漫射光而产生的照度与同一时刻该天空半球在室外无遮挡水平面上产生的天空漫射光照度之比。

室内某一点的采光系数 C，计算公式为

$$C = \frac{E_n}{E_w} \times 100\%$$ (5-4)

式中：E_n 为室内照度（lx）；E_w 为室外照度（lx）。

2）平均采光系数

通常按单个房间计算平均采光系数，即房间内划分网格上各个交点上的采光系数算术平均值。

3）采光系数标准值

在规定的室外天然光设计照度下，满足视觉功能要求时的采光系数值。《建筑采光设计标准》中规定的采光系数标准值和室内天然光照度标准值为参考平面上的平均值。在同一室外天然光设计照度值的条件下，对于同一个房间，满足采光系数标准值即满足室内满足天然光照度标准值。

4）采光系数达标率

如果房间的平均采光系数达到采光系数标准值，则达标率100%，全部计入达标面积；否则对网格点采光系数由高到低进行排序，当前 n 个点的算术平均值刚好达到采光系数标准值时，达标率 $f=n/Z$，Z 为网格点总数，房间的达标面积 $=A \times f$；各个主要功能房间的达标面积之和除以建筑主要功能房间的总面积，就是单体建筑的达标率。

5）计算方法

《建筑采光设计标准》第6.0.3条指出，对于采光形式复杂的建筑，应利用计算机模拟软件或缩尺模型进行采光计算分析。为尽量真实分析各功能房间（场所）的采光品质和状况，本项目采用模拟法计算采光系数。

2. 计算参数选用

1）模拟条件

天空状态：CIE 全阴天天空；计算光线反射次数：6次；分析参考平面：0.75 m；周边环境：考虑分析区内的建筑物之间遮挡；室内环境：忽略室内家具类设施的影响，只考虑永久固定的顶棚、地面和墙面。

表 5-9　分析计算网格划分的间距

房间面积（m²）	网格大小（m）
≤10	0.25
10~100	0.50
≥100	1.00

2）建筑饰面材料参数

具体建筑饰面材料参数详见表 5-10。

表 5-10　建筑饰面材料选用与反射比取值

部位	反射比材料设计取值	备注
顶棚	0.75	刮腻子乳胶漆顶棚
地面	0.32	地面砖底面
墙面	0.75	混合砂浆抹面内墙
外表面	0.57	装配式复合涂料墙面

3）门窗类型参数

窗户决定了建筑内部的采光水平。工程中最为常见也最广为使用的一种采光途径就是在建筑侧墙上安装窗户或者在建筑顶部安装天窗等采光构件。窗的位置、尺寸、形态等都会对室内采光带来不同程度的影响。建筑中常用的透光门也会对自然光的传播提供便利。这些透光构件的性能参数与采光系数的计算息息相关。

本项目中透光门、窗户的性能参数包括门窗尺寸、挡光系数、窗框类型、玻璃类型、可见光透射比和反射比，参数具体数值情况见表 5-11。

表 5-11　普通窗性能参数

门窗编号	宽度（mm）	高度（mm）	窗框类型	玻璃类型	可见光透射比	玻璃反射比
C0915	900	1 500	铝木 Low-e 三层中空玻璃窗	（T5+6A+T5+V+TL5）	0.71	0.11
C1222	1 200	2 200	铝木 Low-e 三层中空玻璃窗	（T5+6A+T5+V+TL5）	0.71	0.11
C1233	1 200	3 300	铝木 Low-e 三层中空玻璃窗	（T5+6A+T5+V+TL5）	0.71	0.11
C1333	1 350	3 300	铝木 Low-e 三层中空玻璃窗	（T5+6A+T5+V+TL5）	0.71	0.11
C1420	1 400	2 000	铝木 Low-e 三层中空玻璃窗	（T5+6A+T5+V+TL5）	0.71	0.11
C1429	1 400	2 900	铝木 Low-e 三层中空玻璃窗	（T5+6A+T5+V+TL5）	0.71	0.11
C1433	1 350	3 300	铝木 Low-e 三层中空玻璃窗	（T5+6A+T5+V+TL5）	0.71	0.11
C1512	1 500	1 200	铝木 Low-e 三层中空玻璃窗	（T5+6A+T5+V+TL5）	0.71	0.11
C1520	1 500	2 000	铝木 Low-e 三层中空玻璃窗	（T5+6A+T5+V+TL5）	0.71	0.11
C1533-1	1 450	3 300	铝木 Low-e 三层中空玻璃窗	（T5+6A+T5+V+TL5）	0.71	0.11
C1533-2	1 400	3 300	铝木 Low-e 三层中空玻璃窗	（T5+6A+T5+V+TL5）	0.71	0.11
C1533-3	1 400	3 300	铝木 Low-e 三层中空玻璃窗	（T5+6A+T5+V+TL5）	0.71	0.11
C2524	2 500	2 400	铝木 Low-e 三层中空玻璃窗	（T5+6A+T5+V+TL5）	0.71	0.11
C2528	2 500	2 800	铝木 Low-e 三层中空玻璃窗	（T5+6A+T5+V+TL5）	0.71	0.11
C3024	2 990	2 400	铝木 Low-e 三层中空玻璃窗	（T5+6A+T5+V+TL5）	0.71	0.11
C4931	4 850	3 100	铝木 Low-e 三层中空玻璃窗	（T5+6A+T5+V+TL5）	0.71	0.11
MC5624	1 350	2 400	铝木 Low-e 三层中空玻璃窗	（T5+6A+T5+V+TL5）	0.71	0.11

续表

门窗 编号	宽度 （mm）	高度 （mm）	窗框 类型	玻璃 类型	可见 光透射比	玻璃 反射比
MC6135	5 000	3 500	铝木 Low-e 三层中空玻璃窗	（T5+6A+T5+V+TL5）	0.71	0.11
透光门-MC5624	2 900	2 400	铝木 Low-e 三层中空玻璃窗	（T5+6A+T5+V+TL5）	0.71	0.11
透光门-MC6135	1 100	3 500	铝木 Low-e 三层中空玻璃窗	（T5+6A+T5+V+TL5）	0.71	0.11

注：计算考虑了外窗玻璃的污染折减系数影响，系数取值0.9。

5.3.4 建筑采光分析

1）建筑室内采光分析

采光系数分析彩图可以直观地反映建筑内各个房间的采光效果，本项目中各楼层中标准要求房间的室内采光情况如图5-14至图5-19所示。

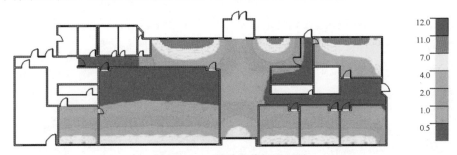

图 5-14　1 层采光分析平面图

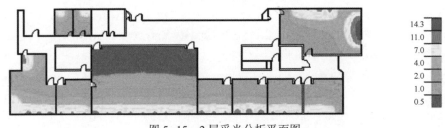

图 5-15　2 层采光分析平面图

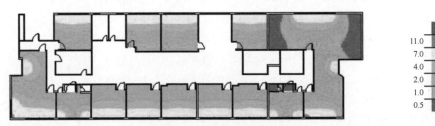

图 5-16　3 层采光分析平面图

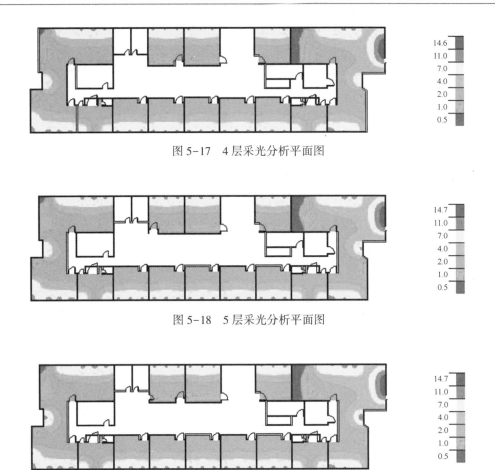

图 5-17　4 层采光分析平面图

图 5-18　5 层采光分析平面图

图 5-19　6 层采光分析平面图

根据以上结果，本项目临窗 2 m 范围的采光系数为 4~7；房间中间区域，进深为 3~7 m，采光系数为 1~4，进深再大的区域采光系数就小于 1，采光条件差；综合分析本项目的大部分房间进深小，外窗透射比达到 0.71，窗地比为 0.15~0.17；大部分区域的采光系数都大于采光设计要求，采光条件良好。

2）采光达标率统计

通过对项目中主要功能房间采光系数的计算，求得各个主要功能房间的达标面积，统计全部达标面积除以建筑主要功能房间的总面积，最终得到单体建筑的达标率，如表 5-12 所示。

表 5-12 单体建筑的达标率

楼层	房间编号	房间类型	采光等级	采光类型	采光系数要求（%）	房间面积（m²）	达标面积（m²）	达标率（%）
1	1002	实验室	Ⅲ	侧面	3.30	85.14	85.14	100
	1114	实验室	Ⅲ	侧面	3.30	54.58	37.30	68
	1115	实验室	Ⅲ	侧面	3.30	53.49	36.56	68
	1116	实验室	Ⅲ	侧面	3.30	61.37	30.93	50
	1118	实验室	Ⅲ	侧面	3.30	55.57	35.99	65
	1119	实验室	Ⅲ	侧面	3.30	330.74	115.81	35
2	2001	实验室	Ⅲ	侧面	3.30	52.50	42.36	81
	2002	实验室	Ⅲ	侧面	3.30	59.31	36.62	62
	2094	实验室	Ⅲ	侧面	3.30	104.02	97.02	93
	2095	实验室	Ⅲ	侧面	3.30	53.57	42.43	79
	2096	实验室	Ⅲ	侧面	3.30	330.74	131.46	40
	2097	实验室	Ⅲ	侧面	3.30	51.45	42.54	83
	2098	实验室	Ⅲ	侧面	3.30	52.45	48.55	93
	2106	实验室	Ⅲ	侧面	3.30	161.66	158.82	98
	2107	实验室	Ⅲ	侧面	3.30	21.64	10.08	47
	2108	实验室	Ⅲ	侧面	3.30	20.98	10.73	51
3	3070	实验室	Ⅲ	侧面	3.30	110.47	96.15	87
	3071	实验室	Ⅲ	侧面	3.30	43.17	22.20	51
	3072	实验室	Ⅲ	侧面	3.30	51.35	43.50	85
	3073	实验室	Ⅲ	侧面	3.30	51.40	42.79	83
	3074	实验室	Ⅲ	侧面	3.30	51.22	44.05	86
	3075	实验室	Ⅲ	侧面	3.30	51.35	43.50	85
	3076	实验室	Ⅲ	侧面	3.30	51.22	44.05	86
	3077	实验室	Ⅲ	侧面	3.30	262.51	104.60	40
	3078	实验室	Ⅲ	侧面	3.30	43.32	22.03	51
	3080	实验室	Ⅲ	侧面	3.30	2.81	0.00	0
	3083	实验室	Ⅲ	侧面	3.30	3.41	0.00	0
	3087	实验室	Ⅲ	侧面	3.30	58.05	42.35	73
	3088	实验室	Ⅲ	侧面	3.30	61.62	43.33	70
	3089	实验室	Ⅲ	侧面	3.30	57.14	43.22	76
	3090	实验室	Ⅲ	侧面	3.30	59.41	43.35	73

续表

楼层	房间编号	房间类型	采光等级	采光类型	采光系数要求（%）	房间面积（m²）	达标面积（m²）	达标率（%）
4	4047	实验室	Ⅲ	侧面	3.30	232.41	162.69	70
	4048	实验室	Ⅲ	侧面	3.30	42.93	22.60	53
	4049	实验室	Ⅲ	侧面	3.30	51.35	43.50	85
	4050	实验室	Ⅲ	侧面	3.30	51.28	43.92	86
	4051	实验室	Ⅲ	侧面	3.30	51.61	43.73	85
	4052	实验室	Ⅲ	侧面	3.30	51.35	43.50	85
	4053	实验室	Ⅲ	侧面	3.30	51.61	43.22	84
	4054	实验室	Ⅲ	侧面	3.30	260.48	224.55	86
	4055	实验室	Ⅲ	侧面	3.30	42.93	22.34	52
	4065	实验室	Ⅲ	侧面	3.30	60.61	42.14	70
	4066	实验室	Ⅲ	侧面	3.30	57.38	41.93	73
	4067	实验室	Ⅲ	侧面	3.30	56.37	43.30	77
5	5024	实验室	Ⅲ	侧面	3.30	232.41	163.66	70
	5025	实验室	Ⅲ	侧面	3.30	42.93	22.09	51
	5026	实验室	Ⅲ	侧面	3.30	51.35	43.25	84
	5027	实验室	Ⅲ	侧面	3.30	51.28	43.66	85
	5028	实验室	Ⅲ	侧面	3.30	51.61	43.48	84
	5029	实验室	Ⅲ	侧面	3.30	51.35	44.26	86
	5030	实验室	Ⅲ	侧面	3.30	51.61	43.48	84
	5031	实验室	Ⅲ	侧面	3.30	260.48	224.55	86
	5032	实验室	Ⅲ	侧面	3.30	42.93	22.34	52
	5042	实验室	Ⅲ	侧面	3.30	60.53	42.79	71
	5043	实验室	Ⅲ	侧面	3.30	57.38	42.42	74
	5044	实验室	Ⅲ	侧面	3.30	56.37	42.82	76
6	6001	实验室	Ⅲ	侧面	3.30	232.41	166.56	72
	6002	实验室	Ⅲ	侧面	3.30	42.93	22.34	52
	6003	实验室	Ⅲ	侧面	3.30	51.35	43.50	85
	6004	实验室	Ⅲ	侧面	3.30	51.28	44.42	87
	6005	实验室	Ⅲ	侧面	3.30	51.61	42.97	83
	6006	实验室	Ⅲ	侧面	3.30	51.35	43.76	85
	6007	实验室	Ⅲ	侧面	3.30	51.61	42.72	83
	6008	实验室	Ⅲ	侧面	3.30	260.48	228.54	88
	6009	实验室	Ⅲ	侧面	3.30	42.93	22.34	52
	6019	实验室	Ⅲ	侧面	3.30	60.61	42.38	70
	6020	实验室	Ⅲ	侧面	3.30	57.38	42.18	74
	6021	实验室	Ⅲ	侧面	3.30	56.37	43.06	76

房间类型	采光类型	标准值		面积（m²）		达标率（%）
		平均采光系数（%）	室内天然光设计照度（lx）	总面积	达标面积	
实验室	侧面	3.30	450	5 538.49	3 938.53	71
总计达标面积比例（%）				71		

5.3.5　小结

采光设计上，本项目建筑窗墙比设计基本符合设计要求，通过高透射比外窗，浅色饰面材料加强内区采光效果，较小的房间进深设计等设计措施来加强室内采光效果；经模拟分析，外区的采光条件良好，部分内区的采光存在不足，建筑室内空间天然采光达标面积比例达到71%。

以《绿色建筑评价标准》的第8.2.6条对公共建筑主要功能房间的采光系数达标面积比例要求作为评价指标，本项目采光条件处于中等水平。

5.4　隔声性能分析计算书

5.4.1　隔声分析依据及目标

1）分析标准

《建筑隔声设计——空气声隔声技术》（中国建筑工业出版社出版，康玉成主编，出版时间：2004.10）。

2）分析目的

根据《民用建筑隔声设计规范》（GB 50118—2010）对于学校建筑的建筑构件隔声要求以及《绿色建筑评价标准》（GB/T 50378—2014）第8.1.2条控制项、第8.2.2条得分项的要求对本项目的建筑构件隔声性能进行分析评价。具体标准要求如下：

第8.1.2条主要功能房间的外墙、隔墙、楼板和门窗的隔声性能应能满足现行国家标准《民用建筑隔声设计规范》中低限要求。

第8.2.2条主要功能房间的隔声性能好，评价总分值为9分，并按下列规则分别评分并累计：构件及相邻房间之间的空气声隔声性能达到现行国家标准《民用建筑隔声设计规范》中的低限标准限值和高要求标准限值的平均值，得3分；达到高要求标准限值，得5分。楼板的撞击声隔声性能达到现行国家标准《民用建筑隔声设计规范》中的低限标准限值和高要求标准限值的平均值，得3分；达到高要求标准限值，得4分。

5.4.2　理论依据

1）原理概要

声的传播途径大致可归纳为两大类：通过空气的传声和通过建筑结构的固体传声。

在工程上，常用隔声量来表示构件对空气声的隔绝能力，它与构件透射系数有如公式（5-5）的关系：

$$R = 10\lg\frac{1}{\tau} \tag{5-5}$$

式中：τ 为构件的透射系数。

可以看出，构件的透射系数越大，则隔声量越小，隔声性能越差；反之，透射系数越小，则隔声量越大，隔声性能越好。

隔声构件按照不同的结构形式，有不同的隔声特性。对于隔墙（隔墙）设计上的措施，理论上采用高声阻、刚性、匀质密实的围护结构，如砖、混凝土等，其质量越大则振动越小，惰性抗力越大，使传声减小到最低程度，因而，密实而重质的材料隔声性能较好。

2）单层匀质密实墙的空气声隔绝

单层匀质密实墙的隔声性能和入射声波的频率有关，还取决于墙本身的面密度、劲度、材料的内阻尼以及墙的边界条件等因素。

3）多层复合板的设计要点

现在的节能建筑一般采取多层复合墙板达到节能保温的效果，这同时也可以增加墙体的隔声性能。多层复合板的设计要点如下：

（1）多层复合板一般 3~5 层，在构造合理的条件下，相邻层间的材料尽量做成软硬结合形式。

（2）提高薄板的阻尼有助于改善隔声量。如在薄钢板上粘贴超过板厚 3 倍左右的沥青玻璃纤维或麻丝之类材料，对消弱共振频率和吻合效应有显著作用。

（3）多孔材料本身的隔声能力差，但当这些材料和坚实材料组成多层复合板时，在它的表面抹一层不透气的粉刷层或粘一层轻薄的材料时，则可提高它的隔声性能。如 5 mm 厚的木丝板仅有的 18 dB 左右的隔声量，单面粉刷后，隔声量提高到 24 dB 左右，双面粉刷后隔声量可提高到 30 dB 左右。几种隔声结构隔声性能的实测结果如图 5-20 所示。

4）质量定律

如果把墙看成是无劲度、无阻尼的柔顺质量、且忽略墙的边界条件，则在声波垂直入射时，可从理论上得到墙的隔声量的计算式

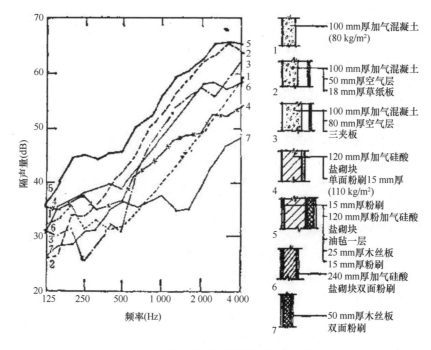

图 5-20　改善多孔材料的隔声特性实例

$$R_o = 10\lg\left[1 + \left(\frac{\pi mf}{\rho_o c}\right)^2\right] \qquad (5-6)$$

式中：m 为墙单位面积的质量，或称面密度（kg/m^2）；ρ_o 为空气密度（kg/m^2）；c 为空气中的声速，一般取 344 m/s；f 为入射声波的频率（Hz）。

一般情况下，$\pi mf > \rho_o c$，$\pi mf / \rho_o c$ 即 >1，上式便可简化为

$$R_o = 20\lg\left(\frac{\pi mf}{\rho_o c}\right) = 20\lg m + 20\lg f - 43 \qquad (5-7)$$

如果声波并非垂直入射，而是无规入射时，则墙的隔声量为

$$R = R_o - 5 = 20\lg m + 20\lg f - 48 \qquad (5-8)$$

式（5-7）和式（5-8）证明，墙的单位面积质量越大，则隔声效果越好，单位面积质量每增加一倍，隔声量可增加 6 dB。这一规律称为"质量定律"。从上式还可以看出，入射声波的频率每增加一倍，隔声量也可以增加 6 dB。图 5-21 表示了质量定律直线。

由于本式是建立在理论上的许多假定条件下导出的，计算值普遍比实测大，并不符合现场实际情况，所以一般隔声设计中采用经验公式进行隔声量计算。

所有经验公式隔声量计算值，普遍小于理论公式计算值，并不同程度地接近现场实际情况，接近实测，所以经验公式比理论公式有实用价值。

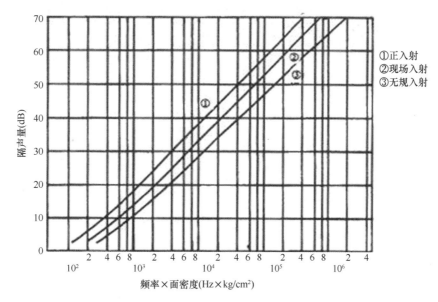

图 5-21　由质量控制的柔性板的隔声量

经验公式都加进了实践的因素，即包括实验室测定、现场测定、主观评估、判断等研究成果，它比理论公式接近实际，已不再是完全符合质量定律中的假定条件。但这些经验公式的基本变量还是质量 m，质量大小控制隔声量，所以这类公式还是以质量定律为基本理论的隔声量经验计算式，是理论上的质量定律向实践的延伸。

5）构件隔声量

构件隔声量的表示有多种方式，如有的取各频程中心频率的分频隔声量表示构件隔声量；有的取单值隔声量表示，如取 125~4 000 Hz 各频程中心频率隔声量的算术平均值；有的以 100~3 200 Hz 的中点 500 Hz（接近平均值）或 550 Hz 隔声量表示构件隔声量。有的以计权隔声量 R_w 或隔声指数 I_a 表示构件隔声量。

计权隔声量加进了人的主观评定因素，能完全反应构件隔声性能的优劣，包括某一频带的特殊曲线也能看出来。因此，用计权隔声量这一考虑人耳听觉频率特性的方法得出的隔声量评价隔声构件，能更好地表明构件隔声效果的优劣。

频谱修正量是因隔声频谱不同以及声源空间的噪声频谱不同，所需加到空气声隔声单值评价量上的修正值。

5.4.3　建筑构件隔声性能分析

1）建筑隔声构造

（1）外墙类型：涂料保护层 5 mm + 石墨聚苯板（SEPS）230 mm + 混凝土板 100 mm + 混合砂浆 20 mm；

（2）房间隔墙：混合砂浆 15 mm +加气混凝土 200 mm+混合砂浆 15 mm；

（3）楼板类型：地砖 10 mm +干硬性水泥砂浆 20 mm+钢筋混凝土 150 mm；

（4）外窗类型：铝木 Low-e 三层中空玻璃窗（T5+6A+T5+V+TL5）；

（5）建筑外门：节能门。

2）建筑构件隔声性能分析方法

根据《建筑隔声设计——空气声隔声技术》推荐的经验公式确定单频的隔声量：

$$R = 23\lg m + 11\lg f - 41 \quad (m \geqslant 200 \text{ kg/m}^2) \tag{5-9}$$

$$R = 13\lg m + 11\lg f - 18 \quad (m \leqslant 200 \text{ kg/m}^2) \tag{5-10}$$

根据《建筑隔声评价标准》规定，确定空气声隔声单值评价量与频谱修正量的计算方法如式（5-11）和式（5-12）所示：

$$P_i = \begin{cases} R_w + K_i - R_i & R_w + K_i - R_i > 0 \\ 0 & R_w + K_i - R_i \leqslant 0 \end{cases} \tag{5-11}$$

式中：R_w 为所要计算的单值评价量，即计权隔声量；K_i 为《建筑隔声评价标准》表 3.1.2 中第 i 个频带的基准值，如表 5-15 倍频程空气声基准值所示；R_i 为第 i 个频带的隔声量。

$$C_j = -10\lg \sum 10^{(L_{ij}-R_i)/10} - R_w \tag{5-12}$$

式中：j 为频谱序号，$j=1$ 或 2，1 为计算 C 的频谱 1，2 为计算 C_{tr} 的频谱 2；R_w 为单值评价量，即空气声计权隔声量；i 为 125~2 000 Hz 的倍频程序号；L_{ij} 为第 j 号频谱的第 i 个频带的声压级；R_i 为第 i 个频带的隔声量。精确到 0.1 dB。

根据《民用建筑隔声设计规范》的评价要求，求出空气声隔声评价值 $R_w + C/C_{tr}$。

计算方法：将倍频程空气声隔声测量值在坐标纸上绘成一条频谱曲线；并将倍频程空气声隔声基准曲线绘制在上述曲线的坐标纸上，横坐标（频率）保持一致，移动倍频程基准曲线，每步 1 dB 直至不利于偏差之和尽量的大但不超过 10 dB；此时移动后的基准曲线 500 Hz 对应的纵坐标值（基准曲线移动值）即为单值评价量 R_w。

3）外墙的计权隔声量与频谱修正量

（1）外墙计权隔声量。

本项目外墙构造：涂料保护层 5 mm+石墨聚苯板（SEPS）230 mm+混凝土板 100 mm+混合砂浆 20 m。

表5-13　外墙面密度计算

房间隔墙构造	涂料保护层	石墨聚苯板（SEPS）	混凝土板	混合砂浆
厚度（mm）	5	230	100	20
材料密度（kg/m³）	1 000	20	2 100	1 700
综合面密度（kg/m²）		253.6		

　　根据《建筑隔声设计——空气声隔声技术》的经验公式，即本章公式（5-9）和公式（5-10）进行倍频程隔声量计算。结果如表5-14所示。

表5-14　外墙不同频率下隔声量计算值

频率（Hz）	125	250	500	1 000	2 000
隔墙隔声量（dB）	37.36	40.67	43.98	47.30	50.61

　　根据《建筑隔声评价标准》，当隔声量 R 为倍频程测量时，其相应单值评价量 R_w 必须满足式（5-13）的最大值，精确到 1 dB：

$$\sum_{i=1}^{5} P_i \leqslant 10.0 \qquad (5-13)$$

式中：i 为频带的序号，$i=1\sim5$，代表 125~2 000 Hz 范围内的 5 个倍频程；P_i 为不利偏差，按式（5-10）计算，即

表5-15　倍频程空气声基准值

频率（Hz）	125	250	500	1 000	2 000
倍频程基准值 K_i（dB）	-16	-7	0	3	4

表5-16　基准值平移后

频率（Hz）	125	250	500	1 000	2 000
基准值平移后（dB）	32.14	41.14	48.14	51.14	52.14

表5-17　外墙倍频程不利偏差

频率（Hz）	125	250	500（R_w）	1 000	2 000
P_i（dB）	-5.22	0.47	4.16	3.84	1.53
P_i 计算值	0.00	0.47	4.16	3.84	1.53

　　根据《建筑隔声评价标准》的空气声隔声单值评价的曲线比较法，由外墙不同频率下隔声量、倍频程空气声基准值作图；对倍频程基准值进行平移，得出基准值

平移后的值与倍频程不利偏差之和 P_i 小于等于 10 dB 要求的单值评价量。如图 5-22 所示此时基准值移动曲线在 500 Hz 处对应的纵坐标值即 R_w 为 48.1 dB。

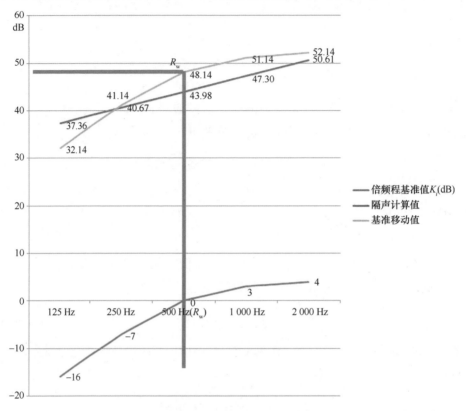

图 5-22　外墙空气声隔声单值评价量曲线比较

（2）频谱修正量。

频谱修正量 C_j 按公式（5-11）计算，即

$$C_j = -10\lg \sum 10^{(L_{ij}-R_i)/10} - R_w$$

表 5-18　交通噪声 C_{tr} 频谱修正量的声压级频谱

频率（Hz）	125	250	500	1 000	2 000
L_{ij}（dB）	-14	-10	-7	-4	-6

根据式（5-12）计算得到外墙的交通噪声频谱修正量为：$C_{tr} = -3$ dB。

综上所述，外墙的计权隔声量与频谱修正量之和为

$$R_w + C_{tr} = 48 - 3 = 45 \text{ dB}$$

小结：本项目外墙的计权隔声量与交通噪声频谱修正量之和为 45 dB，满足《民用建筑隔声设计规范》的第 5.2.4 条学校建筑外墙空气计权隔声量的大于等于 45 dB 的要求。

4）隔墙的计权隔声量与频谱修正量

（1）隔墙计权隔声量。

本项目隔墙构造做法：混合砂浆15 mm+加气混凝土200 mm+混合砂浆15 mm。

表5-19　隔墙面密度计算

隔墙类型	混合砂浆	加气混凝土	混合砂浆
厚度（mm）	15	200	15
材料密度（kg/m³）	1 800	750	1 800
综合面密度（kg/m³）		204	

根据《建筑隔声设计——空气声隔声技术》的经验公式即本章公式（5-9）和公式（5-10），进行倍频程隔声量的计算，结果如表5-20所示。

表5-20　隔墙不同频率下隔声量

频率（Hz）	125	250	500	1 000	2 000
隔墙（dB）	35.19	38.50	41.81	45.12	48.43

根据《建筑隔声评价标准》，当隔声量 R 用倍频程测量时，其相应单值评价量，即计权隔声量 R_w 必须满足公式（5-13）的最大值，精确到1 dB；式中 P_i 按公式（5-11）计算，其 K_i 如表5-21所示。

表5-21　倍频程空气声基准值

频率（Hz）	125	250	500	1 000	2 000
倍频程基准值 K_i（dB）	-16	-7	0	3	4

表5-22　隔墙基准值平移后

频率（Hz）	125	250	500（R_w）	1 000	2 000
基准值平移后（dB）	29.96	38.96	45.96	48.96	49.96

表5-23　隔墙倍频程不利偏差

频率（Hz）	125	250	500（R_w）	1 000	2 000
P_i（dB）	-5.23	0.46	4.15	3.84	1.53
P_i 计算值	0.00	0.46	4.15	3.84	1.53

根据《建筑隔声评价标准》的空气声隔声单值评价的曲线比较法，由外墙不同频率下隔声量、倍频程空气声基准值进行作图；对倍频程基准值进行平移，得出基准值平移后的值与倍频程不利偏差之和 P_i 小于等于 10 dB 要求的单值评价量。如图 5-23 所示，此时基准值移动曲线在 500 Hz 处对应的纵坐标值即 R_w 为 45.96 dB。

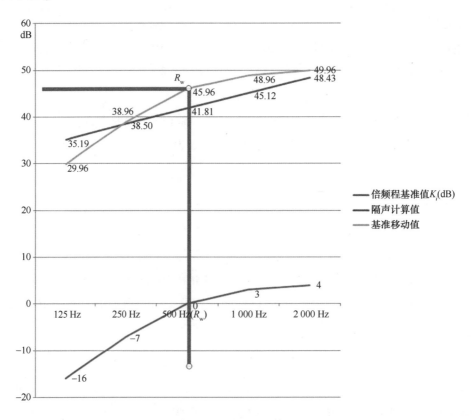

图 5-23　隔墙空气声隔声单值评价量曲线比较

（2）噪声频谱修正量。

频谱修正量 C_j 按式（5-12）计算，其式中 L_{ij} 如表 5-24 所示。

表 5-24　粉红噪声 C 频谱修正量的声压级频谱

频率（Hz）	125	250	500	1 000	2 000
L_{i1}（dB）	−21	−14	−8	−5	−4

根据式（5-12）计算得到隔墙的粉红噪声频谱修正量为：$C=-1$ db。

综上所述，隔墙的计权隔声量与频谱修正量之和为

$$R_w+C=46-1=45 \text{ dB}$$

小结：本项目隔墙的计权隔声量与粉红噪声频谱修正量之和为 45 dB，满足《民用建筑隔声设计规范》的第 5.2.1 条，学校建筑隔墙的计权隔声量大于 45 dB 的低标准要求。

5）外窗的计权隔声量与图集对比法

本项目外窗为铝木 Low-e 三层中空玻璃窗（T5+6A+T5+V+TL5）。与参照外窗"8+6A～12A+6"相比：本项目构造做法较参照外窗优，由于参考外窗隔声性能 29 dB，判断其隔声量大于等于 29 dB。

表 5-25　玻璃隔声性能

构造	厚度	计权隔声量 R_w（dB）	频谱修正量 C（dB）	C_{tr}（dB）	R_w+C	R_w+C_{tr}
单层玻璃	3	27	−1	−4	26	23
	5	29	−1	−2	28	27
	8	31	−2	−3	29	28
	12	33	0	−2	33	31
夹层玻璃	6+	32	−1	−3	31	29
	10+	34	−1	−3	33	31
中空玻璃	4+6a～12a+4	29	−1	−4	28	25
	6+6A～12A+6	31	−1	−4	30	27
	8+6A～12A+6	35	−2	−6	33	29
	6+6A～12A+10+	37	−1	−5	36	32

注：本表数据根据建筑科学研究院物理所提供的资料编制。6+、10+表示夹层玻璃。

小结：本项目外窗隔声量为 29 dB，满足《民用建筑隔声设计规范》的第 5.2.3 条学校建筑外窗空气计权隔声量的大于等于 25 dB 的标准要求。

6）楼板的计权隔声量与频谱修正量

（1）计权隔声量。本项目楼板：地砖 10 mm +干硬性水泥砂浆 20 mm+钢筋混凝土 150 mm。

表 5-26　楼板面密度计算

楼板类型	地砖	干硬性水泥砂浆	钢筋混凝土
厚度（mm）	10	20	150
材料密度（kg/m³）	1 800	1 800	2 500
面密度（kg/m³）		429	

根据《建筑隔声设计——空气声隔声技术》的经验公式即本章公式（5-9）和公式（5-10），进行倍频程隔声量计算，结果如表5-27所示。

表5-27　楼板不同频率下隔声量

频率（Hz）	125	250	500	1 000	2 000
楼板（dB）	42.61	45.92	49.24	52.55	55.86

根据《建筑隔声评价标准》，当隔声量 R 用倍频程测量时，其相应单值评价量，即计权隔声量 R_w 必须满足公式（5-13）的最大值，精确到 1 dB，式中 P_i 按公式（5-11）计算，其倍频程空气声基准值如表5-28所示。

表5-28　倍频程空气声基准值

频率（Hz）	125	250	500	1 000	2 000
倍频程基准值 K_i（dB）	−16	−7	0	3	4

表5-29　楼板基准值平移后

频率（Hz）	125	250	500（R_w）	1 000	2 000
基准值平移后（dB）	37.39	46.39	53.39	56.39	57.39

表5-30　楼板倍频程不利偏差

频率（Hz）	125	250	500（R_w）	1 000	2 000
P_i（dB）	−5.22	0.47	4.15	3.84	1.53
P_i 计算值	0.00	0.47	4.15	3.84	1.53

根据《建筑隔声评价标准》的空气声隔声单值评价的曲线比较法，由楼板不同频率下隔声量、倍频程空气声基准值作图；对倍频程基准值进行平移，得出基准值平移后的值与倍频程不利偏差之和 P_i 小于等于 10 dB 要求的单值评价量。如图5-24所示此时基准值移动曲线在 500 Hz 处对应的纵坐标值即 R_w 为 53.4 dB。

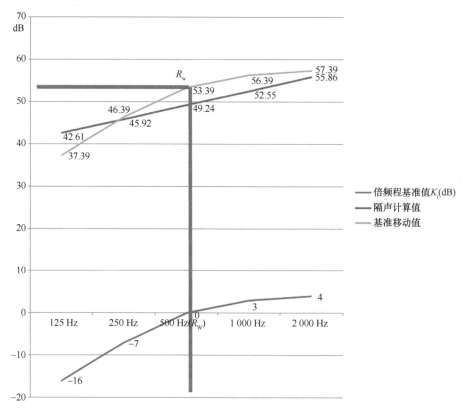

图 5-24　楼板空气声隔声单值评价量曲线比较

（2）粉红噪声频谱修正量。

频谱修正量 C_j 按式（5-12）计算。

表 5-31　粉红噪声 C 频谱修正量的声压级频谱

频率（Hz）	125	250	500	1 000	2 000
L_{il}（dB）	-21	-14	-8	-5	-4

根据式（5-12）计算得到楼板的粉红噪声频谱修正量为：$C = -1$ dB。

综上所述，楼板的计权隔声量与频谱修正量之和为

$$R_w + C = 53 - 1 = 52 \text{ dB}$$

小结：本项目楼板的计权隔声量与粉红噪声频谱修正量之和为 52 dB，满足《民用建筑隔声设计规范》的第 5.2.1 条学校建筑楼板的计权隔声量大于 45 dB 的高标准要求。

7）门的计权隔声量与频谱修正

《建筑声学设计》中给出了一般门窗的隔声量。双层门的隔声量一般为 30 ~ 40 dB，本项目的门采用节能门，隔声效果好。

在高噪声隔声中需要使用隔声门，提高门的隔声性能一方面需要提高门扇的隔声量，另一方面需要处理好门缝。提高门扇自身隔声量的方法有：

（1）增加门扇重量和厚度。但重量不能太大，否则难以开启，门框支撑也成问题；太厚也不行，影响开启，而且也受到锁具的限制。常规建筑隔声门重量在 50 kg/m² 以内，厚度不大于 8 cm。

（2）使用不同密度的材料叠合而成，如多层钢板、密度板复合，各层的厚度也不同，防止共振和吻合效应。

（3）在门扇内形成空腹，内填吸声材料。隔声门门扇的隔声量可做到 40～45 dB。

（4）将门框做成多道企口，并使用密封胶条或密封海绵密封。采用密封条时要保证门缝各处受压均匀，密封条处处受压。有时采用两道密封条，但必须保证门扇和门框的加工精度，配合良好。

（5）采用机械压紧装置，如压条等。门的周边安装压紧装置，锁门转动扳手时，通过机械联动将压紧装置压在门框上，可获得良好的密封性。对于下部没有门槛的隔声门，必须在门扇底安装这种机械密封装置，关门时，压条自动压在地面上密封。通过良好门缝处理的单隔声门隔声量可达到 35～40 dB。

小结：本项目外门采用节能门，通过良好的门缝处理后隔声性能应能达到 35～40 dB。满足《民用建筑隔声设计规范》的第 8.2.3 条学校建筑中门的空气计权隔声量大于 30 dB 的高限要求。

8）楼板的计权标准化撞击声压级

建筑物撞击声主要是物体与建筑构件碰撞，使其产生振动，沿着结构传播并向四周空气中所辐射的噪声，人在楼板上走动时产生的撞击声噪声最为普遍。

提高撞击声隔声性能的方法：常规的有铺设弹性面层、浮筑楼板和隔声吊顶三种。

计算方法：运用参照对比法，根据《建筑隔声设计》附录 8 中已知的常用楼板的计权标准撞击声级，分析本项目的楼板的计权标准撞击声级。

本项目楼板：地砖 10 mm +干硬性水泥砂浆 20 mm+钢筋混凝土 150 mm。

参考检测构造：通体砖+水泥砂浆 20 mm+钢筋混凝土 100 mm（面密度 300 kg/m² 撞击声级 82 dB）。

本项目普通楼板与所选作为参照的常用楼板的构造进行比较，与参照楼板构造相似，同时该项目楼板厚度大于参照楼板性能优于参照楼板，因此判断本项目楼板的计权标准化撞击声压级为 82 dB。

小结：本项目楼板的计权标准化撞击声压级约为 82 dB。不满足《民用建筑隔声设计规范》的第 8.2.4 条学校建筑教室的楼板撞击声隔声标准小于 75 dB 的低限标准要求；但通过做隔声吊顶可降低楼板撞击声要求，有条件能满足 75 dB 的低限值要求。

5.4.4　小结

通过对山东建筑大学教学实验综合楼的隔墙、楼板、外窗、外墙、分户门的计权隔声量与频谱修正量及楼板的计权标准化撞击声压级进行计算分析，可知本项目外墙、隔墙、楼板、外窗、外门的计权隔声量与频谱修正量之和为 45 dB、45 dB、52 dB、29 dB 和 30 dB，满足《民用建筑隔声设计规范》的第 5.2.4 条学校建筑外墙、隔墙、楼板、外窗空气计权隔声量的低限标准要求。本项目楼板的计权标准化撞击声压级约为 82 dB。不满足《民用建筑隔声设计规范》的第 5.2.4 条学校建筑教室的楼板撞击声隔声标准小于 75 dB 的低限标准要求，但面层预留条件，后期可做木地板、减振面层，隔声吊顶等措施满足楼板撞击声的要求。

5.5　隔热检查计算书

5.5.1　概况

本次对建筑屋顶、东西外墙进行内表面温度的分析；通过采用低导热系数，高蓄热系数的保温材料，提高热惰性指标 D 值，从而满足隔热、降低内表面温度及温度波幅的要求。

5.5.2　评价标准与方法

1）评价标准
《公共建筑节能设计标准》（GB 50189—2015）；
《民用建筑热工设计规范》（GB 50176—2016）；
《绿色建筑评价标准》（GB/T 50378—2014）。
2）评价方法
（1）通过房间围护结构的内表面温度计算，判断是否不大于《民用建筑热工设计规范》给出的内表面最高温度。
（2）在给定两侧空气温度及变化规律的情况下，外墙及屋顶内表面最高温度应符合表 5-32 和表 5-33 的要求。

表 5-32　外墙内表面最高温度的限值

房间类型	自然通风房间	空调房间	
		重质围护结构（$D \geqslant 2.5$）	轻质围护结构（$D < 2.5$）
内表面最高温度 $\theta_{i \cdot \max}$	$\leqslant t_{e \cdot \max}$	$\leqslant t_i + 2$	$\leqslant t_i + 3$

表 5-33　屋顶内表面最高温度的限值

房间类型	自然通风房间	空调房间	
		重质围护结构（$D \geqslant 2.5$）	轻质围护结构（$D < 2.5$）
内表面最高温度 $\theta_{i \cdot \max}$	$\leqslant t_{e \cdot \max}$	$\leqslant t_i + 2.5$	$\leqslant t_i + 3.5$

注：表中：$\theta_{i \cdot \max}$ 为围护结构内表面最高温度（℃），按《民用建筑热工设计规范》附录 C.3 的规定计算；t_i 为室内空气温度，（℃）；$t_{e \cdot \max}$ 为累年日平均温度最高日的最高温度（℃），应按《民用建筑热工设计规范》；配套软件气象数据取用。

（3）外围护结构内表面最高温度按照规范《民用建筑热工设计规范》附录 C.3 的规定计算：

按式（5-14）建立常物性、无内热源的一维非稳态导热的内部微分方程，微分方程的求解可采用有限差分法：

$$\frac{\partial t}{\partial \tau} = \alpha \frac{\partial^2 t}{\partial x^2} \qquad (5-14)$$

式中：$\frac{\partial t}{\partial \tau}$ 为温度对于时间的导数（℃/s）；α 为材料的导温系数，$\alpha \frac{\lambda}{\rho c}$（m²/s）。

按式（5-15）建立第三类边界条件隐式差分格式边界节点方程（边界节点 1，节点 n 可参照）：

$$-\frac{\lambda}{\Delta x}(t_1^k - t_2^k) + \alpha(t_f^k - t_1^k) + \rho_s I^k = C_p \rho \frac{\Delta x}{2} \cdot \frac{t_1^k - t_1^{k-1}}{\Delta \tau} \qquad (5-15)$$

式中：C_p 为材料的比热，J／（kg·K）；ρ 为材料的密度（kg/m³）；α 为材料的导温系数，$\alpha = \frac{\lambda}{\rho c}$（m²/s）；$\Delta x$ 为差分步长（m）；λ 为材料的导热系数［W／（m·K）］；t_f^k 为对流换热温度。

按式（5-16）列出各内部节点和边界点的节点方程，并求解节点方程组得到外墙、屋顶内表面温度值。

$$t_i = \sum_{j=1}^{n} a_{ij} t_j + c_i, \quad i = 1, 2, \cdots, n \qquad (5-16)$$

式中：t_i 为差分节点温度值（℃）。

5.5.3　边界条件参数设置

1）基本设置

具体基本设置详见表 5-34。

表 5-34　边界条件设置

公式及变量	变量名	数值	说明
（一）内表面边界条件（第三类边界条件）			
$t_{f,2}$	夏季室内温度（℃）		按《民用建筑热工设计规范》（GB 50176—2016）第 3.3.2 条的规定取值
h_{I}	室内侧对流换热系数 [W/$(\mathrm{m}^2 \cdot \mathrm{K})$]	8.7	按《民用建筑热工设计规范》（GB 50176—2016）附录 B.4.1，表 B.4.1-1 取值
（二）外表面边界条件（第三类边界条件）			
h_{n+1}	室外侧对流换热系数（$\mathrm{m}^2 \cdot$ K）	19.0	按《民用建筑热工设计规范》（GB 50176—2016）附录 B.4.1，表 B.4.1-2 取值
t_{sh}	室外空气逐时温度（℃）		按《民用建筑热工设计规范》（GB 50176—2016）配套软件气象数据取用
I^k	表面法向太阳总辐射强度，包括直射和散射（W/m^2）		按《民用建筑热工设计规范》（GB 50176—2016）配套软件气象参数取值
ρ_s	外表面太阳辐射吸收系数		根据工程构造取值

2）室外空气温度

室外空气温度详见图 5-25 和表 5-35。

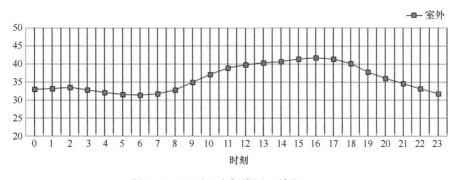

图 5-25　逐时温度折线图（单位：℃）

表 5-35　逐时温度（℃）

时间	温度	时间	温度
0：00	33.00	12：00	39.80
1：00	33.20	13：00	40.30
2：00	33.50	14：00	40.70
3：00	32.90	15：00	41.40
4：00	32.20	16：00	41.70
5：00	31.60	17：00	41.50
6：00	31.40	18：00	40.20
7：00	31.80	19：00	37.90
8：00	32.90	20：00	36.10
9：00	35.00	21：00	34.70
10：00	37.10	22：00	33.20
11：00	39.00	23：00	31.80

3）室外太阳辐射照度

具体情况详见表 5-36。

表 5-36　室外太阳辐射照度

变量	变量名		公式来源	
I^k	表面法向太阳总辐射强度，包括直射和散射（W/m²）		按《民用建筑热工设计规范》（GB 50176—2016）配套软件气象数据取用	
时刻	东	南	西	北	水平
0：00	0.00	0.00	0.00	0.00	0.00
1：00	0.00	0.00	0.00	0.00	0.00
2：00	0.00	0.00	0.00	0.00	0.00
3：00	0.00	0.00	0.00	0.00	0.00
4：00	32.48	18.36	20.09	9.67	33.80
5：00	187.18	71.21	85.63	35.15	162.80
6：00	313.68	130.14	133.74	75.78	292.00
7：00	431.73	176.21	154.13	118.30	427.50
8：00	473.68	239.44	166.61	138.08	569.00
9：00	475.60	344.53	204.48	171.14	762.20
10：00	395.32	432.48	239.42	200.76	907.40
11：00	253.27	466.58	253.27	212.45	962.50
12：00	229.71	419.97	384.83	193.09	888.70
13：00	202.25	342.39	474.99	169.45	761.00
14：00	181.24	259.23	504.87	149.96	609.10
15：00	165.62	189.32	464.45	127.11	459.70
16：00	126.02	116.42	329.83	65.88	288.30
17：00	55.84	35.87	154.60	12.69	112.60
18：00	0.00	0.00	0.00	0.00	0.00
19：00	0.00	0.00	0.00	0.00	0.00
20：00	0.00	0.00	0.00	0.00	0.00
21：00	0.00	0.00	0.00	0.00	0.00
22：00	0.00	0.00	0.00	0.00	0.00
23：00	0.00	0.00	0.00	0.00	0.00

4）室内空气温度

室内空气温度如图 5-26 和表 5-37 所示。

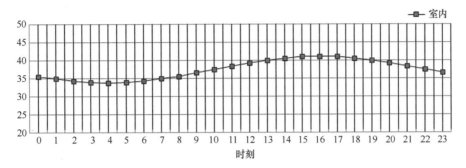

图 5-26　逐时温度折线图（单位：℃）

表 5-37　室内逐时温度（℃）

时间	温度	时间	温度
0：00	35.63	12：00	39.28
1：00	34.87	13：00	40.04
2：00	34.29	14：00	40.62
3：00	33.93	15：00	40.98
4：00	33.80	16：00	41.10
5：00	33.93	17：00	40.98
6：00	34.29	18：00	40.62
7：00	34.87	19：00	40.04
8：00	35.63	20：00	39.28
9：00	36.51	21：00	38.40
10：00	37.45	22：00	37.45
11：00	38.40	23：00	36.51

5.5.4　工程构造

1）屋顶构造

具体详见表 5-38。

表 5-38　屋顶构造一

材料名称由外到内	厚度 （mm）	差分步长 （mm）	导热系数 [W/(m·K)]	蓄热系数 [W/(m²·K)]	修正系数 α	热阻 [(m²·K)/W]	热惰性指标 $D=RS$
水泥砂浆	20	10.0	0.930	11.370	1.00	0.022	0.245
C20 细石混凝土	30	10.0	1.510	15.360	1.00	0.020	0.305

续表

材料名称由外到内	厚度 （mm）	差分步长 （mm）	导热系数 [W/(m·K)]	蓄热系数 [W/(m²·K)]	修正系数 α	热阻 [(m²·K)/W]	热惰性指标 D=RS
挤塑聚苯板	220	11.6	0.030	0.301	1.30	5.641	2.207
水泥砂浆	20	10.0	0.930	11.370	1.00	0.022	0.245
水泥憎水性珍珠岩浆料	30	7.5	0.210	3.283	1.00	0.143	0.469
水泥砂浆	20	10.0	0.930	11.370	1.00	0.022	0.245
钢筋混凝土	120	12.0	1.740	17.200	1.00	0.069	1.186
各层之和 ∑	460	—	—	—	—	5.937	4.901
差分时间步长（min）	5.0							
外表面太阳辐射吸收系数	0.75							
传热系数 $K=1/(0.16+\sum R)$	0.16							
重质/轻质	重质围护结构							

自然通风房间的逐时温度详见图 5-27 和表 5-39。

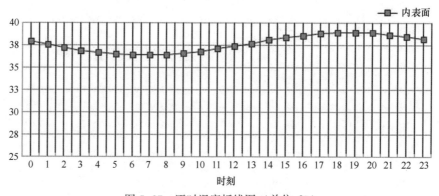

图 5-27　逐时温度折线图（单位：℃）

表 5-39　自然通风房间逐时温度（℃）

时间	温度	时间	温度
0：00	37.89	12：00	37.41
1：00	37.55	13：00	37.74
2：00	37.22	14：00	38.07
3：00	36.92	15：00	38.37
4：00	36.67	16：00	38.62
5：00	36.49	17：00	38.81
6：00	36.38	18：00	38.92
7：00	36.37	19：00	38.94
8：00	36.44	20：00	38.87
9：00	36.59	21：00	38.72
10：00	36.81	22：00	38.49
11：00	37.09	23：00	38.21

2）外墙构造

外墙构造详见表5-40。

表5-40 外墙构造一

材料名称由外到内	厚度 (mm)	差分步长 (mm)	导热系数 [W/(m·K)]	蓄热系数 [W/(m²·K)]	修正系数 α	热阻 [(m²·K)/W]	热惰性指标 D=RS
涂料保护层	5	5.0	1.000	0.009	1.00	0.005	0.000
石墨聚苯板	230	15.3	0.033	0.360	1.20	6.970	2.509
混凝土板	100	11.1	1.280	13.570	1.00	0.078	1.060
混合砂浆	20	10.0	0.870	10.750	1.00	0.023	0.247
各层之和∑	355	—	—	—	—	7.076	3.816
差分时间步长（分钟）	5.0						
外表面太阳辐射吸收系数	0.75						
传热系数 K=1/（0.16+∑R）	0.14						
重质/轻质	重质围护结构						

（1）自然通风房间的东向逐时温度详见图5-28和表5-41。

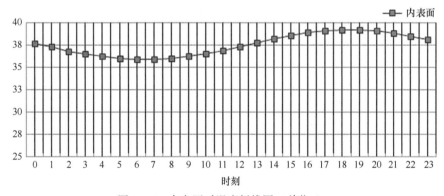

图5-28 东向逐时温度折线图（单位:℃）

表5-41 东向通风房间逐时温度（℃）

时间	温度	时间	温度
0：00	37.71	12：00	37.34
1：00	37.27	13：00	37.78
2：00	36.85	14：00	38.20
3：00	36.48	15：00	38.57
4：00	36.17	16：00	38.88
5：00	35.96	17：00	39.09
6：00	35.85	18：00	39.19
7：00	35.86	19：00	39.18
8：00	35.98	20：00	39.06
9：00	36.20	21：00	38.83
10：00	36.52	22：00	38.52
11：00	36.91	23：00	38.13

（2）自然通风房间的西向逐时温度详见图 5-29 和表 5-42。

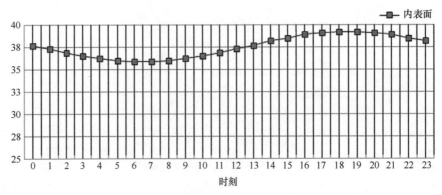

图 5-29 西向逐时温度折线图（单位:℃）

表 5-42 西向通风房间逐时温度（℃）

时间	温度	时间	温度
0:00	37.73	12:00	37.30
1:00	37.29	13:00	37.73
2:00	36.87	14:00	38.16
3:00	36.49	15:00	38.54
4:00	36.19	16:00	38.85
5:00	35.97	17:00	39.08
6:00	35.86	18:00	39.20
7:00	35.87	19:00	39.20
8:00	35.98	20:00	39.09
9:00	36.20	21:00	38.86
10:00	36.51	22:00	38.55
11:00	36.88	23:00	38.16

（3）自然通风房间的南向逐时温度如图 5-30 和表 5-43。

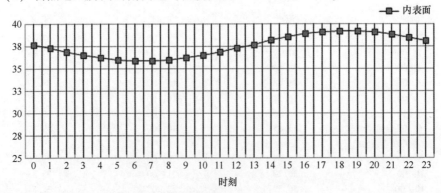

图 5-30 南向逐时温度折线图（单位:℃）

表 5-43　南向通风房间逐时温度（℃）

时间	温度	时间	温度
0：00	37.71	12：00	37.30
1：00	37.27	13：00	37.75
2：00	36.85	14：00	38.18
3：00	36.48	15：00	38.56
4：00	36.17	16：00	38.87
5：00	35.96	17：00	39.08
6：00	35.85	18：00	39.19
7：00	35.85	19：00	39.18
8：00	35.97	20：00	39.06
9：00	36.19	21：00	38.84
10：00	36.50	22：00	38.52
11：00	36.88	23：00	38.14

（4）自然通风房间的北向逐时温度如图 5-31 和表 5-44 所示。

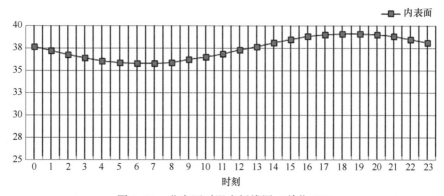

图 5-31　北向逐时温度折线图（单位：℃）

表 5-44　北向通风房间逐时温度（℃）

时间	温度	时间	温度
0：00	37.67	12：00	37.27
1：00	37.24	13：00	37.71
2：00	36.82	14：00	38.13
3：00	36.45	15：00	38.50
4：00	36.15	16：00	38.81
5：00	35.94	17：00	39.02
6：00	35.83	18：00	39.13
7：00	35.83	19：00	39.12
8：00	35.95	20：00	39.00
9：00	36.17	21：00	38.78
10：00	36.48	22：00	38.47
11：00	36.85	23：00	38.09

5.5.5　小结

根据上述分析，本项目屋顶采用 220 mm 挤塑聚苯板保温材料，导热系数小；热阻达到 5.641，屋顶综合传热系数为 0.16，远低于公共建筑节能设计标准的要求，热惰性指标 D 达到 5.937，远大于 2.5，属于重质结构，屋顶部分的隔热能力良好；外墙采用 230 mm 的石墨聚苯板，热阻达到 6.970，外墙热桥部位的传热系数达到 0.14，外墙保温隔热性能良好，内表面温度低于标准要求限制，符合要求。

表 5-45　自然通风房间

类型	构造	最高温度（℃）	限值（℃）	结论
屋顶	上：屋顶构造一	38.94	41.70	满足
	东：外墙构造一	39.20	41.70	满足
	西：外墙构造一	39.21	41.70	满足
外墙	南：外墙构造一	39.20	41.70	满足
	北：外墙构造一	39.14	41.70	满足

5.6　结露检查计算书

5.6.1　项目概况

本项目属于寒冷气候区，冬季室外温度较低，热工计算上室外计算温度低于 0.9℃，需对建筑围护结构的内表面结露进行分析；本项目通过对各热桥节点进行保温设计，使项目结露设计符合热工规范设计的要求。

5.6.2　评价标准与方法

1）评价标准
公共建筑节能设计标准（GB 50189—2015）；
《民用建筑热工设计规范》（GB 50176—2016）；
《绿色建筑评价标准》（GB/T 50378）。
2）评价方法
（1）依据《民用建筑热工设计规范》的要求和规定，即第 4.2.11 条围护结构中的热桥部位应进行表面结露验算，并应采取保温措施，确保热桥内表面温度高于房间空气露点温度；第 4.2.12 条围护结构热桥部位的表面结露验算应符合本规范第 7.2 节的规定。

（2）将本工程热桥节点图集中于热桥表中对应的单元中，包括外墙-屋顶（WR）、外墙-楼板（WF）、外墙-挑空楼板（WA）、门窗上口（WU）、门窗左右（WS）、外墙-内墙（WI）等主要位置。

（3）按围护结构热惰性指标 D 值的不同，依据《民用建筑热工设计规范》表 3.2.2 中的规定（表 5-46），计算冬季室外热工计算温度 t_e。

表 5-46　冬季室外热工计算温度

围护结构热稳定性	计算温度（℃）
$6.0 \leqslant D$	$t_e = t_w$
$4.1 \leqslant D < 6.0$	$t_e = 0.6t_w + 0.4t_{e \cdot min}$
$1.6 \leqslant D < 4.1$	$t_e = 0.3t_w + 0.7t_{e \cdot min}$
$D < 1.6$	$t_e = t_{e \cdot min}$

（4）热桥节点边界条件依据《民用建筑热工设计规范》附录第 C.2.5 条进行设定，通过解温度场的方式求解热桥节点内表面的最低温度和每个分块单元的温度。

5.6.3　评价内容与计算结果

具体内容与结果见表 5-47。

表 5-47　基础计算条件和露点温度

地点	山东济南
a_i 内表面换热系数 [W/（m²·K）]	8.7
a_e 外表面换热系数 [W/（m²·K）]	23.0
t_i 室内计算温度（℃）	18
$t_{e \cdot min}$ 累年最低日平均温度（℃）	−10.50
t_w 采暖室外计算温度（℃）	−5.20
室内相对湿度（%）	60
室内露点温度（℃）	10.12

5.6.4　热桥节点图和内表面温度计算

1）外墙-屋顶（WR-1）节点

（1）节点构造做法详见表 5-48。

表 5-48 外墙-屋顶（WR-1）节点构造做法

平壁编号	材料名称	厚度（mm）	导热系数 λ [W/(m·K)]	蓄热系数 S [W/(m²·K)]	热阻 [(m²·K)/W]	热惰性指标 D=RS
1	钢筋混凝土	120	1.740	17.200	0.1	1.19
	水泥砂浆	20	0.930	11.370	0.0	0.24
	水泥憎水性珍珠岩浆料	30	0.210	3.283	0.1	0.47
	水泥砂浆	20	0.930	11.370	0.0	0.24
	挤塑聚苯板	220	0.030	0.301	7.3	2.21
	C20 细石混凝土	30	1.510	15.360	0.0	0.31
	水泥砂浆	20	0.930	11.370	0.0	0.24
	各层之和 Σ					4.90
	室外热工计算温度 t_e		$t_e = 0.6t_w + 0.4t_{e·min}$			-7.32
2	涂料保护层	5	1.000	0.009	0.0	0.00
	石墨聚苯板	40	0.033	0.360	1.2	0.44
	石墨聚苯板	190	0.033	0.360	5.8	2.07
	混合砂浆	20	0.870	10.750	0.0	0.25
	钢筋混凝土	100	1.740	17.200	0.1	0.99
	各层之和 Σ					3.74
	室外热工计算温度 t_e		$t_e = 0.3t_w + 0.7t_{e·min}$			-8.91

（2）冬季室外热工计算温度 t_e 取平壁部分室外温度的最小值，即：$t_e = -8.91$。

（3）节点大样图及内表面温度计算见图 5-32。

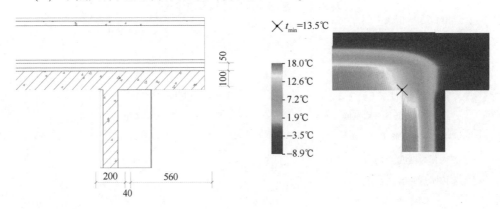

图 5-32 外墙-屋顶（WR-1）节点大样图及内表面温度计算

2）外墙-屋顶（WR-2）节点

（1）节点构造做法详见表5-49。

表5-49 外墙-屋顶（WR-2）节点构造做法

平壁编号	材料名称	厚度 （mm）	导热系数 λ [W/(m·K)]	蓄热系数 S [W/(m²·K)]	热阻 [(m²·K)/W]	热惰性指标 $D=RS$
1	涂料保护层	5	1.000	0.009	0.0	0.00
	石墨聚苯板	230	0.033	0.360	7.0	2.51
	钢筋混凝土	80	1.740	17.200	0.0	0.79
	钢筋混凝土	20	1.740	17.200	0.0	0.20
	钢筋混凝土	100	1.740	17.200	0.1	0.99
	各层之和 Σ					4.49
	室外热工计算温度 t_e		$t_e=0.6t_w+0.4t_{e·min}$			−7.32
2	水泥砂浆	20	0.930	11.370	0.0	0.24
	C20细石混凝土	30	1.510	15.360	0.0	0.31
	石墨聚苯板	220	0.033	0.360	6.7	2.40
	水泥砂浆	20	0.930	11.370	0.0	0.24
	水泥憎水性珍珠岩浆料	30	0.210	3.283	0.1	0.47
	水泥砂浆	20	0.930	11.370	0.0	0.24
	钢筋混凝土	120	1.740	17.200	0.1	1.19
	各层之和 Σ					5.09
	室外热工计算温度 t_e		$t_e=0.6t_w+0.4t_{e·min}$			−7.32

（2）冬季室外热工计算温度 t_e 取平壁部分室外温度的最小值，即：$t_e=-7.32$。

（3）节点大样图及内表面温度计算详见图5-33。

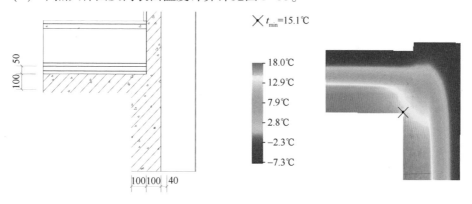

图5-33 外墙-层顶（WR-2）节点大样图及内表面温度计算

3）外墙-楼板（WF-1）节点

（1）节点构造做法详见表 5-50 所示。

表 5-50　外墙-楼板（WF-1）节点构造做法

平壁编号	材料名称	厚度 (mm)	导热系数 λ [W/(m·K)]	蓄热系数 S [W/(m²·K)]	热阻 [(m²·K)/W]	热惰性指标 D=RS
1	涂料保护层	5	1.000	0.009	0.0	0.00
	石墨聚苯板	230	0.033	0.360	7.0	2.51
	混合砂浆	20	0.870	10.750	0.0	0.25
	钢筋混凝土	100	1.740	17.200	0.1	0.99
	各层之和 ∑					3.74
	室外热工计算温度 t_e		$t_e=0.3t_w+0.7t_{e·min}$			-8.91
2	涂料保护层	5	1.000	0.009	0.0	0.00
	石墨聚苯板	230	0.033	0.360	7.0	2.51
	混合砂浆	20	0.870	10.750	0.0	0.25
	钢筋混凝土	100	1.740	17.200	0.1	0.99
	各层之和 ∑					3.74
	室外热工计算温度 t_e		$t_e=0.3t_w+0.7t_{e·min}$			-8.91

2）冬季室外热工计算温度 t_e 取平壁部分室外温度的最小值，即：$t_e=-8.91$。

3）节点大样图及内表面温度计算详见图 5-34。

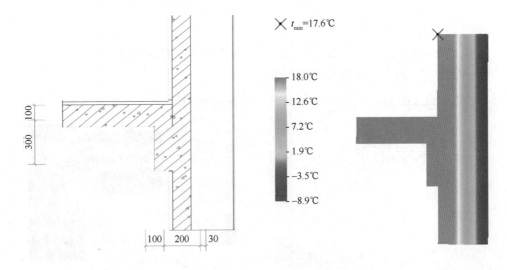

图 5-34　外墙-楼板（WF-1）节点大样图及内表面温度计算

4) 外墙-挑空楼板（WA-1）节点

（1）节点构造做法详见表5-51。

表5-51 外墙-挑空楼板（WA-1）节点构造做法

平壁编号	材料名称	厚度 (mm)	导热系数 λ [W/(m·K)]	蓄热系数 S [W/(m²·K)]	热阻 [(m²·K)/W]	热惰性指标 D=RS
1	水泥砂浆	30	0.930	11.370	0.0	0.37
	混合砂浆	20	0.870	10.750	0.0	0.25
	石墨聚苯板	190	0.033	0.360	5.8	2.07
	石墨聚苯板	40	0.033	0.360	1.2	0.44
	钢筋混凝土	150	1.740	17.200	0.1	1.48
	各层之和 Σ					4.61
	室外热工计算温度 t_e	$t_e = 0.6t_w + 0.4t_{e \cdot min}$				−7.32
2	涂料保护层	5	1.000	0.009	0.0	0.00
	石墨聚苯板	230	0.033	0.360	7.0	2.51
	混合砂浆	20	0.870	10.750	0.0	0.25
	混凝土多孔砖(190六孔砖)	100	0.750	7.490	0.1	1.00
	各层之和 Σ					3.75
	室外热工计算温度 t_e	$t_e = 0.3t_w + 0.7t_{e \cdot min}$				−8.91

（2）冬季室外热工计算温度 t_e 取平壁部分室外温度的最小值，即：$t_e = -8.91$。

（3）节点大样图及内表面温度计算详见图5-35。

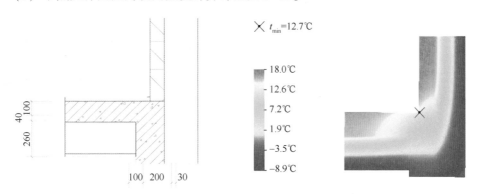

图5-35 外墙-挑空楼板（WA-1）节点大样图及内表面温度计算

5）外墙-外墙（WO-1）节点

（1）节点构造做法如表 5-52 所示。

表 5-52 外墙-外墙（WO-1）节点构造做法

平壁编号	材料名称	厚度（mm）	导热系数 λ [W/(m·K)]	蓄热系数 S [W/(m²·K)]	热阻 [(m²·K)/W]	热惰性指标 D=RS
1	涂料保护层	5	1.000	0.009	0.0	0.00
	石墨聚苯板	230	0.033	0.360	7.0	2.51
	钢筋混凝土	100	1.740	17.200	0.1	0.99
	混合砂浆	20	0.870	10.750	0.0	0.25
	各层之和 $\sum$					3.74
	室外热工计算温度 t_e		$t_e = 0.3t_w + 0.7t_{e \cdot min}$			-8.91
2	涂料保护层	5	1.000	0.009	0.0	0.00
	石墨聚苯板	230	0.033	0.360	7.0	2.51
	混合砂浆	20	0.870	10.750	0.0	0.25
	钢筋混凝土	100	1.740	17.200	0.1	0.99
	各层之和 $\sum$					3.74
	室外热工计算温度 t_e		$t_e = 0.3t_w + 0.7t_{e \cdot min}$			-8.91

2）冬季室外热工计算温度 t_e 取平壁部分室外温度的最小值，即：$t_e = -8.91$。

3）节点大样图及内表面温度计算详见图 5-36。

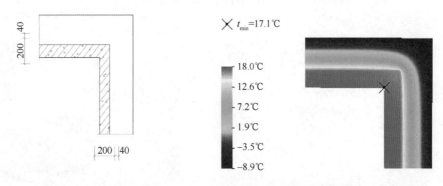

图 5-36 外墙-外墙（WO-1）节点大样图及内表面温度计算

6）外墙-内墙（WI-1）节点

（1）节点构造做法如表 5-53 所示。

表 5-53 外墙-内墙（WI-1）节点构造做法

平壁编号	材料名称	厚度 （mm）	导热系数 λ [W/(m·K)]	蓄热系数 S [W/(m²·K)]	热阻 [(m²·K)/W]	热惰性指标 $D=RS$
1	涂料保护层	5	1.000	0.009	0.0	0.00
	石墨聚苯板	230	0.033	0.360	7.0	2.51
	混合砂浆	20	0.870	10.750	0.0	0.25
	钢筋混凝土	100	1.740	17.200	0.1	0.99
	各层之和 $\sum$					3.74
	室外热工计算温度 t_e		$t_e=0.3t_w+0.7t_{e\cdot min}$			-8.91
2	涂料保护层	5	1.000	0.009	0.0	0.00
	石墨聚苯板	230	0.033	0.360	7.0	2.51
	钢筋混凝土	100	1.740	17.200	0.1	0.99
	混合砂浆	20	0.870	10.750	0.0	0.25
	各层之和 $\sum$					3.74
	室外热工计算温度 t_e		$t_e=0.3t_w+0.7t_{e\cdot min}$			-8.91

（2）冬季室外热工计算温度 t_e 取平壁部分室外温度的最小值，即：$t_e = -8.91$。

（3）节点大样图及内表面温度计算详见图 5-37。

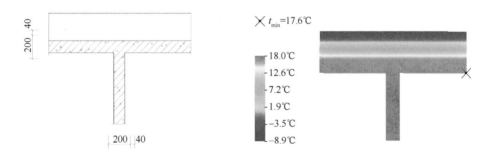

图 5-37 外墙-内墙（WI-1）节点大样图及内表面温度计算

7) 门窗左右口（WS-1）节点

(1) 节点构造做法如表5-54所示。

表 5-54　门窗左右口（WS-1）节点构造做法

平壁编号	材料名称	厚度（mm）	导热系数 λ [W/(m·K)]	蓄热系数 S [W/(m²·K)]	热阻 [(m²·K)/W]	热惰性指标 $D=RS$
	石墨聚苯板	5	0.033	0.360	0.2	0.05
	石墨聚苯板	210	0.033	0.360	6.4	2.29
	涂料保护层	5	1.000	0.009	0.0	0.00
	石墨聚苯板	15	0.033	0.360	0.5	0.16
1	混合砂浆	20	0.870	10.750	0.0	0.25
	钢筋混凝土	20	1.740	17.200	0.0	0.20
	钢筋混凝土	60	1.740	17.200	0.0	0.59
	钢筋混凝土	20	1.740	17.200	0.0	0.20
	各层之和 Σ					3.74
	室外热工计算温度 t_e		$t_e = 0.3t_w + 0.7t_{e \cdot min}$			-8.91

(2) 节点大样图及内表面温度计算详见图5-38。

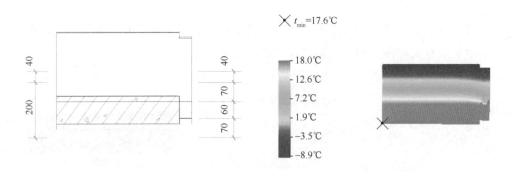

图 5-38　门窗左右口（WS-1）节点大样图及内表面温度计算

8) 门窗上口（WU-1）节点

(1) 节点构造做法详见表5-55。

表 5-55　门窗上口（WU-1）节点构造做法

平壁编号	材料名称	厚度 （mm）	导热系数 λ [W/(m·K)]	蓄热系数 S [W/(m²·K)]	热阻 [(m²·K)/W]	热惰性指标 D=RS
1	石墨聚苯板	5	0.033	0.360	0.2	0.05
	石墨聚苯板	210	0.033	0.360	6.4	2.29
	涂料保护层	5	1.000	0.009	0.0	0.00
	石墨聚苯板	15	0.033	0.360	0.5	0.16
	混合砂浆	20	0.870	10.750	0.0	0.25
	钢筋混凝土	60	1.740	17.200	0.0	0.59
	钢筋混凝土	20	1.740	17.200	0.0	0.20
	钢筋混凝土	20	1.740	17.200	0.0	0.20
	各层之和 $\sum$					3.74
	室外热工计算温度 t_e		$t_e=0.3t_w+0.7t_{e·min}$			-8.91

（2）节点大样图及内表面温度计算见图 5-39。

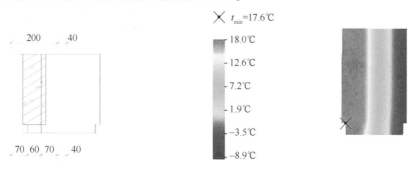

图 5-39　门窗上口（WU-1）节点大样图及内表面温度计算

9）门窗下口（WD-1）节点

（1）节点构造做法如表 5-56 所示。

表 5-56　门窗下口（WD-1）节点构造做法

平壁编号	材料名称	厚度 （mm）	导热系数 λ [W/(m·K)]	蓄热系数 S [W/(m²·K)]	热阻 [(m²·K)/W]	热惰性指标 D=RS
1	石墨聚苯板	5	0.033	0.360	0.2	0.05
	石墨聚苯板	210	0.033	0.360	6.4	2.29
	涂料保护层	5	1.000	0.009	0.0	0.00
	石墨聚苯板	15	0.033	0.360	0.5	0.16
	混合砂浆	20	0.870	10.750	0.0	0.25
	钢筋混凝土	60	1.740	17.200	0.0	0.59
	钢筋混凝土	20	1.740	17.200	0.0	0.20
	钢筋混凝土	20	1.740	17.200	0.0	0.20
	各层之和 $\sum$					3.74
	室外热工计算温度 t_e		$t_e=0.3t_w+0.7t_{e·min}$			-8.91

（2）节点大样图及内表面温度计算见图 5-40。

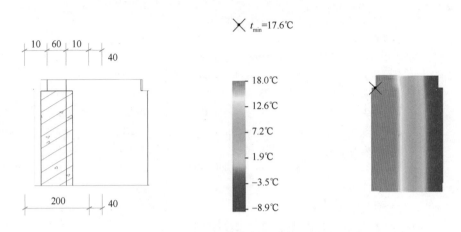

图 5-40　窗下口（WD-1）节点大样图及内表面温度计算

5.6.5　小结

本项目通过对屋顶、屋顶阳台挑檐、女儿墙、门窗口等保温薄弱区域均采用保温包裹处理，各个可能产生冷热桥的节点处，均不会产生明显的热流通道；经计算分析均不产生结露（表 5-57）。

表 5-57　建筑结露计算

热桥部位	热桥类型	围护结构热惰性 D	冬季室外计算温度（℃）	内表面最低温度（℃）	结论
外墙-屋顶	WR-1	3.74	-8.91	13.52	不结露
	WR-2	4.49	-7.32	15.13	不结露
外墙-楼板	WF-1	3.74	-8.91	17.57	不结露
外墙-挑空楼板	WA-1	3.75	-8.91	12.65	不结露
外墙-外墙	WO-1	3.74	-8.91	17.10	不结露
外墙-内墙	WI-1	3.74	-8.91	17.57	不结露
门窗左右口	WS-1	3.74	-8.91	17.57	不结露
门窗上口	WU-1	3.74	-8.91	17.56	不结露
窗下口	WD-1	3.74	-8.91	17.56	不结露

5.7 围护结构节能率计算书

5.7.1 项目概况

本项目屋顶外墙保温材料均采用 200 mm 以上的石墨聚苯板，外窗选用铝木 Low-e 三层中空玻璃窗（T5+6A+T5+V+TL5）传热系数可达到 0.8，项目节能分析概况如表 5-58 所示，节能分析模型如图 5-41 所示。

表 5-58 节能分析概况

工程名称	山东建筑大学教学实验综合楼
工程地点	山东济南
地理位置	37.00°N，116.98°E
建筑面积（m²）	地上 9648，地下 0
建筑层数	地上 6，地下 0
建筑高度（m）	地上 23.2，地下 0.0
建筑体积（m³）	37 212.00
建筑外表面积（m²）	6 829.47

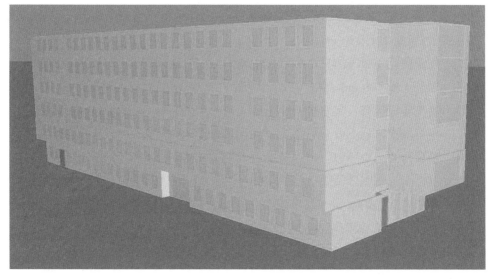

图 5-41 节能分析模型

5.7.2 计算依据与方法

1）计算标准

《绿色建筑评价标准》（GB/T 50378—2014）；

《民用建筑绿色性能计算标准》（JGJ/T 449—2018）；

《公共建筑节能设计标准》（GB 50189—2015）；

《民用建筑热工设计规范》（GB 50176）。

2）计算方法

建立比对建筑和设计建筑，两者建筑外形、内部功能分区、气象参数、室内供暖空调设计温度湿度均保持一致。比对建筑取国家或行业建筑节能设计标准规定的建筑围护结构的热工性能参数，设计建筑取实际设计的建筑围护结构的热工性能参数，各自进行全年的逐时动态能耗模拟。即：围护结构节能率=（比对建筑全年围护结构耗冷耗热量−设计建筑全年围护结构耗冷耗热量）/比对建筑全年围护结构耗冷耗热量×100%。

5.7.3 围护结构构造做法

1）围护结构做法简要说明

（1）屋顶构造：屋顶构造一（由上到下），水泥砂浆 20 mm+C20 细石混凝土 30 mm+挤塑聚苯板 220 mm+水泥砂浆 20 mm+水泥憎水性珍珠岩浆料 30 mm+水泥砂浆 20 mm+钢筋混凝土 120 mm。

（2）外墙构造：外墙构造一（由外到内），涂料保护层 5 mm+石墨聚苯板 230 mm+混凝土板 100 mm+混合砂浆 20 mm。

（3）挑空楼板构造：挑空楼板构造一（由上到下），水泥砂浆 20 mm+钢筋混凝土 150 mm+石墨聚苯板 230 mm+水泥砂浆 20 mm。

（4）采暖与非采暖隔墙：控温与非控温隔墙构造一，水泥砂浆 20 mm+加气混凝土砌块 200 mm+石灰砂浆 20 mm。

（5）外窗构造：铝木 Low-e 三层中空玻璃窗（T5+6A+T5+V+TL5），传热系数 0.800 W/（m²·K），太阳得热系数 0.487。

（6）周边地面构造：周边地面构造一，水泥砂浆 20 mm+挤塑聚苯板 50 mm+混凝土板 60 mm。

2）设计、对比建筑围护结构具体详见表5-59。

表 5-59　设计、对比建筑围护结构汇总

	设计建筑	比对建筑
体形系数 S	0.18	0.18
屋顶传热系数 K [W/ (m²·K)]	0.16	0.45
外墙（包括非透明幕墙）传热系数 K [W/ (m²·K)]	0.17	0.50
屋顶透明部分传热系数 K [W/ (m²·K)]	—	—
屋顶透明部分太阳得热系数	—	—
底面接触室外的架空或外挑楼板传热系数 K [W/ (m²·K)]	0.14	0.50
地下车库与供暖房间之间的楼板 K [W/(m²·K)]	—	—
非供暖楼梯间与供暖房间之间的隔墙 K [W/ (m²·K)]	0.94	1.50
周边地面热阻 R [(m²·K) /W]	—	0.60
地下墙热阻 R [(m²·K) /W]	—	—
变形缝热阻 R [(m²·K) /W]	—	—

外窗（包括透明幕墙）	朝向	立面	窗墙比	传热系数	太阳得热系数	窗墙比	传热系数	太阳得热系数
	南向	南默认立面	0.25	0.80	0.49	0.25	2.70	0.52
	北向	北默认立面	0.24	0.80	0.49	0.24	2.70	—
	东向	东默认立面	0.24	0.80	0.49	0.24	2.70	0.52
	西向	西默认立面	0.11	0.80	0.49	0.11	3.00	—

室内参数和气象条件设置　　按《公共建筑节能设计标准》附录B设置

3）室内设计参数具体详见表5-60。

表 5-60　室内设计参数

房间类型	空调温度（℃）	供暖温度（℃）	新风量 [m³/ (h·人)]	人员密度 (m²/人)	照明功率密度（W/m²）	电器设备功率（W/m²）
研究室	26	20	30	10	9	15
空房间	—	—	20	50	0	0

5.7.4　小结

本次围护结构节能率，主要通过分析设计围护结构的传热以及太阳辐射所形成的空调负荷，与对比建筑的能耗进行分析；根据最后的能耗分析结果表5-59至表5-61和图5-42至图5-44可知，由于设计建筑围护结构传热系数降低，夏季工况下室外向室内传热量减少，但是增加了夏季室内热量向外传递的难度，热量不容易散发增加了夏季的制冷需求；冬季情况下，外窗传热系数增加，保温增加则大大降低了冬季的耗热量。

表5-61   围护结构节能率结论

能耗分类	能耗子类	设计建筑 [kW·h/（m²）]	比对建筑 [kW·h/（m²）]	比对节能率 （%）
建筑负荷	耗冷量	17.20	11.34	-51.67%
	耗热量	0.94	16.18	94.16%
	冷热合计	18.14	27.52	34.07%

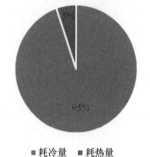

■耗冷量　■耗热量

图5-42   设计建筑能耗构成

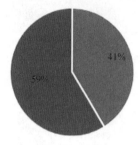

■耗冷量　■耗热量

图5-43   比对建筑能耗构成

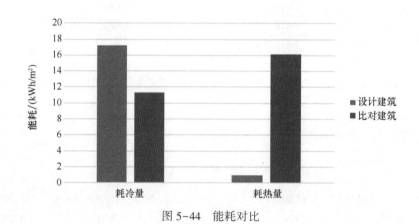

图5-44   能耗对比

5.8   空调系统节能率计算书

5.8.1   计算标准与依据

1）计算标准

《绿色建筑评价标准》（GB/T 50378—2014）；

《建筑能效标识技术标准》（JGJ/T 288—2012）；

《公共建筑节能设计标准》（GB 50189—2015）；

《民用建筑热工设计规范》（GB 50176）。

2）计算方法

暖通空调系统节能措施包括合理选择系统形式，提高设备与系统效率，优化系统控制策略等。

比对建筑和设计建筑在外形、内部的功能分区、气象参数、建筑的室内供暖空调设计参数、房间运行模式（人员、灯光、设备等）以及围护结构均保持一致。

在供暖、通风和空调系统形式以及冷热源能效、输配系统和末端方式上，设计建筑按照用户设计要求设定，比对建筑则根据现有国家和行业有关建筑节能设计标准统一设定。通过分别计算和统计比对建筑和设计建筑在不同负荷率下的负荷情况，得出各自的全年空调系统耗电量及空调系统节能率。即：空调系统节能率＝（比对建筑全年空调系统耗电量 - 设计建筑全年空调系统耗电量）/比对建筑全年空调系统耗电量 × 100%。

3）围护结构汇总

具体围护结构详见表5-62。

表5-62　围护结构汇总

			设计建筑	
体形系数 S			0.18	
屋顶传热系数 K [W/（$m^2 \cdot K$）]			0.16	
外墙（包括非透明幕墙）传热系数 K [W/（$m^2 \cdot K$）]			0.17	
屋顶透明部分传热系数 K [W/（$m^2 \cdot K$）]			0.80	
屋顶透明部分太阳得热系数			0.49	
底面接触室外的架空或外挑楼板传热系数 K [W/（$m^2 \cdot K$）]			0.14	
地下车库与供暖房间之间的楼板 K [W/（$m^2 \cdot K$）]			—	
非供暖楼梯间与供暖房间之间的隔墙 K [W/（$m^2 \cdot K$）]			0.94	
周边地面热阻 R [（$m^2 \cdot K$）/W]				
地下墙热阻 R [（$m^2 \cdot K$）/W]			—	
变形缝热阻 R [（$m^2 \cdot K$）/W]			—	
	朝向	立面	窗墙比	传热系数	太阳得热系数
外窗（包括透明幕墙）	南向	南默认立面	0.25	0.80	0.49
	北向	北默认立面	0.24	0.80	0.49
	东向	东默认立面	0.24	0.80	0.49
	西向	西默认立面	0.11	0.80	0.49

5.8.2 室内设计参数

室内各项参数详见表 5-63 至表 5-67。

表 5-63　房间设计

房间类型	空调温度（℃）	供暖温度（℃）	新风量	人员密度	照明功率密度	电器设备功率
研究室	26	20	30［m³/（h·人）］	10（m²/人）	9（W/m²）	15（W/m²）
空房间	—	—	20［m³/（h·人）］	50（m²/人）	0（W/m²）	0（W/m²）

表 5-64　工作日/节假日人员逐时在室率（%）

房间类型	时间																							
	1	2	3	4	5	6	7	8	9	10	11	12	13	14	15	16	17	18	19	20	21	22	23	24
普通办公室	0	0	0	0	0	0	10	50	95	95	95	80	80	95	95	95	95	30	30	0	0	0	0	0
	0	0	0	0	0	0	0	0	0	0	0	0	0	0	0	0	0	0	0	0	0	0	0	0
空房间	0	0	0	0	0	0	0	20	50	80	80	80	80	80	80	80	80	80	80	70	50	0	0	0
	0	0	0	0	0	0	0	20	50	80	80	80	80	80	80	80	80	80	80	70	50	0	0	0

注：上行为工作日；下行为节假日。

表 5-65　工作日/节假日照明开关时间表（%）

房间类型	时间																							
	1	2	3	4	5	6	7	8	9	10	11	12	13	14	15	16	17	18	19	20	21	22	23	24
普通办公室	0	0	0	0	0	0	10	50	95	95	95	80	80	95	95	95	95	30	30	0	0	0	0	0
	0	0	0	0	0	0	0	0	0	0	0	0	0	0	0	0	0	0	0	0	0	0	0	0
空房间	10	10	10	10	10	10	10	50	60	60	60	60	60	60	60	60	80	90	100	100	100	10	10	10
	10	10	10	10	10	10	10	50	60	60	60	60	60	60	60	60	80	90	100	100	100	10	10	10

注：上行为工作日；下行为节假日。

表 5-66　工作日/节假日设备逐时使用率（%）

房间类型	时间																							
	1	2	3	4	5	6	7	8	9	10	11	12	13	14	15	16	17	18	19	20	21	22	23	24
普通办公室	0	0	0	0	0	0	10	50	95	95	95	50	50	95	95	95	95	30	30	0	0	0	0	0
	0	0	0	0	0	0	0	0	0	0	0	0	0	0	0	0	0	0	0	0	0	0	0	0
空房间	0	0	0	0	0	0	0	30	50	80	80	80	80	80	80	80	80	80	80	70	50	0	0	0
	0	0	0	0	0	0	0	30	50	80	80	80	80	80	80	80	80	80	80	70	50	0	0	0

注：上行为工作日；下行为节假日。

表5-67　工作日/节假日空调系统运行时间表（1：开，0：关）

系统编号	时间																							
	1	2	3	4	5	6	7	8	9	10	11	12	13	14	15	16	17	18	19	20	21	22	23	24
默认	0	0	0	0	0	0	1	1	1	1	1	1	1	1	1	1	1	1	1	0	0	0	0	0
	0	0	0	0	0	0	0	0	0	0	0	0	0	0	0	0	0	0	0	0	0	0	0	0

注：上行为工作日；下行为节假日。

5.8.3　空调设计系统

1）制冷系统

制冷系统详见表5-68至表5-71。

表5-68　冷水机组

名称	类型	额定制冷量（kW）	额定性能系数（COP）	台数
水冷-螺杆式冷水机组	水冷-螺杆式冷水机组	419	5.57	1

表5-69　冷却水泵

类型	轴功率（kW）	扬程（m）	供回水温差（℃）	设计工作点效率（%）	台数
单速	7.5	33	5	80	2

表5-70　冷冻水泵

类型	轴功率（kW）	扬程（m）	供回水温差（℃）	设计工作点效率（%）	台数
单速	7.5	33	5	80	2

表5-71　制冷系统能耗

负荷率（%）	机组制冷量（kW）	机组耗电量（kW）	冷却水泵耗电（kW）	冷冻水泵耗电（kW）	性能系数COP	区间负荷（kWh）	区间时长（h）	机组电耗（kWh）	冷却水泵电耗（kWh）	冷冻水泵电耗（kWh）
25	104.75	13.53	8	7.5	7.74	776	18	100	144	135
50	209.5	28.28	8	7.5	7.41	1 493	9	202	72	68
75	314.25	46.24	8	7.5	6.80	16 752	61	2 465	488	458
100	419	75.22	8	7.5	5.57	256 295	570	46 011	4 560	4 275
		综合			5.64	275 316	658	48 778	5 264	4 935

2）供暖系统-热泵系统

供暖系统-热泵系统详见表5-72至表5-74。

表5-72　热泵机组

名称	额定制热量（kW）	额定性能系数 COP	台数
水冷-螺杆式	336.4	4.00	1

表5-73　热水循环泵

类型	轴功率（kW）	扬程（m）	供回水温差（℃）	设计工作点效率（%）	台数
单速	7.5	33	5	80	2

表5-74　热泵系统能耗

负荷率（%）	机组制热量（kW）	机组耗电量（kW）	供暖水泵耗电（kW）	性能系数 COP	区间负荷（kWh）	区间时长（h）	机组电耗（kWh）	供暖水泵电耗（kWh）	合计电耗（kWh）
25	84.1	15.94	7.5	5.28	10 858	312	2 058	2 340	4 398
50	168.2	33.31	7.5	5.05	15 239	127	3 018	953	3 970
75	252.3	54.47	7.5	4.63	17 122	83	3 697	623	4 319
100	336.4	88.6	7.5	3.80	30 278	80	7 975	600	8 575
综合				4.39	73 498	602	16 747	4 515	21 262

3）空调风机

空调风机系统详见表5-75至表5-77。

表5-75　独立新风

系统编号	单位风量耗功率［W/(m³/h)］	新风电耗（kWh）
默认	0.24	7 806
合计		7 806

表5-76　独立排风

系统编号	单位风量耗功率［W/(m³/h)］	排风新风比率	排风电耗（kWh）
默认	0.24	0.8	6 245
合计			6 245

表5-77　风机盘管

系统编号	风机盘管电耗（kWh）
默认	67 392
合计	67 392

5.8.4 比对系统

1）制冷系统

制冷系统详见表 5-78 至表 5-80。

表 5-78 冷水机组

名称	类型	额定制冷量（kW）	台数	全年供冷（kWh）	综合部分负荷性能系数（IPLV）	电耗（kWh）
水冷-螺杆式冷水机组	水冷-螺杆式冷水机组	936	1	293 351	5.85	50 146
	合计					50 146

表 5-79 冷却水泵

负荷率（%）	台数	区间时长（h）	输送能效比 ERe	最大冷负荷（kW）	水泵电耗（kWh）
25	1	34			
50	1	326			
75	1	289	0.021 4	936	15 760
100	1	9			

表 5-80 冷冻水泵

负荷率（%）	台数	区间时长（h）	输送能效比 ER0	最大冷负荷（kW）	水泵电耗（kWh）
25	1	34			
50	1	326			
75	1	289	0.024 1	936	14 839
100	1	9			

2）供暖系统

供暖系统详见表 5-81 和表 5-82。

表 5-81 热水锅炉能耗

燃料类型	容量//峰值负荷（MW）	台数	锅炉热效率	外网热输送效率	累计热负荷（kWh）	热/电系数（kWh/kWh）	折合电耗（kWh）
烟煤Ⅱ	0.85	1	0.73	0.92	12 6370	2.93	64 210

表 5-82　热水循环水泵能耗

负荷率（%）	开启台数	区间时长（h）	输送能效比 EHR0	最大热负荷（kWh）	供暖水泵电耗（kWh）
25	1	515			
50	1	172	0.005 77	845	3 570
75	1	34			
100	1	11			

3）空调风机

空调风机系统详见表 5-83 至表 5-85。

表 5-83　独立新风

系统编号	单位风量耗功率 W/（m³/h）	新风电耗（kWh）
默认	0.24	7 806
合计		7 806

表 5-84　独立排风

系统编号	单位风量耗功率 W/（m³/h）	排风新风比率	排风电耗（kWh）
默认	0.24	0.8	6 245
合计			6 245

表 5-85　风机盘管

系统编号	风机盘管电耗（kWh）
默认	67 392
合计	67 392

5.8.5　计算结果

具体计算结果详见表 5-86。

表 5-86　空调系统设计计算结果

能耗分类	能耗子类	设计建筑（kWh/m²）	比对建筑（kWh/m²）	比对节能率（%）
建筑负荷	耗冷量	28.54	—	
	耗热量	7.62	—	
	冷热合计	36.15	—	

续表

能耗分类	能耗子类	设计建筑 （kWh/m²）	比对建筑 （kWh/m²）	比对节能率 （%）
热回收负荷	供冷	1.87	—	
	供暖	5.48	—	
	冷热合计	7.35	—	
供冷电耗	中央冷源	5.06	5.20	
	冷却水泵	0.55	1.63	
	冷冻水泵	0.51	1.54	26.96
	多联机/单元式空调	0.00	0.00	
	供冷合计	6.11	8.37	
供暖电耗	中央热源	1.74	6.66	
	供暖水泵	0.47	0.37	
	多联机/单元式热泵	0.00	0.00	68.63
	供暖合计	2.20	7.03	
风机电耗	新风系统	0.81	0.81	
	排风系统	0.65	0.65	
	风机盘管	6.98	6.98	
	多联机室内机	0.00	0.00	0.00
	全空气系统	0.00	0.00	
	风机合计	8.44	8.44	
空调系统电耗		16.76	23.84	29.69

注：负荷和电耗均为考虑热回收后的值。

5.8.6 小结

根据分析本项目空调系统满足《绿色建筑评价标准》第5.2.6条合理选择和优化供暖、通风与空调系统的要求，供暖、通风与空调系统能耗降低幅度达到29.69%，高于绿色建筑设计要求，在空调系统设计上达到节约能耗的目标。

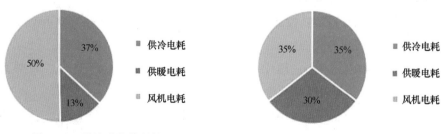

图5-45 设计建筑能耗构成   图5-46 比对建筑能耗构成

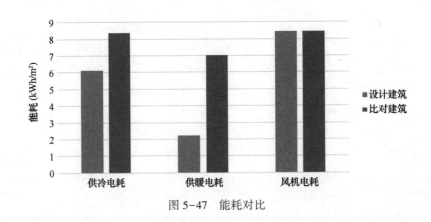

图 5-47 能耗对比

5.9 建筑能效分析报告书

5.9.1 项目概况

本工程围护结构节能设计，屋顶外墙保温材料均采用 200 mm 以上的石墨聚苯板，外窗选用铝木 Low-e 三层中空玻璃窗（T5+6A+T5+V+TL5）传热系数可达到 0.8。

5.9.2 围护结构做法

1）围护结构作法简要说明

（1）屋顶构造：屋顶构造一（由上到下），水泥砂浆 20 mm+C20 细石混凝土 30 mm+挤塑聚苯板 220 mm+水泥砂浆 20 mm+水泥憎水性珍珠岩浆料 30 mm+水泥砂浆 20 mm+钢筋混凝土 120 mm。

（2）外墙构造：外墙构造一（由外到内），涂料保护层 5 mm+石墨聚苯板 230 mm+混凝土板 100 mm+混合砂浆 20 mm。

（3）挑空楼板构造：挑空楼板构造一（由上到下），水泥砂浆 20 mm+钢筋混凝土 150 mm+石墨聚苯板 230 mm+水泥砂浆 20 mm。

（4）采暖与非采暖隔墙：控温与非控温隔墙构造一，水泥砂浆 20 mm+加气混凝土砌块 200 mm+石灰砂浆 20 mm。

（5）外窗：铝木 Low-e 三层中空玻璃窗（T5+6A+T5+V+TL5），传热系数 0.800 W/（m² · K），太阳得热系数 0.487。

（6）天窗：铝木 Low-e 三层中空玻璃窗（T5+6A+T5+V+TL5），传热系数 0.800 W/（m² · K），太阳得热系数 0.487。

（7）周边地面构造：周边地面构造一，水泥砂浆 20 mm+挤塑聚苯板 50 mm+混凝土板 60 mm。

2）设计、对比建筑围护结构

具体详见表5-87。

表5-87　设计、对比建筑围护结构汇总

	标志建筑	比对建筑
体形系数 S	0.18	0.18
屋顶传热系数 K [W/ （m² · K）]	0.16	0.45
外墙（包括非透明幕墙）传热系数 K [W/ （m² · K）]	0.17	0.50
屋顶透明部分传热系数 K [W/ （m² · K）]	0.80	2.40
屋顶透明部分太阳得热系数	0.49	0.44
底面接触室外的架空或外挑楼板传热系数 K [W/ （m² · K）]	0.14	0.50
地下车库与供暖房间之间的楼板 K [W/ （m² · K）]	—	—
非供暖楼梯间与供暖房间之间的隔墙 K [W/ （m² · K）]	0.94	1.50
周边地面热阻 R [（m² · K） ／W]	—	0.60
地下墙热阻 R [（m² · K） ／W]	—	
变形缝热阻 R [（m² · K） ／W]	—	

	朝向	立面	窗墙比	传热系数	太阳得热系数	窗墙比	传热系数	太阳得热系数
外窗（包括透明幕墙）	南向	南默认立面	0.25	0.80	0.49	0.25	2.70	0.52
	北向	北默认立面	0.24	0.80	0.49	0.24	2.70	—
	东向	东默认立面	0.24	0.80	0.49	0.24	2.70	0.52
室内参数和气象条件设置	按《公共建筑节能设计标准》附录 B 设置							

5.9.3　设计建筑

具体设计参数详见表5-88至表5-92。

表5-88　房间设计

房间类型	空调温度（℃）	供暖温度（℃）	新风量 [m³/（h · 人）]	人员密度（m²/人）	照明功率密度（W/m²）	电器设备功率（W/m²）
研究室	26	20	30	10	9	15
空房间	—	—	20	50	0	0

表 5-89　工作日/节假日人员逐时在室率（%）

房间类型	时间																							
	1	2	3	4	5	6	7	8	9	10	11	12	13	14	15	16	17	18	19	20	21	22	23	24
普通办公室	0	0	0	0	0	0	10	50	95	95	95	80	80	95	95	95	95	30	30	0	0	0	0	0
	0	0	0	0	0	0	0	0	0	0	0	0	0	0	0	0	0	0	0	0	0	0	0	0
空房间	0	0	0	0	0	0	0	20	50	80	80	80	80	80	80	80	80	80	80	70	50	0	0	0
	0	0	0	0	0	0	0	20	50	80	80	80	80	80	80	80	80	80	80	70	50	0	0	0

注：上行为工作日；下行为节假日。

表 5-90　工作日/节假日照明开关时间（%）

房间类型	时间																							
	1	2	3	4	5	6	7	8	9	10	11	12	13	14	15	16	17	18	19	20	21	22	23	24
普通办公室	0	0	0	0	0	0	10	50	95	95	95	80	80	95	95	95	95	30	30	0	0	0	0	0
	0	0	0	0	0	0	0	0	0	0	0	0	0	0	0	0	0	0	0	0	0	0	0	0
空房间	10	10	10	10	10	10	10	50	60	60	60	60	60	60	60	60	80	90	100	100	100	10	10	10
	10	10	10	10	10	10	10	50	60	60	60	60	60	60	60	60	80	90	100	100	100	10	10	10

注：上行为工作日；下行为节假日。

表 5-91　工作日/节假日设备逐时使用率（%）

房间类型	时间																							
	1	2	3	4	5	6	7	8	9	10	11	12	13	14	15	16	17	18	19	20	21	22	23	24
普通办公室	0	0	0	0	0	0	10	50	95	95	95	50	50	95	95	95	95	30	30	0	0	0	0	0
	0	0	0	0	0	0	0	0	0	0	0	0	0	0	0	0	0	0	0	0	0	0	0	0
空房间	0	0	0	0	0	0	0	30	50	80	80	80	80	80	80	80	80	80	80	70	50	0	0	0
	0	0	0	0	0	0	0	30	50	80	80	80	80	80	80	80	80	80	80	70	50	0	0	0

注：上行为工作日；下行为节假日。

表 5-92　工作日/节假日空调系统运行时间（1：开，0：关）

房间类型	时间																							
	1	2	3	4	5	6	7	8	9	10	11	12	13	14	15	16	17	18	19	20	21	22	23	24
默认	0	0	0	0	0	0	1	1	1	1	1	1	1	1	1	1	1	1	1	0	0	0	0	0
	0	0	0	0	0	0	0	0	0	0	0	0	0	0	0	0	0	0	0	0	0	0	0	0

注：上行为工作日；下行为节假日。

5.9.4　系统类型

系统类型详见表 5-93。

表 5-93　系统类型

系统编号	系统类型	供冷能效比	供热能效比	面积（m²）	包含的房间
默认	双管制风机盘管	—	—	6 807.19	所有房间

1）制冷系统

制冷系统详见表 5-94 至表 5-97。

表 5-94　冷水机组

名称	类型	额定制冷量（kW）	额定性能系数（COP）	台数
水冷-螺杆式冷水机组	水冷-螺杆式冷水机组	419	5.57	1

表 5-95　冷却水泵

类型	轴功率（kW）	扬程（m）	供回水温差（℃）	设计工作点效率（%）	台数
单速	7.5	33	5	80	2

表 5-96　冷冻水泵

类型	轴功率（kW）	扬程（m）	供回水温差（℃）	设计工作点效率（%）	台数
单速	7.5	33	5	80	2

表 5-97　制冷系统能耗

负荷率（%）	机组制冷量（kW）	机组功率（kW）	性能系数COP	冷却水泵功率（kW）	冷冻水泵功率（kW）	区间负荷（kWh）	区间时长（h）	机组电耗（kWh）	冷却水泵电耗（kWh）	冷冻水泵电耗（kWh）
25	104.75	13.53	7.74	8	7.5	542	17	70	136	128
50	209.5	28.28	7.41	8	7.5	2 967	17	401	136	128
75	314.25	46.24	6.80	8	7.5	23 689	87	3 486	696	653
100	419	75.22	5.57	8	7.5	235 493	533	42 276	4 264	3 998
	综合		5.68			262 691	654	46 233	5 232	4 905

2）供暖系统-热泵系统

供暖系统-热泵系统详见表 5-98 至表 5-101。

表 5-98　热泵机组

名称	额定制热量（kW）	额定性能系数 COP	台数
水冷-螺杆式	336.4	4.00	1

表5-99　热水循环泵

类型	轴功率（kW）	扬程（m）	供回水温差（℃）	设计工作点效率（%）	台数
单速	7.5	33	5	80	2

表5-100　热泵系统能耗

负荷率（%）	机组制热量（kW）	机组功率（kW）	性能系数COP	供暖水泵功率（kW）	区间负荷（kWh）	区间时长（h）	机组电耗（kWh）	供暖水泵电耗（kWh）	合计电耗（kWh）
25	84.1	15.94	5.28	7.5	5 665	104	1 074	780	1 854
50	168.2	33.31	5.05	7.5	26 991	217	5 345	1 628	6 973
75	252.3	54.47	4.63	7.5	39 357	190	8 497	1 425	9 922
100	336.4	88.6	3.80	7.5	84 853	221	22 348	1 658	24 006
综合		4.21			156 866	732	37 264	5 490	42 754

表5-101　照明

房间类型	单位面积电耗（kWh/m²）	房间个数	房间合计面积（m²）	合计电耗（kWh）
普通办公室	12.99	73	7 128	92 621
空房间	0.00	60	2 397	0
总计			92 621	

5.9.5　计算结果

具体计算结果详见表5-102。

表5-102　设计建筑计算结果

能耗分类	能耗子类	标志建筑（kWh/m²）	比对建筑（kWh/m²）	基础建筑（kWh/m²）	比对节能率（%）	基础节能率（%）
建筑负荷	耗冷量	27.23	30.18	86.22	9.78	68.42
	耗热量	16.26	22.50	64.28	27.73	74.71
	冷热合计	43.48	52.67	150.49	17.44	71.11
供冷电耗	中央冷源	4.79	6.57	18.77		
	冷却水泵	0.54	1.32	3.76	35.72	77.50
	冷冻水泵	0.51	1.20	3.44		
	多联机/单元式空调	0.00	0.00	0.00		
供暖电耗	中央热源	3.86	11.43	32.66		
	供暖水泵	0.57	0.47	1.34	62.76	86.97
	多联机/单元式热泵	0.00	0.00	0.00		
	供暖合计	4.43	11.90	34.00		

续表

能耗分类	能耗子类	标志建筑 (kWh/m²)	比对建筑 (kWh/m²)	基础建筑 (kWh/m²)	比对节能率 (%)	基础节能率 (%)
采暖空调电耗		10.27	20.99	59.97	51.05	82.87
照明电耗		9.60	15.71	44.88	38.89	78.61
合计电耗		19.87	36.70	104.85	45.84	81.05

5.9.6 小结

综合考虑本项目的围护结构节能，空调节能，照明设备节能，输配系统节能等建筑全能耗分析，在空调系统上对比基础建筑节能 82.87%，照明电耗节约 78.61%，综合分析本项目对比基础建筑的节能率达到 81.05%。

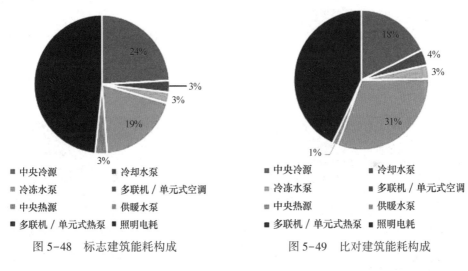

图 5-48 标志建筑能耗构成   图 5-49 比对建筑能耗构成

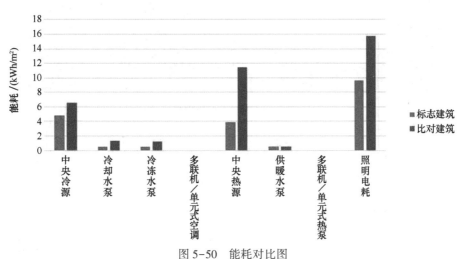

图 5-50 能耗对比图

第6章 山东城市建设职业学院实验实训中心分析报告

6.1 室外风环境模拟分析报告

6.1.1 项目概况

本项目山东城市建设职业学院实验实训中心工程南楼。结构类型：钢筋混凝土框架结构。建立分析模型如图6-1所示。

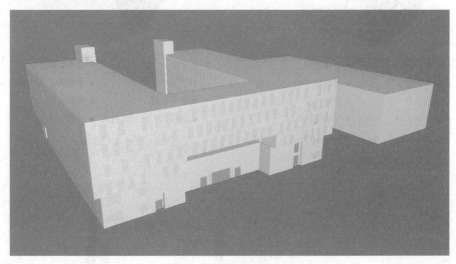

图6-1 VENT分析模型

6.1.2 计算原理

1. 风场计算域

进行室外风场计算前，需要确定参与计算风场的大小，在流体力学中称为计算

域，通常为一个包围建筑群的长方体或正方体，本项目的风场计算域信息如表 6-1
和图 6-2 所示。

表 6-1　冬季工况风场计算域信息

工况风场	尺寸
顺风方向	448 m
宽度方向	369 m
高度方向	127 m

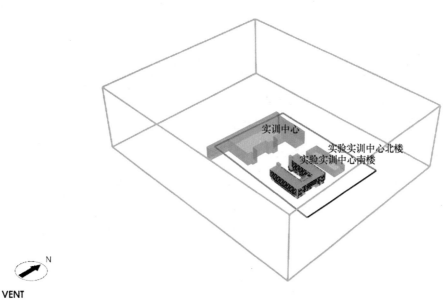

图 6-2　冬季工况风场计算域图示

2. 网格划分

网格划分决定着计算的精确程度并影响计算速度，网格太密会导致计算速度下
降并浪费计算资源；网格太疏导致计算精度不足结果不够准确，合理的网格方案需
要考虑对计算域中不同的部分采用不同的网格方案。建筑周围，远离建筑的区域，
建筑物轮廓有明显的局部特征（如尖角、凹槽、凸起等细微的外装饰），贴近地面
的区域，都需要采用不同的网格方案。下面为本项目所采用的加密方案：

表 6-2 为本项目的网格划分信息，上述网格方案对网格的控制分别体现在相应
的网格参数中。

表 6-2 冬季网格划分信息

网格总数（个）	网格类型	网格尺寸	
229 483	普通网格	分弧精度（m）	0.24
		初始网格（m）	8.0
		最小细分级数	1
		最大细分级数	2
	地面网格	远场细分级数	1
		近场细分级数	2
	附面层	地面附面层数	2
		建筑附面层数	0

3. 边界条件

1）入口与出口边界条件

（1）入口风速梯度：本项目中，入口边界条件主要包括不同工况下的风速和风向数据，其中入口风速采用下列梯度风：

$$v = v_R \left(\frac{z}{z_R} \right)^\alpha \qquad (6-1)$$

式中：v，z 为任何一点的平均风速和高度；v_R，z_R 为标准高度处的平均风速和标准高度值，《建筑结构荷载规范》（GB 50009—2012）规定自然风场的标准高度取 10 m，此平均风速对应入口风设置的数值；a 为地面粗糙度指数，本项目为 0.28（表 6-3）。

表 6-3 地面粗糙度指数参考值

参考标准	地貌类别	地面粗糙度指数
《绿色建筑评价技术细则》	空旷平坦地面	0.14
	城市郊区	0.22
	大城市中心	0.28

（2）出口边界条件：本项目采用自由出流作为出口边界条件。

2）壁面边界条件

风场的两个侧面边界和顶边界设定为滑移壁面，即假定空气流动不受壁面摩擦力影响，模拟真实的室外风流动。

风场的地面边界设定为无滑移壁面，空气流动要受到地面摩擦力的影响。

4. 湍流模型

湍流模型反映了流体流动的状态，在流体力学数值模拟中，不同的流体流动应该选择合适的湍流模型才会最大限度地模拟出真实的流场数值。

本项目依据《绿色建筑评价技术细则》推荐的标准 k-ε 湍流模型进行室外流场计算。

表 6-4 为几种工程流体中常见的湍流模型适用性。

表 6-4　常用湍流模型适用范围

常用湍流模型	特点和适用工况
standard k-ε 模型	简单的工业流场和热交换模拟，无较大压力梯度、分离、强曲率流，适用于初始的参数研究，一般的建筑通风均适用
RNG k-ε 模型	适合包括快速应变的复杂剪切流、中等旋涡流动、局部转捩流如边界层分离、钝体尾迹涡、大角度失速、房间通风、室外空气流动
realizable k-ε 模型	旋转流动、强逆压梯度的边界层流动、流动分离和二次流，类似于 RNG

6.1.3　冬季室外风环境分析

1) 冬季工况计算条件

本项目冬季工况的入口边界风速为 3.70 m/s，风向为 E 向。

前述《绿色建筑评价标准》中要求，冬季工况时，建筑物周围人行区风速低于 5 m/s，且室外风速放大系数小于 2。本规定旨在指导建筑设计，合理控制建筑布局，避免冬季建筑周围风速过大造成行人在人行区内感到不舒适。因此，本项目需要分析建筑周围人行区的风速和风速放大系数分布，并做出判断。

2) 冬季室外风速分析

图 6-3 为整个计算域内风速分布云图，参考图中速度分布可以对项目中建筑布局进行优化。

分析图 6-3 的数据，冬季室外风速主要分布在 0.36~2.9 m/s，建筑迎风面的边角处风速为最大值可达到 4.4 m/s，该部分区域不宜布置人行活动区域，可通过绿化乔木设置，导风板等设计改善室外风环境，综合分析，冬季室外风速未超过 5 m/s，风环境良好。

3) 风速放大系数达标分析

图 6-4 为整个计算域内风速放大系数分布云图，参考该图中速度分布以及前述风速分布可以对项目中整体建筑布局进行优化。

分析图 6-4 的数据，冬季室外风速放大系数主要分析在 0.16~1.18，建筑迎风面的边角处风速放大系数最大，该区域的风速变化较大。综合分析，场地人行活动区域内，冬季室外风速放大系数未超过 2，风环境良好。

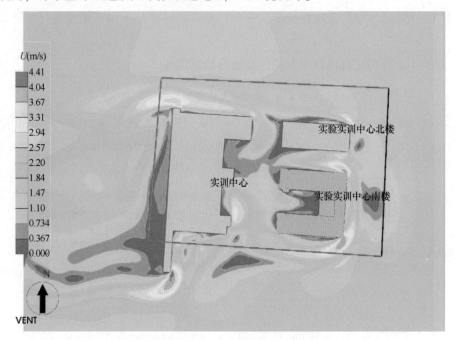

图 6-3　1.5 m 高度水平面风速云图（冬季）

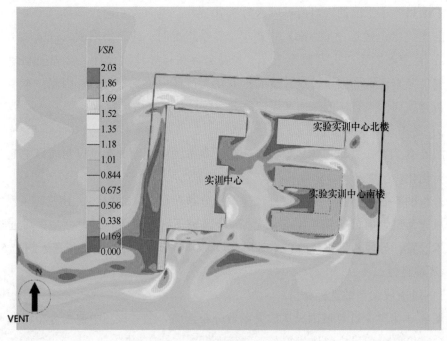

图 6-4　1.5 m 高处风速放大系数云图

4）建筑迎风面和背风面风压分析

标准 4.2.6 中规定"冬季工况下除迎风第一排建筑外，建筑迎风面与背风面表面风压差不超过 5 Pa"，以此来指导设计避免由于建筑迎风面与背风面表面风压差过大，导致冷风通过门窗缝隙渗透过多，从而增加室内热负荷而不节能，因此建筑迎风面与背风面表面风压差的控制需要体现在对应的门窗表面风压上。

分析图 6-5 和图 6-6 的数据，建筑迎风面、背风面均在建筑的短边面，建筑主要功能房间朝向均在长边方向，故未对主要功能房间产生影响；迎风面平均风压 2.9 Pa，背风面平均风压 -1.4 Pa，风压差 4.34 Pa，需加强建筑迎风面背风面区域的外窗气密性。

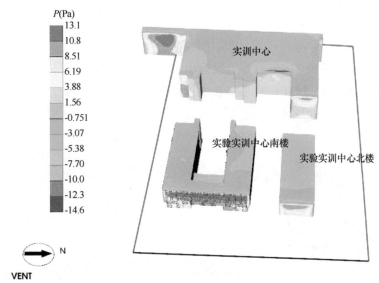

图 6-5　建筑迎风面风压云图

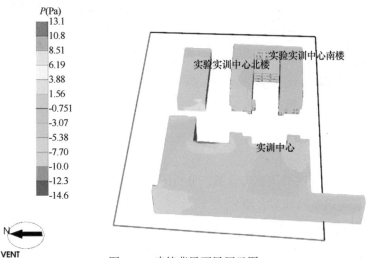

图 6-6　建筑背风面风压云图

6.1.4 夏季工况

本项目夏季工况的入口边界风速为 3.60 m/s，风向为 SW 向。

根据前述《绿色建筑评价标准》对于夏季工况的要求，夏季典型风速和风向条件下，场地内人活动区不出现涡旋或无风区。通过该项标准指导设计确保合理的建筑布局，在夏季形成有效的巷道风，优化街区自然通风环境，避免夏季人行区有明显的气流旋涡和无风区，从而造成闷热不适感。因此，本项目需要分析建筑周围人行区的风速和风速放大系数分布，并做出判断。

1）无风区计算分析

图 6-7 为整个计算域内风速分布云图，参考图中速度分布可以对项目中建筑布局进行优化。分析图 6-7，黑色等值线标示出了人行区内风速小于 0.2 m/s 的超限区域。出现无风区的区域面积较小，基本上分布在建筑边角，此部分区域非人行活动区域，不影响室外人行活动。整个室外风速为 0.2~3.3 m/s。

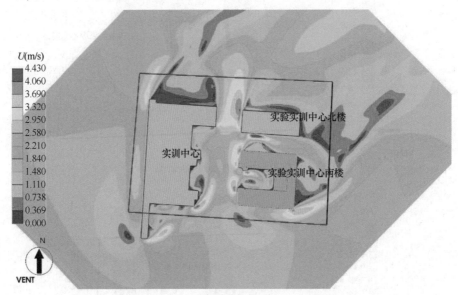

图 6-7　1.5 m 高度水平面风速云图（夏季）

2）旋涡区分析

图 6-8 为计算域内的风速矢量图，分析图 6-8 可知，计算域内没有明显的旋涡产生，本项目建筑布局基本合理。

3）外窗内外表面风压差达标分析

夏季为充分利用自然通风获得良好的室内风环境，要求 50% 以上可开启外窗，室内外表面的风压差大于 0.5 Pa。可见在夏季，为了获得良好的室内风环境，首先

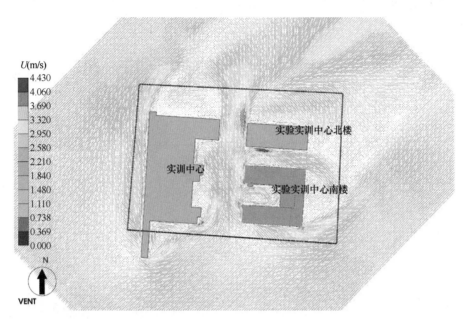

图 6-8　1.5 m 高度水平面风速矢量图

要有良好的室外风环境。只有外窗外表面的风压绝对值足够大时，才可以确保良好的开窗通风效果，形成较好的室内风环境。

分析图 6-9 和图 6-10 的数据，本项目为 "U" 形平面，建筑主要朝向的迎风面风压均大于 0.5 Pa，背风面均小于 -0.5 Pa，该室外风压条件可为室内通风创造良好的条件。

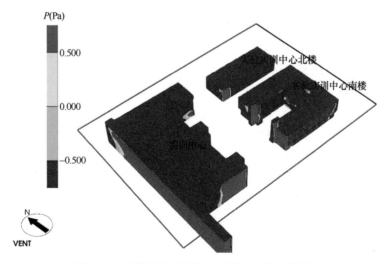

图 6-9　建筑迎风面外窗表面风压云图（夏季）

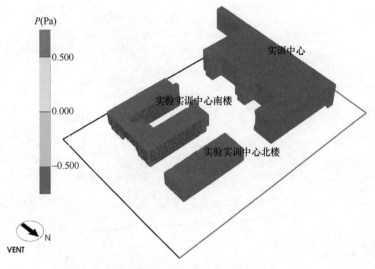

图6-10　建筑背风面外窗表面风压云图（夏季）

6.1.5　小结

综合上述分析过程，参考《绿色建筑评价标准》中有关室外风环境的评价要求，本项目冬季，场地人行活动区域的风速较小，冬季不容易产生不舒适的吹风感，冬季室内外风压差较小，加上建筑整体气密性良好，不容易产生冷风渗透；夏季及过渡季，少部分区域存在无风区，但基本不在人行活动区域，整个建筑主要朝向的外窗风压差较大，有利于室内自然通风。

6.2　室内风环境模拟分析计算书

6.2.1　室内风环境分析

分析图6-11的数据，主要功能房间，室内自然通风的风速为0.16~0.9 m/s，建筑的四边角处的房间未形成穿堂风通道，室内风相对差一些；主要房间采用的是单廊式布局，可通过外窗、内门、走廊形成南北向的对流；在内门开启时可在南北向形成穿堂风，保证室内空气流动良好，走廊等公共区域的通风在外窗开启情况下满足要求。

分析图6-12的数据，过渡季工况下，主要功能房间的来风方向为 N 向以及 E 向，N 向、E 向外窗为正压，S 向外窗为负压；通过外窗，房间门与走廊门形成 NS

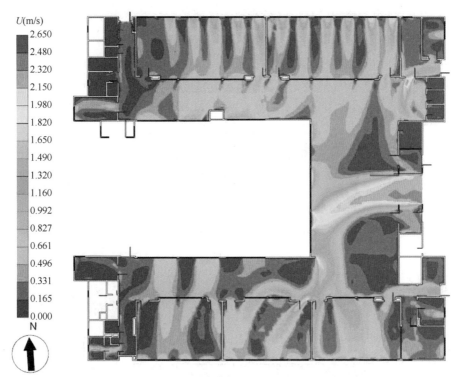

图 6-11　南楼标准层风速云图

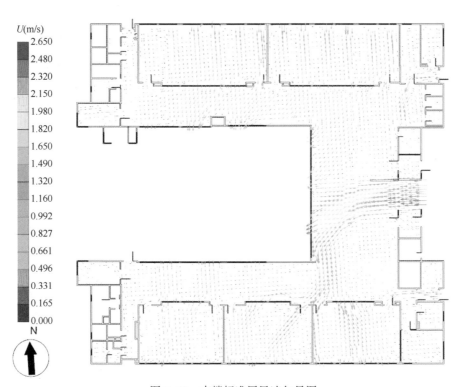

图 6-12　南楼标准层风速矢量图

向的穿堂风；外窗与房间门开口路径范围的风速较大，教室由于外窗及房间门分布范围大，在门窗开启情况下室内大多数区域均有较好的通风。

分析图 6-13 的数据，过渡季节工况下，除靠近楼梯间以及卫生间等房间由于外窗开启面积较小，空气龄较大，其他主要功能房间的空气换气情况均较好，主要教室的空气龄在 18~37 s，背风方向换气略差，空气龄在 70~113 s。

图 6-13　南楼标准层空气龄图

6.2.2　换气次数计算

表 6-5　过渡季节典型工况下换气次数统计

关键参量	指标
换气次数大于 2/h 的面积（m^2）	9 498.59
总面积（m^2）	9 925.36
换气次数大于 2 次/h 的面积比例 *RR*（%）	95.70

表 6-6　标准层主要功能房间换气次数分析

分类	体积（m³）	面积（m²）	换气次数（次/h）
├○第 3 层			
├○3021［普通教室］	759.70	199.92	20.80
├○3041［普通教室］	592.50	155.92	56.70
├○3040［普通教室］	589.15	155.04	47.68
├○3039［普通教室］	578.06	152.12	20.74
├○3030［办公室］	486.10	127.92	60.81
├○3029［办公室］	243.73	64.14	109.38
├○3028［办公室］	240.77	63.36	101.22
├○3027［办公室］	246.70	64.92	98.25
├○3025［展厅］	1 576.85	414.96	3.68
├○3020［普通教室］	736.48	193.81	20.44
├○3005［普通教室］	951.22	250.32	57.90
├○3004［普通教室］	885.10	232.92	48.21
└○3003［普通教室］	279.99	73.68	35.62

6.2.3　小结

在过渡季节工况下，本项目的主要功能房间实验室，换气次数均可满足 2 次/h 的要求；建筑外窗与内门对角开增加室内气流的路径，室内自然通风的覆盖区域；室内风速大部分区域大于 0.2 m/s，小于 1 m/s；属于可以感觉到风，且舒适的室内风速；整体在过渡季有良好的室内自然通风换气的条件，可降低空调能耗。

6.3　采光分析报告

6.3.1　项目概况

本次主要分析教学实验实训中心南楼部分在 CIE 全阴天天空工况下的自然采光条件，根据建筑平面，饰面材料，外窗设计等情况进行模拟分析，判断主要功能房间是否满足采光要求。模拟法仍以 Radiance 为计算核心。

6.3.2 计算参数选用

1）模拟条件

天空状态：CIE 全阴天天空；计算光线反射次数：6 次；分析参考平面：0.75 m；周边环境：考虑分析区内的建筑物之间遮挡；室内环境：忽略室内家具类设施的影响，只考虑永久固定的顶棚、地面和墙面。

表 6-7　分析计算网格划分的间距

房间面积（m²）	网格大小（m）
≤10	0.25
10～100	0.50
≥100	1.00

2）建筑饰面材料参数

表 6-8　建筑饰面材料选用与反射比取值

部位	反射比材料设计取值	备注
顶棚	0.91	石膏
地面	0.32	陶瓷地砖
墙面	0.84	合成树脂乳液
外表面	0.53	仿砖涂料

注：数据参考自《建筑采光设计标准》（GB 50033—2013）附录 D 表 D.0.5。

3）门窗类型参数

窗户决定了建筑内部的采光水平。工程中最为常见也最广为使用的一种采光途径就是在建筑侧墙上安装窗户或者在建筑顶部安装天窗等采光构件。窗的位置、尺寸、形态等都会对室内采光带来不同程度的影响。建筑中常用的透光门也会对自然光的传播提供便利。这些透光构件的性能参数与采光系数的计算息息相关。

本项目中透光门、窗户的性能参数包括门窗尺寸、挡光系数、窗框类型、玻璃类型、可见光透射比和反射比，参数具体数值情况见表 6-9。

表 6-9　普通窗性能参数

门窗编号	宽度（mm）	高度（mm）	窗框类型	玻璃类型	可见光透射比	玻璃反射比
BYC1208	1 050	800	铝包木窗框	6+12A+6+12A+6	0.71	0.11
BYC1217	1 200	1 700	铝包木窗框	6+12A+6+12A+6	0.71	0.11

门窗编号	宽度（mm）	高度（mm）	窗框类型	玻璃类型	可见光透射比	玻璃反射比
BYC1227	1 200	2 700	铝包木窗框	6+12A+6+12A+6	0.71	0.11
BYC1820	1 800	2 000	铝包木窗框	6+12A+6+12A+6	0.71	0.11
BYC1821	1 800	2 100	铝包木窗框	6+12A+6+12A+6	0.71	0.11
BYC3320	3 300	2 000	铝包木窗框	6+12A+6+12A+6	0.71	0.11
BYC3321	3 300	2 100	铝包木窗框	6+12A+6+12A+6	0.71	0.11
C1014	1 000	1 400	铝包木窗框	6+12A+6+12A+6	0.71	0.11
C1027	1 000	2 700	铝包木窗框	6+12A+6+12A+6	0.71	0.11
C1214	1 200	1 400	铝包木窗框	6+12A+6+12A+6	0.71	0.11
C1221	1 200	2 100	铝包木窗框	6+12A+6+12A+6	0.71	0.11
C1227	1 200	2 700	铝包木窗框	6+12A+6+12A+6	0.71	0.11
C1227-3	1 200	2 700	铝包木窗框	6+12A+6+12A+6	0.71	0.11
C1820	1 800	2 000	铝包木窗框	6+12A+6+12A+6	0.71	0.11
C1821	1 800	2 100	铝包木窗框	6+12A+6+12A+6	0.71	0.11
C3320	3 300	2 000	铝包木窗框	6+12A+6+12A+6	0.71	0.11
C3321	3 300	2 100	铝包木窗框	6+12A+6+12A+6	0.71	0.11
C3327	3 300	2 700	铝包木窗框	6+12A+6+12A+6	0.71	0.11
C5628	5 600	2 800	铝包木窗框	6+12A+6+12A+6	0.71	0.11
C7228	7 200	2 800	铝包木窗框	6+12A+6+12A+6	0.71	0.11
C7428	7 400	2 800	铝包木窗框	6+12A+6+12A+6	0.71	0.11
C7527	7 500	2 700	铝包木窗框	6+12A+6+12A+6	0.71	0.11
C7530	7 500	3 000	铝包木窗框	6+12A+6+12A+6	0.71	0.11
MLC23930-2	1 000	3 000	铝包木窗框	6+12A+6+12A+6	0.71	0.11
MLC2825-2	1 192	2 500	铝包木窗框	6+12A+6+12A+6	0.71	0.11
MLC6424-2	900	2 400	铝包木窗框	6+12A+6+12A+6	0.71	0.11
MLC7524-2	4 600	2 400	铝包木窗框	6+12A+6+12A+6	0.71	0.11
MLC7524-3	4 600	2 400	铝包木窗框	6+12A+6+12A+6	0.71	0.11
MSC1217	1 200	1 700	铝包木窗框	6+12A+6+12A+6	0.71	0.11
NC18524	18 497	2 400	铝包木窗框	6+12A+6+12A+6	0.71	0.11
NC3124	3 100	2 400	铝包木窗框	6+12A+6+12A+6	0.71	0.11
NC3224	3 200	2 400	铝包木窗框	6+12A+6+12A+6	0.71	0.11
NC3225	3 200	2 500	铝包木窗框	6+12A+6+12A+6	0.71	0.11
NC3324	3 296	2 400	铝包木窗框	6+12A+6+12A+6	0.71	0.11
NC3424	3 400	2 400	铝包木窗框	6+12A+6+12A+6	0.71	0.11
NC3624	3 600	2 400	铝包木窗框	6+12A+6+12A+6	0.71	0.11
NC3724	3 700	2 400	铝包木窗框	6+12A+6+12A+6	0.71	0.11

续表

门窗编号	宽度（mm）	高度（mm）	窗框类型	玻璃类型	可见光透射比	玻璃反射比
NC3824	3 800	2 400	铝包木窗框	6+12A+6+12A+6	0.71	0.11
NC3924	3 900	2 400	铝包木窗框	6+12A+6+12A+6	0.71	0.11
NC3925	3 900	2 500	铝包木窗框	6+12A+6+12A+6	0.71	0.11
NC4024	4 000	2 400	铝包木窗框	6+12A+6+12A+6	0.71	0.11
NC4224	4 200	2 400	铝包木窗框	6+12A+6+12A+6	0.71	0.11
NC4225	4 200	2 500	铝包木窗框	6+12A+6+12A+6	0.71	0.11
NC4325	4 300	2 500	铝包木窗框	6+12A+6+12A+6	0.71	0.11
NC4424	4 400	2 400	铝包木窗框	6+12A+6+12A+6	0.71	0.11
NC4524	4 500	2 400	铝包木窗框	6+12A+6+12A+6	0.71	0.11
NC4624	4 600	2 400	铝包木窗框	6+12A+6+12A+6	0.71	0.11
NC4824	4 800	2 400	铝包木窗框	6+12A+6+12A+6	0.71	0.11
NC5024	5 000	2 400	铝包木窗框	6+12A+6+12A+6	0.71	0.11
NC5224	5 200	2 400	铝包木窗框	6+12A+6+12A+6	0.71	0.11
NC5524	5 500	2 400	铝包木窗框	6+12A+6+12A+6	0.71	0.11
NC5725	5 700	2 500	铝包木窗框	6+12A+6+12A+6	0.71	0.11
NC6624	6 600	2 400	铝包木窗框	6+12A+6+12A+6	0.71	0.11
NC7224	7 200	2 400	铝包木窗框	6+12A+6+12A+6	0.71	0.11
NC7824	7 800	2 400	铝包木窗框	6+12A+6+12A+6	0.71	0.11
NC7825	7 800	2 500	铝包木窗框	6+12A+6+12A+6	0.71	0.11
WM10630-2	1 950	3 050	铝包木窗框	6+12A+6+12A+6	0.71	0.11
WM10630-3	1 450	3 050	铝包木窗框	6+12A+6+12A+6	0.71	0.11
ZC51246-1	2 500	3 450	铝包木窗框	6+12A+6+12A+6	0.71	0.11
ZC51246-2	1 950	3 450	铝包木窗框	6+12A+6+12A+6	0.71	0.11

注：计算考虑了外窗玻璃的污染折减系数影响，系数取值0.9。

6.3.3 建筑采光分析

1）采光效果分析彩

采光系数分析彩图可以直观地反映建筑内各个房间的采光效果，本项目中各楼层中标准要求房间的室内采光情况如图6-14至图6-19所示。

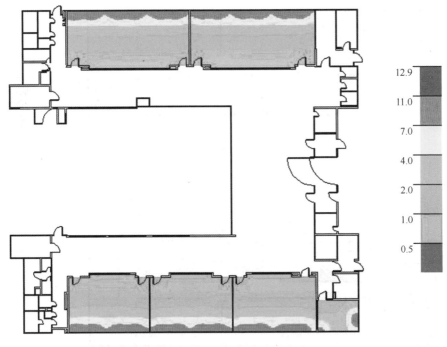

图 6-14　1 层采光分析平面图

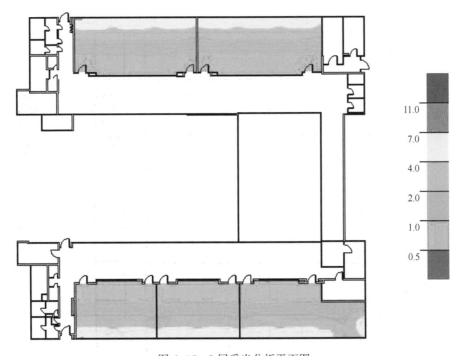

图 6-15　2 层采光分析平面图

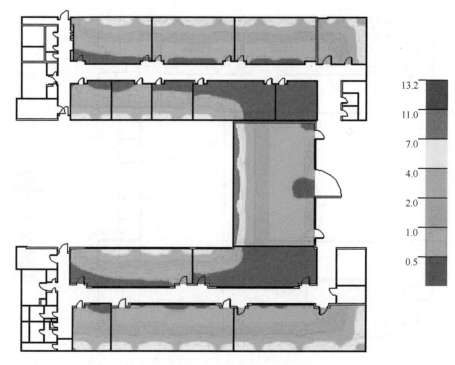

图 6-16　3 层采光分析平面图

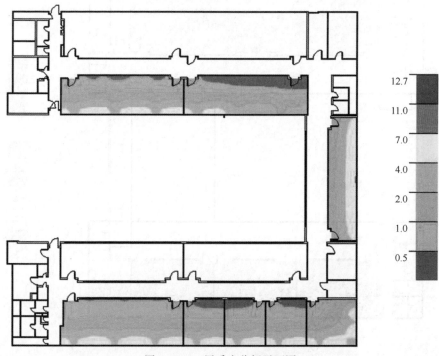

图 6-17　4 层采光分析平面图

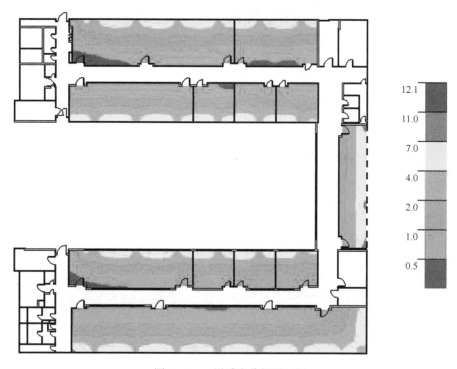

图 6-18　5 层采光分析平面图

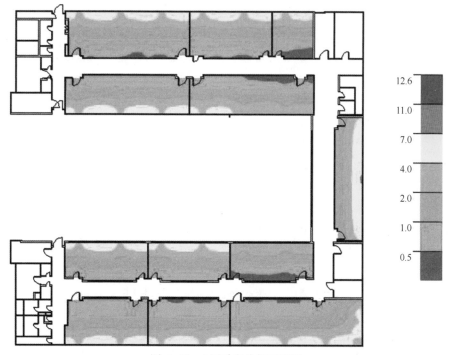

图 6-19　6 层采光分析平面图

根据上述分析结果，本项目临窗 2 m 范围的采光系数为 4~7；房间中间区域，进深为 3~5 m，采光系数为 1~4，进深 5 m 以上的内区采光系数小于 1，采光条件差；综合分析本项目的大部分房间进深小，外窗透射比达到 0.71，窗地比设计基本满足要求；大部分区域的采光系数都大于采光设计要求，采光条件一般。

2）采光达标率统计

通过对项目中主要功能房间采光系数的计算，求得各个主要功能房间的达标面积，统计全部达标面积除以建筑主要功能房间的总面积，最终得到单体建筑的达标率，如表 6-10 所示。

表 6-10　单体建筑达标率

楼层	房间编号	房间类型	采光等级	采光类型	采光系数要求（%）	房间面积（m²）	达标面积（m²）	达标率（%）
1	1004	展厅	IV	侧面	2.20	178.74	178.74	100
	1005	展厅	IV	侧面	2.20	182.66	182.66	100
	1006	展厅	IV	侧面	2.20	185.16	185.16	100
	1007	展厅	IV	侧面	2.20	50.02	50.02	100
	1039	展厅	IV	侧面	2.20	272.82	272.82	100
	1041	展厅	IV	侧面	2.20	278.77	278.77	100
2	2004	普通教室	III	侧面	3.30	178.74	105.76	59
	2005	展厅	IV	侧面	2.20	182.66	182.66	100
	2006	展厅	IV	侧面	2.20	242.48	242.48	100
	2033	普通教室	III	侧面	3.30	272.82	160.00	59
	2035	展厅	IV	侧面	2.20	279.07	274.90	99
3	3003	普通教室	III	侧面	3.30	70.24	32.00	46
	3004	普通教室	III	侧面	3.30	226.04	106.80	47
	3005	普通教室	III	侧面	3.30	242.96	156.85	65
	3020	普通教室	III	侧面	3.30	187.21	67.28	36
	3021	普通教室	III	侧面	3.30	193.25	23.78	12
	3025	展厅	IV	侧面	2.20	406.70	334.93	82
	3027	办公室	III	侧面	3.30	61.68	25.51	41
	3028	办公室	III	侧面	3.30	60.16	24.94	41
	3029	办公室	III	侧面	3.30	60.90	24.36	40
	3030	办公室	III	侧面	3.30	123.04	19.72	16
	3039	普通教室	III	侧面	3.30	146.88	54.17	37
	3040	普通教室	III	侧面	3.30	149.84	67.38	45
	3041	普通教室	III	侧面	3.30	150.70	68.22	45

续表

楼层	房间编号	房间类型	采光等级	采光类型	采光系数要求（%）	房间面积（m²）	达标面积（m²）	达标率（%）
4	4003	展厅	IV	侧面	2.20	225.64	189.74	84
	4004	办公室	III	侧面	3.30	74.24	33.20	45
	4005	办公室	III	侧面	3.30	74.24	33.20	45
	4006	办公室	III	侧面	3.30	74.24	33.46	45
	4007	办公室	III	侧面	3.30	90.80	62.49	69
	4026	展厅	IV	侧面	2.20	135.55	135.55	100
	4027	普通教室	III	侧面	3.30	187.96	88.62	47
	4028	普通教室	III	侧面	3.30	188.72	48.39	26
5	5003	普通教室	III	侧面	3.30	545.38	295.37	54
	5017	普通教室	III	侧面	3.30	187.21	82.88	44
	5018	办公室	III	侧面	3.30	61.12	31.34	51
	5019	办公室	III	侧面	3.30	61.02	33.10	54
	5020	办公室	III	侧面	3.30	61.68	26.26	43
	5024	展厅	IV	侧面	2.20	135.55	135.55	100
	5025	普通教室	III	侧面	3.30	188.32	96.60	51
	5026	办公室	III	侧面	3.30	60.92	30.98	51
	5027	办公室	III	侧面	3.30	60.88	33.16	54
	5028	办公室	III	侧面	3.30	62.40	26.46	42
	5036	普通教室	III	侧面	3.30	299.84	125.02	42
	5037	普通教室	III	侧面	3.30	150.65	66.40	44
6	6003	普通教室	III	侧面	3.30	148.56	70.26	47
	6004	普通教室	III	侧面	3.30	150.32	67.89	45
	6005	普通教室	III	侧面	3.30	243.86	133.38	55
	6019	档案室	IV	侧面	2.20	124.33	124.33	100
	6020	档案室	IV	侧面	2.20	123.66	123.66	100
	6021	普通教室	III	侧面	3.30	124.22	22.15	18
	6025	展厅	IV	侧面	2.20	135.55	135.55	100
	6026	普通教室	III	侧面	3.30	187.96	104.21	55
	6027	普通教室	III	侧面	3.30	188.72	60.97	32
	6035	普通教室	III	侧面	3.30	224.26	103.35	46
	6036	普通教室	III	侧面	3.30	150.02	67.66	45
	6037	普通教室	III	侧面	3.30	75.16	32.49	43

续表

房间类型	采光类型	标准值		面积（m²）		达标率（%）
		平均采光系数（%）	室内天然光设计照度（lx）	总面积	达标面积	
展厅	侧面	2.20	300	2 891.35	2 779.52	96
普通教室	侧面	3.30	450	5 059.84	2 307.87	46
办公室	侧面	3.30	450	987.32	438.17	44
档案室	侧面	2.20	300	247.99	247.99	100
总计达标面积比例（%）					63	

6.3.4　小结

采光设计上，本项目建筑窗墙比设计基本符合设计要求，通过高透射比外窗、浅色饰面材料加强内区采光效果、较小的房间进深设计等设计措施，来加强室内采光效果；经模拟分析外区的采光条件良好，部分内区的采光存在不足，建筑室内空间天然采光达标面积比例达到63%。

以《绿色建筑评价标准》（GB/T 50378—2014）的第8.2.6条对公共建筑主要功能房间的采光系数达标面积比例要求作为评价指标，本项目采光条件偏差。

6.4　建筑构件隔声性能计算书

6.4.1　设计依据

1）分析标准
《民用建筑隔声设计规范》（GB 50118—2010）；
《建筑隔声评价标准》（GB/T 50121—2005）；
《绿色建筑评价标准》（GB/T 50378—2014）。

2）分析目的
根据《民用建筑隔声设计规范》对于学校建筑的建筑构件隔声要求以及《绿色建筑评价标准》第8.1.2条控制项、第8.2.2条得分项的要求对本项目的建筑构件隔声性能进行分析评价。

6.4.2　建筑构件隔声性能分析

1）建筑构件构造

（1）外墙类型（由外至内）（默认外墙）：喷或滚刷面层涂料二遍（0.4 mm）+喷或滚刷底涂料一遍（0.2 mm）+耐碱玻璃纤维网布（0.2 mm）+干粉类聚合物水泥防水砂浆（5.0 mm）+膨胀聚苯板（EPS）（250.0 mm）+聚氯乙烯塑料薄膜隔离层（0.4 mm）+1：2.5水泥砂浆找平（6.0 mm）+2：1：8水泥石灰砂浆（9.0 mm）+配套专用界面砂浆批刮（2.0 mm）+加气混凝土砌块（B07级）（200.0 mm）；

（2）隔墙类型：水泥砂浆（20.0 mm）+膨胀聚苯板（EPS）（250.0 mm）+水泥砂浆（20.0 mm）；

（3）楼板类型：水泥砂浆（20.0 mm）+钢筋混凝土（150.0 mm）+水泥砂浆（20.0 mm）；

（4）外窗类型：铝包木框架（三玻抽真空玻璃窗）（6+12a+6+12a+6）；

（5）建筑外门：节能外门。

2）建筑构件隔声性能分析方法

根据《建筑隔声设计——空气声隔声技术》推荐的经验公式确定单频的隔声量：

$$R = 23\lg m + 11\lg f - 41 \quad (m \geq 200 \text{ kg/m}^2) \qquad (6\text{-}2)$$

$$R = 13\lg m + 11\lg f - 18 \quad (m \leq 200 \text{ kg/m}^2) \qquad (6\text{-}3)$$

根据《建筑隔声评价标准》书中规定，确定空气声隔声单值评价量与频谱修正量的计算方法如下所示：

$$P_i = \begin{cases} R_w + K_i - R_i & R_w + K_i - R_i > 0 \\ 0 & R_w + K_i - R_i \leq 0 \end{cases} \qquad (6\text{-}4)$$

式中：R_w为所要计算的单值评价量，即计权隔声量；K_i为《建筑隔声评价标准》表3.1.2中第i个频带的基准值，如下表倍频程空气声基准值所示；R_i为第i个频带的隔声量。

$$C_j = -10\lg \sum 10^{(L_{ij}-R_i)/10} - R_w \qquad (6\text{-}5)$$

式中：j为频谱序号，$j=1$或2，1，为计算C的频谱1，2为计算C_{tr}的频谱2；R_w为单值评价量，即空气声计权隔声量；i为125~2 000 Hz的倍频程序号；L_{i2}为第j号频谱的第i个频带的声压级；R_i为第i个频带的隔声量。精确到0.1 dB。

根据《民用建筑隔声设计规范》的评价要求，求出空气声隔声评价值$R_w + C/C_{tr}$。

计算方法：将倍频程空气声隔声测量值在坐标纸上绘成一条频谱曲线；并将倍频程空气声隔声基准曲线绘制在上述曲线的坐标纸上，横坐标（频率）保持一致，移动倍频程基准曲线，每步 1 dB 直至不利偏差之和尽量的大但不超过 10 dB；此时移动后的基准曲线 500 Hz 对应的纵坐标值（基准曲线移动值）即为单值评价量 R_w。

3）外墙的计权隔声量与频谱修正量

本项目外墙采用：喷或滚刷面层涂料二遍（0.4 mm）+喷或滚刷底涂料一遍（0.2 mm）+耐碱玻璃纤维网布（0.2 mm）+干粉类聚合物水泥防水砂浆（5.0 mm）+膨胀聚苯板（EPS）（250.0 mm）+聚氯乙烯塑料薄膜隔离层（0.4 mm）+1：2.5 水泥砂浆找平（6.0 mm）+2：1：8 水泥石灰砂浆（9.0 mm）+配套专用界面砂浆批刮（2.0 mm）+加气混凝土砌块（B07 级）（200.0 mm），各构造层具体参数如图 6-20 所示。

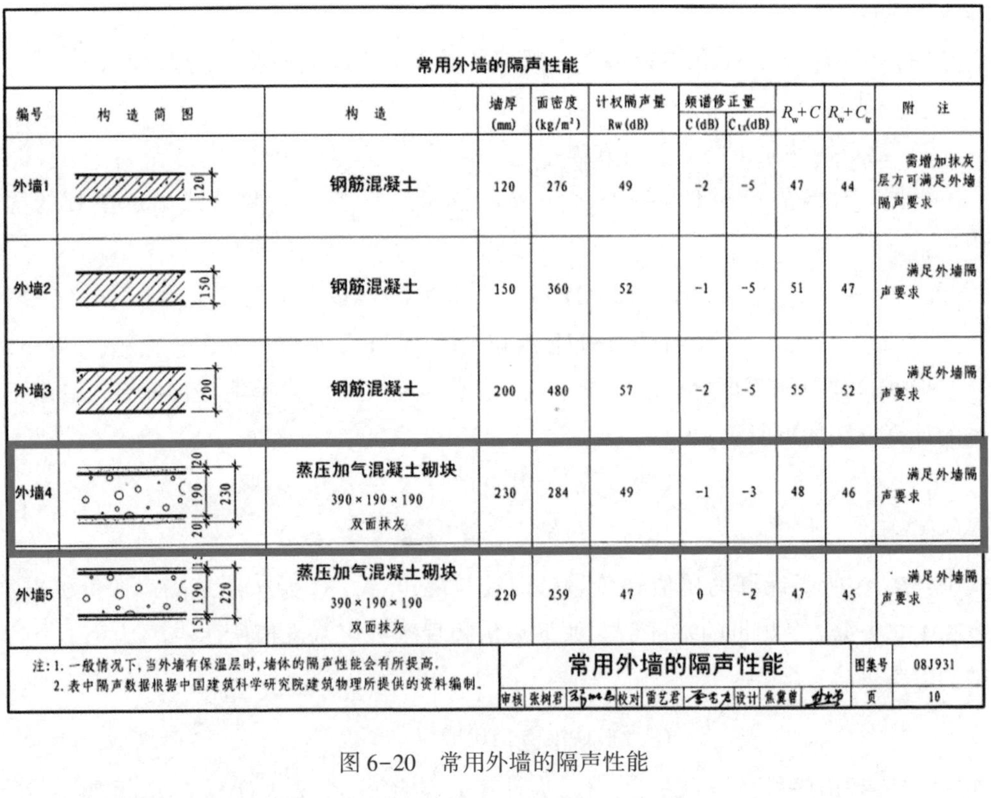

常用外墙的隔声性能

编号	构造简图	构造	墙厚 (mm)	面密度 (kg/m²)	计权隔声量 Rw (dB)	频谱修正量 C (dB)	C_{tr} (dB)	R_w+C	R_w+C_{tr}	附注
外墙1	120	钢筋混凝土	120	276	49	-2	-5	47	44	需增加抹灰层方可满足外墙隔声要求
外墙2	150	钢筋混凝土	150	360	52	-1	-5	51	47	满足外墙隔声要求
外墙3	200	钢筋混凝土	200	480	57	-2	-5	55	52	满足外墙隔声要求
外墙4	20 190 20 230	蒸压加气混凝土砌块 390×190×190 双面抹灰	230	284	49	-1	-3	48	46	满足外墙隔声要求
外墙5	15 190 15 220	蒸压加气混凝土砌块 390×190×190 双面抹灰	220	259	47	0	-2	47	45	满足外墙隔声要求

注：1. 一般情况下，当外墙有保温层时，墙体的隔声性能会有所提高。
2. 表中隔声数据根据中国建筑科学研究院建筑物理所提供的资料编制。

常用外墙的隔声性能　图集号 08J931
审核 张树君　校对 雷艺君　设计 焦燕曾　页 10

图 6-20　常用外墙的隔声性能

项目的外墙参照与图集中外墙 4 构造类似，由此可以判断本项目外墙本项目隔墙的计权隔声量与交通噪声频谱修正量之和为 46 dB。

小结：本项目外墙的计权隔声量与交通噪声频谱修正量之和为 46 dB，满足

《民用建筑隔声设计规范》中第 5.2.3 条学校外墙的空气计权隔声量与交通噪声频谱修正量之和的大于等于 45 dB 的低限要求。

4）隔墙的计权隔声量与频谱修正量

本项目隔墙：水泥砂浆（20.0 mm）+加气混凝土砌块（200.0 mm）+水泥砂浆（20.0 mm）。

项目的隔墙参照与图 6-20 中外墙 4 构造类似，由此可以判断本项目隔墙的计权隔声量与粉红噪声频谱修正量之和为 48 dB。

小结：本项目隔墙的计权隔声量与粉红噪声频谱修正量之和为 48 dB，满足《民用建筑隔声设计规范》中第 5.2.3 条教室隔墙空气计权隔声量与频谱修正量之和大于 45 dB 的低限要求。

5）外窗的计权隔声量与频谱修正量

外窗采用铝包木框架（三玻抽真空玻璃窗）（6+12a+6+12a+6），由于当前暂无此玻璃的隔声数据，暂以 6+10A+6 代替，隔声量数据来源于《建筑吸声材料与隔声材料》。

根据《建筑吸声材料与隔声材料》的外窗实测隔声量，本项目外窗的计权隔声量 R_w 为 29 dB；外窗考虑交通噪声频谱修正 $R_w+C=31+$（-4）$=27$ dB。

小结：本项目外窗的计权隔声量与交通噪声频谱修正量之和为 27 dB，满足《民用建筑隔声设计规范》学校建筑第 5.2.3 条其他外窗计权隔声量与交通噪声频谱修正量大于等于 25 dB 的低限要求。

6）楼板的计权隔声量与频谱修正量

（1）计权隔声量。本项目楼板采用：水泥砂浆（20.0 mm）+钢筋混凝土（150.0 mm）+水泥砂浆（20.0 mm），各构造层具体参数如表 6-11 所示。

表 6-11 普通楼板构造

楼板类型	水泥砂浆	钢筋混凝土	水泥砂浆
厚度（mm）	20	150	20
材料密度（kg/m³）	1 800	2 500	1 800
综合面密度（kg/m³）		447	

根据《建筑隔声设计——空气声隔声技术》的经验公式，即本章公式（6-2）和公式（6-3）进行倍频程隔声量计算，结果如表 6-12 所示。

表 6-12　楼板不同频率下隔声量

频率（Hz）	125	250	500	1 000	2 000
楼板（dB）	43.02	46.33	49.65	52.96	56.27

根据《建筑隔声评价标准》，当隔声量 R 用倍频程测量时，其相应单值评价量，即计权隔声量 R_w 必须满足下式的最大值，精确到 1 dB：

$$\sum_{i=1}^{5} P_i \leq 10.0 \qquad (6-6)$$

式中：i 为频带的序号，$i=1\sim5$，代表 125~2 000 Hz 范围内的 5 个倍频程；P_i 为不利偏差，按公式（6-4）计算，其式中 K_i 如表 6-13 所示。

表 6-13　倍频程空气声基准值

频率（Hz）	125	250	500	1 000	2 000
倍频程基准值 K_i（dB）	-16	-7	0	3	4

表 6-14　楼板基准值平移后

频率（Hz）	125	250	500	1 000	2 000
基准值平移后（dB）	37.80	46.80	53.8	56.80	57.80

表 6-15　楼板倍频程不利偏差

频率（Hz）	125	250	500	1 000	2 000
P_i（dB）	-5.22	0.47	4.15	3.84	1.53
P_i 计算值	0.00	0.47	4.15	3.84	1.53

根据《建筑隔声评价标准》的空气声隔声单值评价的曲线比较法，由楼板不同频率下隔声量、倍频程空气声基准值进行作图；对倍频程基准值进行平移，得出基准值平移后的值与倍频程不利偏差之和 P_i 小于等于 10 dB 要求的单值评价量。如图 6-21 所示此时基准值移动曲线在 500 Hz 处对应的纵坐标值即 R_w 为 53.8 dB。

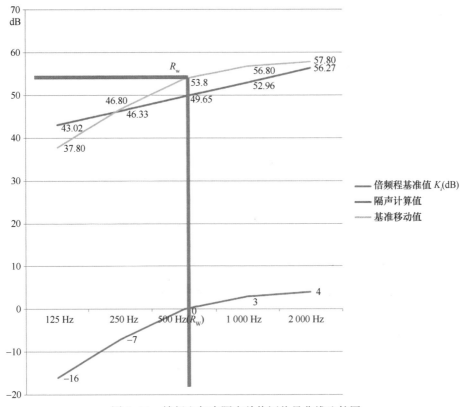

图 6-21　楼板空气声隔声单值评价量曲线比较图

（2）粉红噪声频谱修正量

频谱修正量 C_j 按公式（6-5）计算。

表 6-16　交通噪声频谱修正量的声压级频谱

频率（Hz）	125	250	500	1 000	2 000
L_{i2}（dB）	−14	−10	−7	−4	−6

表 6-17　粉红噪声频谱修正量的声压级频谱

频率（Hz）	125	250	500	1 000	2 000
L_{i1}（dB）	−21	−14	−8	−5	−4

根据公式（6-5）计算得到楼板的噪声频谱修正量为：$C=-1$ dB；$C_{tr}=-4$ dB。

综上所述，楼板的计权隔声量与频谱修正量之和为

$$R_w+C=54-1=53 \text{ dB}$$

小结：本项目楼板的计权隔声量与粉红噪声频谱修正量之和为 53 dB，满足

《民用建筑隔声设计规范》（GB 50118—2010）学校建筑第 5.2.1 条普通教室之间的隔墙与楼板计权隔声量与交通噪声频谱修正量大于等于 45 dB 的低限要求。

7）门的计权隔声量

《建筑声学设计》中给出了一般门窗的隔声量。双层门的隔声量一般在 30～40 dB，本项目的门采用节能外门，隔声效果较好。

在高噪声隔声中需要使用隔声门，提高门的隔声性能一方面需要提高门扇的隔声量，另一方面需要处理好门缝。提高门扇自身隔声量的方法有：

（1）增加门扇重量和厚度。但重量不能太大，否则难以开启，门框支撑也成问题；太厚也不行，影响开启，而且也受到锁具的限制。常规建筑隔声门重量在 50 kg/m² 以内，厚度不大于 8 cm。

（2）使用不同密度的材料叠合而成，如多层钢板、密度板复合，各层的厚度也不同，防止共振和吻合效应。

（3）在门扇内形成空腹，内填吸声材料。隔声门门扇的隔声量可做到 30～40 dB。

（4）将门框做成多道企口，并使用密封胶条或密封海绵密封。采用密封条时要保证门缝各处受压均匀，密封条处处受压。有时采用两道密封条，但必须保证门扇和门框的加工精度，配合良好。

（5）采用机械压紧装置，如压条等。门的周边安装压紧装置，锁门转动扳手时，通过机械联动将压紧装置压在门框上，可获得良好的密封性。对于下部没有门槛的隔声门，必须在门扇底安装这种机械密封装置，关门时，压条自动压在地面上密封。通过良好门缝处理的单隔声门隔声量可达到 30～40 dB。

小结：本项目门采用节能外门，通过良好的门缝处理后隔声性能，即计权隔声量与粉红噪声频谱修正量之和能达到 30～40 dB。

8）楼板的计权标准化撞击声压级

建筑物撞击声主要是物体与建筑构件碰撞，使其产生振动，沿着结构传播并向四周空气中所辐射的噪声，人在楼板上走动时产生的撞击声噪声最为普遍。

提高撞击声隔声性能的方法：常规有铺设弹性面层、浮筑楼板和隔声吊顶 3 种。

计算方法：运用参照对比法，根据《建筑隔声设计》附录 8 中已知的常用楼板的计权标准撞击声级，分析本项目的楼板的计权标准撞击声级。

表 6-18　普通楼板构造

楼板类型	水泥砂浆	钢筋混凝土	水泥砂浆
厚度（mm）	20	150	20
材料密度（kg/m³）	1 800	2 500	1 800
综合面密度（kg/m³）		372	

根据《建筑隔声设计》附录8的楼板撞击声检测数据，与本项目的楼板构造进行比较。

本项目普通楼板与所选作为参照的常用楼板的构造进行比较，与参照楼板构造相似，同时该项目楼板厚度大于参照楼板性能优于参照楼板，因此，判断本项目楼板的计权标准化撞击声压级小于84 dB。此外，考虑后期装修时会增加吊顶铺设面砖等，判断装修后楼板的计权标准化撞击声压级有条件能满足75 dB的低限要求。

小结：本项目楼板的计权标准化撞击声压级约小于84 dB。由于后期装修时会吊顶铺设面砖等。故判断可满足《民用建筑隔声设计规范》的第5.2.4条楼板的计权标准化撞击声压级小于等于75的低标准要求。

6.4.3　小结

通过对山东城市建设职业学院实验实训中心南楼项目的外墙、隔墙、外窗、楼板、门的计权隔声量与频谱修正量及楼板的计权标准化撞击声压级进行计算分析，可知：本项目外墙、隔墙、楼板、外窗和外门的计权隔声量与频谱修正量之和为46 dB、48 dB、53 dB、30 dB和30 dB，满足《民用建筑隔声设计规范》的第5.2.4条学校建筑外墙、隔墙、楼板和外窗空气计权隔声量的低限标准要求。本项目楼板的计权标准化撞击声压级约为82 dB。不满足《民用建筑隔声设计规范》的第5.2.4条学校建筑教室的楼板撞击声隔声标准小于75 dB的低限标准要求，但面层预留条件，后期可做木地板、减振面层，隔声吊顶等措施满足楼板撞击声的要求。

6.5　隔热检查计算书

6.5.1　项目概况

表6-19　项目信息

工程名称	山东城市建设职业学院实验实训中心南楼
工程地点	山东济南
地理位置	37.00°N，116.98°E
气候子区	寒冷
大气透明度等级	5
建筑面积	地上19 015 m²，地下0 m²
建筑层数	地上7，地下0
建筑高度	27.4 m

6.5.2　工程构造与分析

1）屋顶构造

表 6-20　屋顶构造一

材料名称 由外到内	厚度 （mm）	差分 步长 （mm）	导热 系数 ［W/(m·K)］	蓄热 系数 ［W/(m²·K)］	修正 系数 α	热阻 ［（m²· K)/W］	热惰性 指标 D=RS
釉面防滑地砖铺实拍平	8.0	10.0	0.930	11.370	1.00	0.011	0.122
1∶3 水泥砂浆结合层	25.0	8.8	0.930	11.370	1.00	0.038	0.428
聚氯乙烯硬泡沫塑料薄膜隔离层	0.4	1.0	1 000.000	225.000	1.00	0.000	0.000
SBS 改性沥青防水卷材	3.0	3.8	0.170	4.670	1.00	0.088	0.412
C20 混凝土找平层	30.0	13.3	1.740	17.200	1.00	0.023	0.395
膨胀聚苯板（EPS）	150.0	12.3	0.032	0.360	1.30	3.846	1.800
膨胀聚苯板（EPS）	150.0	12.3	0.032	0.360	1.30	3.846	1.800
LC5.0 轻集料混凝土	30.0	10.0	0.440	6.300	1.00	0.068	0.430
SBS 改性沥青防水卷材	4.0	5.0	0.170	4.710	1.00	0.088	0.416
1∶2.5 水泥砂浆找平层	20.0	10.0	0.930	11.370	1.00	0.022	0.245
现浇钢筋混凝土屋面板	120.0	12.0	1.740	17.200	1.00	0.069	1.186
各层之和 Σ	540.4	—	—	—	—	7.94	5.95
差分时间步长（min）	5.0						
外表面太阳辐射吸收系数	0.70						
传热系数 $K=1/（0.16+\sum R）$	0.12						
重质/轻质	重质围护结构						

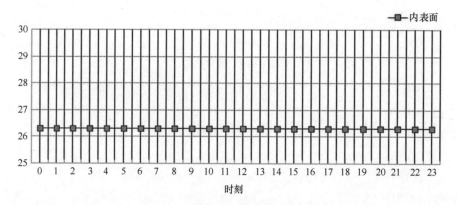

图 6-22　空调房间：逐时温度（℃）

表 6-21　逐时温度（℃）

时间	温度	时间	温度
0：00	26.31	12：00	26.30
1：00	26.32	13：00	26.29
2：00	26.32	14：00	26.28
3：00	26.33	15：00	26.28
4：00	26.33	16：00	26.28
5：00	26.33	17：00	26.28
6：00	26.33	18：00	26.28
7：00	26.32	19：00	26.28
8：00	26.32	20：00	26.29
9：00	26.32	21：00	26.29
10：00	26.31	22：00	26.30
11：00	26.30	23：00	26.31

2）外墙构造

表 6-22　外墙构造一

材料名称 由外到内	厚度 （mm）	差分 步长 （mm）	导热 系数 [W/(m·K)]	蓄热 系数 [W/(m²·K)]	修正 系数 α	热阻 [(m²·K)/W]	热惰性 指标 D=RS
喷或滚刷面层涂料二遍	0.4	1.0	1 000.000	225.000	1.00	0.000	0.000
喷或滚刷面层涂料一遍	0.2	2.0	1 000.000	225.000	1.00	0.000	0.000
耐碱玻璃纤维网布	0.2	1.0	1 000.000	225.000	1.00	0.000	0.000
干粉类聚合物水泥防水砂浆	5.0	5.0	0.930	11.370	1.00	0.005	0.061
膨胀聚苯板（EPS）	250.0	11.9	0.032	0.360	1.20	4.948	2.138
聚氯乙烯硬泡沫塑料薄膜隔离层	0.4	1.0	1 000.000	225.000	1.00	0.000	0.000
1：2.5 水泥砂浆找平层	6.0	6.0	0.930	11.370	1.00	0.006	0.073
2：1：8 水泥石灰砂浆	9.0	9.0	0.930	11.370	1.00	0.010	0.110
配套专用界面砂浆批刮	2.0	4.0	0.930	11.370	1.00	0.004	0.049
加气混凝土砌块（B07级）	200.0	8.0	0.220	3.590	1.25	0.727	3.264
各层之和 ∑	473.2	—	—	—	—	5.83	5.73
差分时间步长（min）			5.0				
外表面太阳辐射吸收系数			0.70				
传热系数 K=1/（0.16+∑R）			0.17				
重质/轻质			重质围护结构				

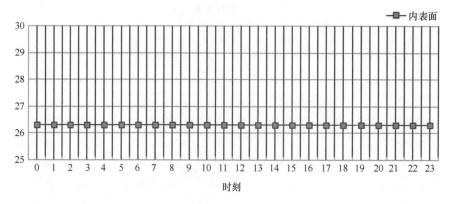

图 6-23　逐时温度折线图（℃）

表 6-23　东向空调房间逐时温度（℃）

时间	温度	时间	温度
0：00	26.33	12：00	26.28
1：00	26.33	13：00	26.28
2：00	26.33	14：00	26.29
3：00	26.32	15：00	26.30
4：00	26.32	16：00	26.30
5：00	26.31	17：00	26.31
6：00	26.30	18：00	26.31
7：00	26.30	19：00	26.32
8：00	26.29	20：00	26.33
9：00	26.29	21：00	26.33
10：00	26.28	22：00	26.33
11：00	26.28	23：00	26.33

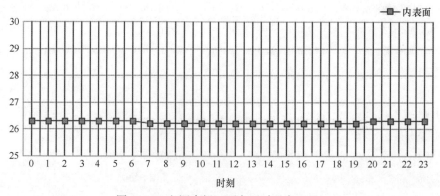

图 6-24　空调房间：西向逐时温度（℃）

表 6-24　西向空调房间逐时温度 （℃）

时间	温度	时间	温度
0：00	26.34	12：00	26.28
1：00	26.34	13：00	26.28
2：00	26.34	14：00	26.28
3：00	26.34	15：00	26.28
4：00	26.33	16：00	26.28
5：00	26.32	17：00	26.29
6：00	26.32	18：00	26.30
7：00	26.31	19：00	26.31
8：00	26.30	20：00	26.32
9：00	26.30	21：00	26.33
10：00	26.29	22：00	26.34
11：00	26.28	23：00	26.34

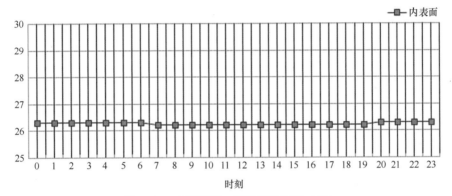

图 6-25　空调房间：南向逐时温度 （℃）

表 6-25　南向空调房间逐时温度 （℃）

时间	温度	时间	温度
0：00	26.33	12：00	26.27
1：00	26.33	13：00	26.27
2：00	26.32	14：00	26.27
3：00	26.32	15：00	26.27
4：00	26.31	16：00	26.28
5：00	26.31	17：00	26.29
6：00	26.30	18：00	26.30
7：00	26.29	19：00	26.31
8：00	26.29	20：00	26.32
9：00	26.28	21：00	26.32
10：00	26.28	22：00	26.33
11：00	26.27	23：00	26.33

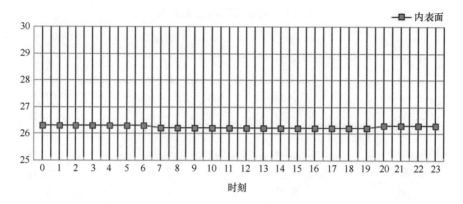

图 6-26 空调房间：北向逐时温度（℃）

表 6-26 北向空调房间逐时温度（℃）

时间	温度	时间	温度
0：00	26.27	12：00	26.23
1：00	26.27	13：00	26.23
2：00	26.27	14：00	26.23
3：00	26.27	15：00	26.23
4：00	26.26	16：00	26.23
5：00	26.26	17：00	26.24
6：00	26.25	18：00	26.24
7：00	26.25	19：00	26.25
8：00	26.24	20：00	26.26
9：00	26.24	21：00	26.26
10：00	26.24	22：00	26.26
11：00	26.23	23：00	26.27

6.5.3 小结

根据上述分析，本项目屋顶采用 300 mm 膨胀聚苯板（EPS）保温材料，导热系数小；热阻达到 7.69，屋顶综合传热系数为 0.12，远低于公共建筑节能设计标准的要求，热惰性指标 D 达到 7.94 远大于 2.5，属于重质结构，屋顶部分的隔热能力良好；外墙采用 250 mm 膨胀聚苯板（EPS），热阻达到 4.948，外墙热桥部位的传热系数达到 0.17，外墙保温隔热性能良好，内表面温度低于标准要求限制，符合要求。

表 6-27　空调房间

类型	构造	最高温度（℃）	限值（℃）	结论
屋顶	上：屋顶构造一	26.33	28.50	满足
	东：外墙构造一	26.33	28.00	满足
	西：外墙构造一	26.34	28.00	满足
外墙	南：外墙构造一	26.33	28.00	满足
	北：外墙构造一	26.27	28.00	满足

6.6　结露检查计算书

6.6.1　建筑概况

具体建筑概况如表 6-28 所示。

表 6-28　建筑工况

工程名称	山东城市建设职业学院实验实训中心南楼
工程地点	山东济南
气候子区	寒冷
建筑面积（Ao）	地上 19 015 m²，地下 0 m²
建筑层数	地上 7，地下 0
建筑高度	27.4 m
$t_{e.min}$ 累年最低日平均温度（℃）	-10.5
t_w 采暖室外计算温度（℃）	-5.2

6.6.2　评价内容

1）基础计算条件和露点温度

表 6-29　基础条件及露点温度

地点	山东济南
a_i 内表面换热系数 W/（m²·K）	8.7
a_e 外表面换热系数 W/（m²·K）	23.0
t_i 室内计算温度（℃）	18
$t_{e.min}$ 累年最低日平均温度（℃）	-10.50
t_w 采暖室外计算温度（℃）	-5.20
室内相对湿度（%）	60
室内露点温度（℃）	10.12

2）热桥节点图和内表面温度计算

（1）外墙-屋顶（WR-1）节点

表 6-30　节点构造做法

平壁编号	材料名称	厚度 （mm）	导热系数 λ $[W/(m \cdot K)]$	蓄热系数 S $[W/(m^2 \cdot K)]$	热阻 $[(m^2 \cdot K)/W]$	热惰性指标 $D = RS$
1	钢筋混凝土	100	1.740	17.200	0.057	0.989
	膨胀聚苯板（EPS）	300	0.032	0.360	9.375	3.375
	各层之和 Σ					4.36
	室外热工计算温度 t_e		$t_e = 0.6 t_w + 0.4 t_{e \cdot min}$			-7.32
2	钢筋混凝土	200	1.740	17.200	0.115	1.977
	膨胀聚苯板（EPS）	250	0.032	0.360	7.813	2.813
	各层之和 Σ					4.79
	室外热工计算温度 t_e		$t_e = 0.6 t_w + 0.4 t_{e \cdot min}$			-7.32

冬季室外热工计算温度 t_e 取平壁部分室外温度的最小值，即：$t_e = -7.32$。

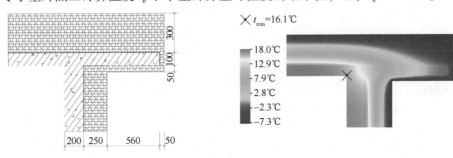

图 6-27　节点大样图及内表面温度计算

（2）外墙-屋顶（WR-2）节点

表 6-31　节点构造做法

平壁编号	材料名称	厚度 （mm）	导热系数 λ $[W/(m \cdot K)]$	蓄热系数 S $[W/(m^2 \cdot K)]$	热阻 $[(m^2 \cdot K)/W]$	热惰性指标 $D = RS$
1	钢筋混凝土	50	1.740	17.200	0.029	0.494
	膨胀聚苯板（EPS）	250	0.032	0.360	7.813	2.813
	钢筋混凝土	50	1.740	17.200	0.029	0.494
	钢筋混凝土	100	1.740	17.200	0.057	0.989
	各层之和 Σ					4.79
	室外热工计算温度 t_e		$t_e = 0.6 t_w + 0.4 t_{e \cdot min}$			-7.32

平壁编号	材料名称	厚度 （mm）	导热系数 λ [W/(m·K)]	蓄热系数 S [W/(m²·K)]	热阻 [(m²·K)/W]	热惰性指标 $D=RS$
2	钢筋混凝土	100	1.740	17.200	0.057	0.989
	膨胀聚苯板（EPS）	300	0.032	0.360	9.375	3.375
	各层之和∑					4.36
	室外热工计算温度 t_e		$t_e = 0.6t_w + 0.4t_{e·min}$			-7.32

冬季室外热工计算温度 t_e 取平壁部分室外温度的最小值，即：$t_e = -7.32$。

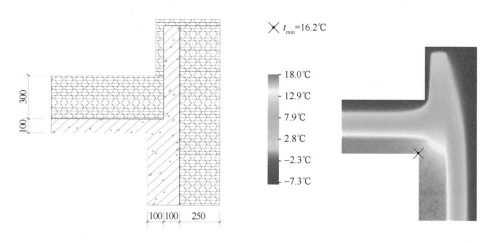

图 6-28 外墙-屋顶（WR-2）节点大样图及内表面温度计算

（3）外墙-楼板（WF-1）节点

表 6-32 节点构造做法

平壁编号	材料名称	厚度 （mm）	导热系数 λ [W/(m·K)]	蓄热系数 S [W/(m²·K)]	热阻 [(m²·K)/W]	热惰性指标 $D=RS$
1	钢筋混凝土	200	1.740	17.200	0.115	1.977
	膨胀聚苯板（EPS）	250	0.032	0.360	7.813	2.813
	各层之和∑					4.79
	室外热工计算温度 t_e		$t_e = 0.6t_w + 0.4t_{e·min}$			-7.32
2	钢筋混凝土	200	1.740	17.200	0.115	1.977
	膨胀聚苯板（EPS）	250	0.032	0.360	7.813	2.813
	各层之和∑					4.79
	室外热工计算温度 t_e		$t_e = 0.6t_w + 0.4t_{e·min}$			-7.32

冬季室外热工计算温度 t_e 取平壁部分室外温度的最小值，即：$t_e = -7.32$。

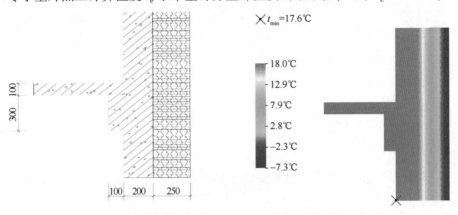

图 6-29 外墙-楼板（WF-1）节点大样图及内表面温度计算

（4）外墙-挑空楼板（WA-1）节点

表 6-33 节点构造做法

平壁编号	材料名称	厚度 （mm）	导热系数 λ [W/(m·K)]	蓄热系数 S [W/(m²·K)]	热阻 [(m²·K)/W]	热惰性指标 D=RS
1	钢筋混凝土	100	1.740	17.200	0.057	0.989
	膨胀聚苯板（EPS）	250	0.032	0.360	7.813	2.813
	各层之和∑					3.80
	室外热工计算温度 t_e		$t_e = 0.3t_w + 0.7t_{e \cdot min}$			-8.91
2	膨胀聚苯板（EPS）	250	0.032	0.360	7.813	2.813
	钢筋混凝土	200	1.740	17.200	0.115	1.977
	各层之和∑					4.79
	室外热工计算温度 t_e		$t_e = 0.6t_w + 0.4t_{e \cdot min}$			-7.32

冬季室外热工计算温度 t_e 取平壁部分室外温度的最小值，即：$t_e = -8.91$。

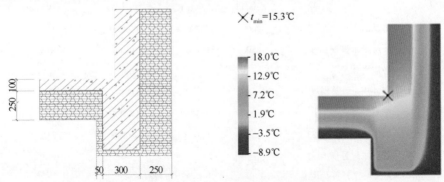

图 6-30 外墙-挑空楼板（WA-1）节点大样图及内表面温度计算

（5）外墙-外墙（WO-1）节点

表6-34　节点构造做法

平壁编号	材料名称	厚度 （mm）	导热系数 λ [W/(m·K)]	蓄热系数 S [W/(m²·K)]	热阻 [(m²·K)/W]	热惰性指标 $D=RS$
1	钢筋混凝土	200	1.740	17.200	0.115	1.977
	膨胀聚苯板（EPS）	250	0.032	0.360	7.813	2.813
	各层之和∑					4.79
	室外热工计算温度 t_e		$t_e = 0.6t_w + 0.4t_{e \cdot min}$			−7.32
2	钢筋混凝土	200	1.740	17.200	0.115	1.977
	膨胀聚苯板（EPS）	250	0.032	0.360	7.813	2.813
	各层之和∑					4.79
	室外热工计算温度 t_e		$t_e = 0.6t_w + 0.4t_{e \cdot min}$			−7.32

冬季室外热工计算温度 t_e 取平壁部分室外温度的最小值，即：$t_e = -7.32$。

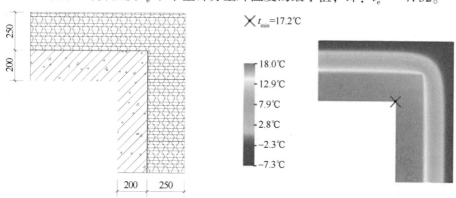

图6-31　外墙-外墙（WO-1）节点大样图及内表面温度计算

（6）外墙-内墙（WI-1）节点

表6-35　节点构造做法

平壁编号	材料名称	厚度 （mm）	导热系数 λ [W/(m·K)]	蓄热系数 S [W/(m²·K)]	热阻 [(m²·K)/W]	热惰性指标 $D=RS$
1	钢筋混凝土	200	1.740	17.200	0.115	1.977
	膨胀聚苯板（EPS）	250	0.032	0.360	7.813	2.813
	各层之和∑					4.79
	室外热工计算温度 t_e		$t_e = 0.6t_w + 0.4t_{e \cdot min}$			−7.32

续表

平壁编号	材料名称	厚度 (mm)	导热系数 λ $[\mathrm{W/(m \cdot K)}]$	蓄热系数 S $[\mathrm{W/(m^2 \cdot K)}]$	热阻 $[\mathrm{(m^2 \cdot K)/W}]$	热惰性指标 $D=RS$
2	膨胀聚苯板（EPS）	250	0.032	0.360	7.813	2.813
	钢筋混凝土	200	1.740	17.200	0.115	1.977
	各层之和 Σ					4.79
	室外热工计算温度 t_e	$t_e = 0.6t_w + 0.4t_{e \cdot min}$				−7.32

冬季室外热工计算温度 t_e 取平壁部分室外温度的最小值，即：$t_e = -7.32$。

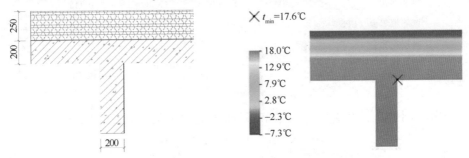

图6-32　外墙-内墙（WI-1）节点大样图及内表面温度计算

（7）门窗左右口（WS-1）节点

表6-36　节点构造做法

平壁编号	材料名称	厚度 (mm)	导热系数 λ $[\mathrm{W/(m \cdot K)}]$	蓄热系数 S $[\mathrm{W/(m^2 \cdot K)}]$	热阻 $[\mathrm{(m^2 \cdot K)/W}]$	热惰性指标 $D=RS$
1	钢筋混凝土	70	1.740	17.200	0.040	0.692
	膨胀聚苯板（EPS）	250	0.032	0.360	7.813	2.813
	钢筋混凝土	60	1.740	17.200	0.034	0.593
	钢筋混凝土	70	1.740	17.200	0.040	0.692
	各层之和 Σ					4.79
	室外热工计算温度 t_e	$t_e = 0.6t_w + 0.4t_{e \cdot min}$				−7.32

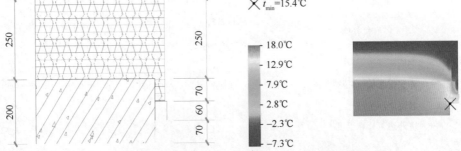

图6-33　门窗左右口（WS-1）节点大样图及内表面温度计算

（8）门窗上口（WU-1）节点

表 6-37　节点构造做法

平壁编号	材料名称	厚度 （mm）	导热系数 λ [W/(m·K)]	蓄热系数 S [W/(m²·K)]	热阻 [(m²·K)/W]	热惰性指标 D=RS
1	膨胀聚苯板（EPS）	250	0.032	0.360	7.813	2.813
	钢筋混凝土	60	1.740	17.200	0.034	0.593
	钢筋混凝土	70	1.740	17.200	0.040	0.692
	钢筋混凝土	70	1.740	17.200	0.040	0.692
	各层之和 Σ					4.79
	室外热工计算温度 t_e	$t_e = 0.6t_w + 0.4t_{e·min}$				−7.32

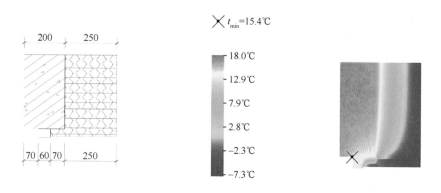

图 6-34　门窗上口（WU-1）节点大样图及内表面温度计算

（9）窗下口（WD-1）节点

表 6-38　节点构造做法

平壁编号	材料名称	厚度 （mm）	导热系数 λ [W/(m·K)]	蓄热系数 S [W/(m²·K)]	热阻 [(m²·K)/W]	热惰性指标 D=RS
1	钢筋混凝土	60	1.740	17.200	0.034	0.593
	钢筋混凝土	70	1.740	17.200	0.040	0.692
	钢筋混凝土	70	1.740	17.200	0.040	0.692
	膨胀聚苯板（EPS）	250	0.032	0.360	7.813	2.813
	各层之和 Σ					4.79
	室外热工计算温度 t_e	$t_e = 0.6t_w + 0.4t_{e·min}$				−7.32

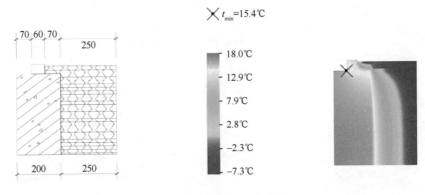

图 6-35　节点大样图及内表面温度计算

6.6.3　小结

本项目通过对屋顶阳台挑檐、女儿墙、门窗口等保温薄弱区域均采用保温包裹处理，各个可能产生冷热桥的节点处，均不会产生明显的热流通道；经计算分析均不产生结露。

表 6-39　结露分析情况

热桥部位	热桥类型	围护结构热惰性 D	冬季室外计算温度（℃）	内表面最低温度（℃）	结论
外墙–屋顶	WR-1	4.36	-7.32	16.12	不结露
	WR-2	4.36	-7.32	16.15	不结露
外墙–楼板	WF-1	4.79	-7.32	17.64	不结露
外墙–挑空楼板	WA-1	3.80	-8.91	15.31	不结露
外墙–外墙	WO-1	4.79	-7.32	17.21	不结露
外墙–内墙	WI-1	4.79	-7.32	17.61	不结露
门窗左右口	WS-1	4.79	-7.32	15.37	不结露
门窗上口	WU-1	4.79	-7.32	15.35	不结露
窗下口	WD-1	4.79	-7.32	15.35	不结露

6.7　围护结构节能率计算书

6.7.1　项目概况

项目名称为：山东城市建设职业学院实验实训中心。本工程位于山东省济南市旅游路东首山东城市建设职业学院内。用地范围南北长约 134 m，东西宽约 110 m，在整个基地内规划建设两幢实训楼。该实训楼分为南、北两楼，两楼之间通过连廊连接，其中，南楼（被动式超低能耗绿色建筑）为地上六层，地下一层，建筑高度23.95 m，建筑面积21 487.89 m²。围护结构节能设计，屋顶外墙保温材料均采用膨胀聚苯板（EPS），外窗选用铝包木框架（三玻抽真空玻璃窗）传热系数可达到0.8。

表6-40　节能分析概况

工程名称	山东城市建设职业学院实验实训中心南楼
工程地点	山东济南
地理位置	37.00°N，116.98°E
建筑面积（m²）	地上19 015，地下0
建筑层数	地上7，地下0
建筑高度（m）	地上27.4，地下0.0
建筑体积（m³）	73 900.80
建筑外表面积（m²）	13 578.65

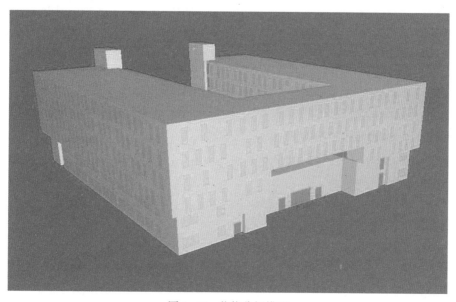

图6-36　节能分析模型

6.7.2　围护结构

1）围护结构做法简要说明

（1）屋顶构造：屋顶构造一（由上到下），1:3水泥砂浆结合层50 mm+C20混凝土找平层45 mm+膨胀聚苯板（EPS）160 mm+膨胀聚苯板（EPS）160 mm+

LC5.0 轻集料混凝土 30 mm+1：2.5 水泥砂浆找平层 20 mm+现浇钢筋混凝土屋面板 120 mm。

（2）外墙构造：外墙构造一（由外到内），干粉类聚合物水泥防水砂浆 40 mm+膨胀聚苯板（EPS）190 mm+1：2.5 水泥砂浆找平层 30 mm+加气混凝土砌块（B07 级）200 mm。

（3）挑空楼板构造：挑空楼板构造一（由上到下），膨胀聚苯板（EPS）35 mm+钢筋混凝土 120 mm。

（4）外窗构造：铝包木框架（三玻抽真空玻璃窗），传热系数 0.800 W/（m² · K），太阳得热系数 0.522。

（5）周边地面构造：周边地面构造一，混凝土垫层 40 mm+膨胀聚苯板（EPS）150 mm+混凝土垫层 60 mm。

2）设计、对比建筑围护结构

表 6-41　设计、对比建筑围护结构汇总

					设计建筑			比对建筑	
体形系数 S					0.18			0.18	
屋顶传热系数 K [W/（m² · K）]					0.12			0.45	
外墙（包括非透明幕墙）传热系数 K [W/（m² · K）]					0.20			0.50	
屋顶透明部分传热系数 K [W/（m² · K）]					—			—	
屋顶透明部分太阳得热系数					—			—	
底面接触室外的架空或外挑楼板传热系数 K [W/（m² · K）]					0.89			0.50	
地下车库与供暖房间之间的楼板 K [W/（m² · K）]					—			—	
非供暖楼梯间与供暖房间之间的隔墙 K [W/（m² · K）]					—			—	
周边地面热阻 R [（m² · K）/W]					—			0.60	
地下墙热阻 R [（m² · K）/W]					—			—	
变形缝热阻 R [（m² · K）/W]					—			—	
外窗（包括透明幕墙）	朝向	立面	窗墙比	传热系数	太阳得热系数		窗墙比	传热系数	太阳得热系数
	南向	南默认立面	0.27	0.80	0.52		0.27	2.70	0.52
	北向	北默认立面	0.26	0.80	0.52		0.26	2.70	—
	东向	东默认立面	0.21	0.80	0.52		0.21	2.70	0.52
	西向	西默认立面	0.17	0.80	0.52		0.17	3.00	—
室内参数和气象条件设置							按《公共建筑节能设计标准》附录 B 设置		

6.7.3　室内设计参数

表 6-42　房间表

房间类型	空调温度（℃）	供暖温度（℃）	新风量[m³/(h·人)]	人员密度（m²/人）	照明功率密度（W/m²）	电器设备功率（W/m²）
普通办公室	26	20	30	10	9	15
教室	26	20	30	6	9	5
空房间	—	—	20	50	0	0

6.7.4　小结

表 6-43　围护结构节能率

能耗分类	能耗子类	设计建筑（kWh/m²）	比对建筑（kWh/m²）	比对节能率（%）
建筑负荷	耗冷量	7.92	7.20	-10.07
	耗热量	2.82	17.01	83.42
	冷热合计	10.74	24.20	55.63

本次围护结构节能率，主要对设计围护结构的传热以及太阳辐射所形成的空调负荷，与对比建筑的能耗进行分析；根据最后的能耗分析结果表 6-41 和图 6-37 至图 6-39 可知，由于设计建筑围护结构传热系数降低，夏季工况下室外向室内传热量减少，但是增加了夏季室内热量向外传递的难度，导致室内热量不容易散发，增加了夏季的制冷需求；冬季情况下，外窗传热系数增加，保温增加则大大降低了冬季的耗热量。

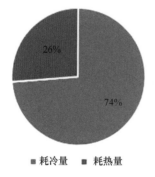

图 6-37　设计建筑能耗构成

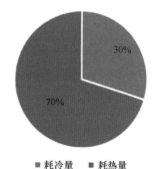

图 6-38　比对建筑能耗构成

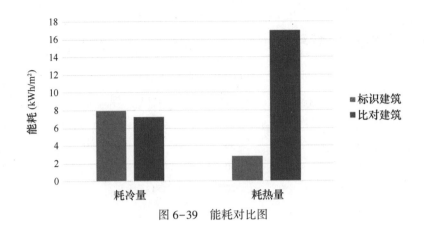

图 6-39　能耗对比图

6.8　空调系统节能率计算书

6.8.1　项目概况

围护结构节能设计，屋顶外墙均保温材料均采用膨胀聚苯板（EPS），外窗选用铝包木框架（三玻抽真空玻璃窗）传热系数可达到 0.8。采用风冷多联机热泵机组作为主要冷源，1 台太阳能吸收式制冷机组与 2 台电制冷水冷机组作为新风系统的辅助示范冷源。风冷多联机热泵机组和校园锅炉房的一次热水是南楼主要供暖热源。设于南楼屋顶的太阳能集热系统作为辅助热源。

6.8.2　围护结构

表 6-44　围护结构汇总

	设计建筑
体形系数 S	0.18
屋顶传热系数 $K\ [\mathrm{W/\ (m^2 \cdot K)}]$	0.12
外墙（包括非透明幕墙）传热系数 $K\ [\mathrm{W/\ (m^2 \cdot K)}]$	0.20
屋顶透明部分传热系数 $K\ [\mathrm{W/\ (m^2 \cdot K)}]$	—
屋顶透明部分太阳得热系数	—
底面接触室外的架空或外挑楼板传热系数 $K\ [\mathrm{W/\ (m^2 \cdot K)}]$	0.89
地下车库与供暖房间之间的楼板 $K\ [\mathrm{W/\ (m^2 \cdot K)}]$	—
非供暖楼梯间与供暖房间之间的隔墙 $K\ [\mathrm{W/\ (m^2 \cdot K)}]$	—
周边地面热阻 $R\ [\ (m^2 \cdot K)\ /W]$	—
地下墙热阻 $R\ [\ (m^2 \cdot K)\ /W]$	—
变形缝热阻 $R\ [\ (m^2 \cdot K)\ /W]$	—

续表

			设计建筑		
朝向	立面	窗墙比	传热系数	太阳得热系数
外窗 （包括透明幕墙）	南向	南默认立面	0.27	0.80	0.52
	北向	北默认立面	0.26	0.80	0.52
	东向	东默认立面	0.21	0.80	0.52
	西向	西默认立面	0.17	0.80	0.52

6.8.3 室内设计参数

表 6-45 房间设计

房间类型	空调温度 （℃）	供暖温度 （℃）	新风量 [m³/(h·人)]	人员密度 （m²/人）	照明功率密度 （W/m²）	电器设备功率 （W/m²）
普通办公室	26	20	30	10	6	10
教室	26	20	30	6	9	5
空房间	—	—	20	50	0	0

表 6-46 工作日/节假日人员逐时在室率（%）

房间类型	时间																							
	1	2	3	4	5	6	7	8	9	10	11	12	13	14	15	16	17	18	19	20	21	22	23	24
普通 办公室	0	0	0	0	0	0	10	50	95	95	95	80	80	95	95	95	95	30	30	0	0	0	0	0
	0	0	0	0	0	0	0	0	0	0	0	0	0	0	0	0	0	0	0	0	0	0	0	0
教室	0	0	0	0	0	0	10	50	95	95	95	80	80	95	95	95	95	30	30	0	0	0	0	0
	0	0	0	0	0	0	0	0	0	0	0	0	0	0	0	0	0	0	0	0	0	0	0	0
空房间	0	0	0	0	0	0	20	50	80	80	80	80	80	80	80	80	80	80	70	0	0	0	0	0
	0	0	0	0	0	0	20	50	80	80	80	80	80	80	80	80	80	80	70	0	0	0	0	0

注：上行为工作日；下行为节假日。

表 6-47 工作日/节假日照明开关时间表（%）

房间类型	时间																							
	1	2	3	4	5	6	7	8	9	10	11	12	13	14	15	16	17	18	19	20	21	22	23	24
普通 办公室	0	0	0	0	0	0	10	50	95	95	95	80	80	95	95	95	95	30	30	0	0	0	0	0
教室	0	0	0	0	0	0	10	50	95	95	95	80	80	95	95	95	95	30	30	0	0	0	0	0
	0	0	0	0	0	0	0	0	0	0	0	0	0	0	0	0	0	0	0	0	0	0	0	0
空房间	10	10	10	10	10	10	10	50	60	60	60	60	60	60	60	80	90	100	100	100	10	10	10
	10	10	10	10	10	10	10	50	60	60	60	60	60	60	60	80	90	100	100	100	10	10	10

注：上行为工作日；下行为节假日。

表6-48 工作日/节假日设备逐时使用率（%）

房间类型	时间																							
	1	2	3	4	5	6	7	8	9	10	11	12	13	14	15	16	17	18	19	20	21	22	23	24
普通	0	0	0	0	0	0	10	50	95	95	95	50	50	95	95	95	95	30	30	0	0	0	0	0
办公室	0	0	0	0	0	0	0	0	0	0	0	0	0	0	0	0	0	0	0	0	0	0	0	0
教室	0	0	0	0	0	0	10	50	95	95	95	50	50	95	95	95	95	30	30	0	0	0	0	0
	0	0	0	0	0	0	0	0	0	0	0	0	0	0	0	0	0	0	0	0	0	0	0	0
空房间	0	0	0	0	0	0	0	30	50	80	80	80	80	80	80	80	80	80	80	70	50	0	0	0
	0	0	0	0	0	0	0	30	50	80	80	80	80	80	80	80	80	80	80	70	50	0	0	0

注：上行为工作日；下行为节假日。

表6-49 工作日/节假日空调系统运行时间表（1：开，0：关）

采暖期	时间																							
系统编号	1	2	3	4	5	6	7	8	9	10	11	12	13	14	15	16	17	18	19	20	21	22	23	24
默认	0	0	0	0	0	0	1	1	1	1	1	1	1	1	1	1	1	1	0	0	0	0	0	0
供冷期 系统编号	1	2	3	4	5	6	7	8	9	10	11	12	13	14	15	16	17	18	19	20	21	22	23	24
默认	0	0	0	0	0	0	1	1	1	1	1	1	1	1	1	1	1	1	0	0	0	0	0	0
	0	0	0	0	0	0	0	0	0	0	0	0	0	0	0	0	0	0	0	0	0	0	0	0

注：上行为工作日；下行为节假日。

6.8.4 设计系统

1）系统类型

表6-50 系统类型

系统编号	系统类型	供冷能效比	供热能效比	面积（m²）	包含的房间
默认	多联式空调（热泵）机组	2.93	3.28	17 881.04	所有房间

2）制冷系统

表6-51 冷水机组

名称	类型	额定制冷量（kW）	额定性能系数（COP）	台数
水冷-螺杆冷水机组	水冷-螺杆式冷水机组	200	4.93	2
太阳式吸收制冷机组	水冷-螺杆式冷水机组	100	4.93	1

表 6-52　冷却水泵

类型	轴功率（kW）	扬程（m）	供回水温差（℃）	设计工作点效率（%）	台数
单速	10	25	5	80	3

表 6-53　冷冻水泵

类型	轴功率（kW）	扬程（m）	供回水温差（℃）	设计工作点效率（%）	台数
单速	8	28	5	80	3

表 6-54　制冷系统能耗

负荷率（%）	机组制冷量（kW）	机组功率（kW）	性能系数COP	冷却水泵功率（kW）	冷冻水泵功率（kW）	区间负荷（kWh）	区间时长（h）	机组电耗（kWh）	冷却水泵电耗（kWh）	冷冻水泵电耗（kWh）
25	125	7.3	17.12	10	8	0	0	0	0	0
50	250	15.25	16.39	10	8	0	0	0	0	0
75	375	24.94	15.04	10	8	0	0	0	0	0
100	500	40.57	12.32	10	8	0	0	0	0	0
	综合					0	0	0	0	0

表 6-55　多联机/单元式空调能耗

系统	能效比	耗冷量（kWh）	耗电量（kWh）	备注
默认	2.93	672 187	180 986	

3）供暖系统

表 6-56　多联机/单元式热泵能耗

系统	能效比	耗热量（kWh）	耗电量（kWh）	备注
默认	3.28	218 179	71 432	

4）空调风机

表 6-57　独立新风

系统编号	单位风量耗功率［W/（m³/h）］	新风电耗（kWh）
默认	0.24	21 018
合计		21 018

表 6-58　独立排风

系统编号	单位风量耗功率［W/（m³/h）］	排风新风比率	排风电耗（kWh）
默认	0.24	0.8	16 815
合计			16 815

表 6-59　多联机室内机

系统编号	总功率（W）	同时使用系数	多联机室内机电耗（kWh）
默认	22 580	0.8	25 362
合计			25 362

6.8.5　比对系统

1）系统类型

表 6-60　空调系统

系统编号	系统类型	供冷能效比	供热能效比	面积（m²）	包含的房间
默认	多联式空调（热泵）机组	2.80	2.74	同设计建筑	同设计建筑

2）制冷系统

表 6-61　冷水机组

名称	类型	额定制冷量（kW）	台数	全年供冷（kWh）	综合部分负荷性能系数（IPLV）	电耗（kWh）
水冷-螺杆冷水机组	水冷-螺杆式冷水机组	0	2	0	5.45	0
太阳式吸收制冷机组	水冷-螺杆式冷水机组	0	1	0	5.45	0
合计						0

表 6-62　冷却水泵

负荷率（%）	台数	区间时长（h）	输送能效比 ERe	最大冷负荷（kW）	水泵电耗（kWh）
25	1	0			
50	1	0	0.021 4	0	0
75	1	0			
100	1	0			

表 6-63　冷冻水泵

负荷率 （%）	台数	区间时长 （h）	输送能效比 ER0	最大冷负荷 （kW）	水泵电耗 （kWh）
25	1	0			
50	1	0	0.024 1	0	0
75	1	0			
100	1	0			

表 6-64　多联机/单元式空调能耗

系统	能效比	耗冷量（kWh）	耗电量（kWh）	备注
默认	2.80	719 975	204 519	

3）供暖系统

表 6-65　多联机/单元式热泵能耗

系统	能效比	耗热量（kWh）	耗电量（kWh）	备注
默认	2.74	361 854	127 070	

4）空调风机

表 6-66　独立新风

系统编号	单位风量耗功率 [W/（m³/h）]	新风电耗（kWh）
默认	0.24	21 018
合计		21 018

表 6-67　独立排风

系统编号	单位风量耗功率 [W/（m³/h）]	排风新风比率	排风电耗（kWh）
默认	0.24	0.8	16 815
合计			16 815

表 6-68　多联机室内机

系统编号	总功率（W）	同时使用系数	多联机室内机电耗（kWh）
默认	22 580	0.8	25 362
合计			25 362

6.8.6 计算结果

表 6-69　计算结果

能耗分类	能耗子类	设计建筑 （kWh/m²）	比对建筑 （kWh/m²）	比对节能率 （%）
建筑负荷	耗冷量	35.35	—	—
	耗热量	11.47	—	—
	冷热合计	46.83	—	—
热回收负荷	供冷	2.51	—	
	供暖	7.56	—	
	冷热合计	10.07	—	
供冷电耗	中央冷源	0.00	0.00	
	冷却水泵	0.00	0.00	
	冷冻水泵	0.00	0.00	11.51
	多联机/单元式空调	9.52	10.76	
	供冷合计	9.52	10.76	
供暖电耗	中央热源	0.00	0.00	
	供暖水泵	0.00	0.00	43.79
	多联机/单元式热泵	3.76	6.68	
	供暖合计	3.76	6.68	
风机电耗	新风系统	1.11	1.11	
	排风系统	0.88	0.88	
	风机盘管	0.00	0.00	
	多联机室内机	1.33	1.33	0.00
	全空气系统	0.00	0.00	
	风机合计	3.32	3.32	
空调系统电耗		16.60	20.76	20.05

注：负荷和电耗均为考虑热回收后的值。

6.8.7 小结

根据图 6-40 至图 6-42 分析本项目空调系统满足《绿色建筑评价标准》（GB/T 50378—2014）第 5.2.6 条合理选择和优化供暖、通风与空调系统的要求，供暖、通风与空调系统能耗降低幅度达到 20.05%，高于绿色建筑设计要求，在空调系统上设计通过高效的冷热源机组，以及输配系统节能设计降低空调能耗。

图 6-40 设计建筑能耗构成   图 6-41 比对建筑能耗构成

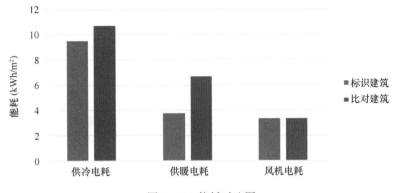

图 6-42 能耗对比图

6.9 建筑能效分析报告书

6.9.1 建筑概况

围护结构节能设计，屋顶外墙保温材料均采用膨胀聚苯板（EPS），外窗选用铝包木框架（三玻抽真空玻璃窗）传热系数可达到0.8。

6.9.2 围护结构做法

1）围护结构作法简要说明

（1）屋顶构造：屋顶构造一（由上到下），1∶3水泥砂浆结合层50 mm+C20混凝土找平层45 mm+膨胀聚苯板（EPS）160 mm+膨胀聚苯板（EPS）160 mm+LC5.0轻集料混凝土30 mm+1∶2.5水泥砂浆找平层20 mm+现浇钢筋混凝土屋面板120 mm。

（2）外墙构造：外墙构造一（由外到内），干粉类聚合物水泥防水砂浆40 mm+膨胀聚苯板（EPS）190 mm+1∶2.5水泥砂浆找平层30 mm+加气混凝土砌块（B07

级）200 mm。

（3）挑空楼板构造：挑空楼板构造一（由上到下），膨胀聚苯板（EPS）35 mm+钢筋混凝土 120 mm。

（4）采暖与非采暖隔墙：控温与非控温隔墙构造一，1:3 水泥砂浆结合层 20 mm+混凝土多孔砖（190 六孔砖）190 mm+石灰砂浆 20 mm。

（5）外窗构造：铝包木框架（三玻抽真空玻璃窗），传热系数 0.800 W/（m²·K），太阳得热系数 0.522。

（6）周边地面构造：周边地面构造一，混凝土垫层 40 mm+膨胀聚苯板（EPS）150 mm+混凝土垫层 60 mm。

2）设计、对比建筑围护结构

表 6-70　设计、对比建筑围护结构汇总

			标识建筑			比对建筑		
体形系数 S			0.18			0.18		
屋顶传热系数 K [W/（m²·K）]			0.12			0.45		
外墙（包括非透明幕墙）传热系数 K [W/（m²·K）]			0.20			0.50		
屋顶透明部分传热系数 K [W/（m²·K）]			—			—		
屋顶透明部分太阳得热系数			—			—		
底面接触室外的架空或外挑楼板传热系数 K [W/（m²·K）]			0.89			0.50		
地下车库与供暖房间之间的楼板 K [W/（m²·K）]			—			—		
非供暖楼梯间与供暖房间之间的隔墙 K [W/（m²·K）]			1.93			1.53		
周边地面热阻 R [（m²·K）/W]			—			0.60		
地下墙热阻 R [（m²·K）/W]			—			—		
变形缝热阻 R [（m²·K）/W]			—			—		
外窗（包括透明幕墙）	朝向	立面	窗墙比	传热系数	太阳得热系数	窗墙比	传热系数	太阳得热系数
	南向	南默认立面	0.27	0.80	0.52	0.27	2.70	0.52
	北向	北默认立面	0.26	0.80	0.52	0.26	2.70	—
	东向	东默认立面	0.21	0.80	0.52	0.21	2.70	0.52
	西向	西默认立面	0.17	0.80	0.52	0.17	3.00	—
室内参数和气象条件设置			按《公共建筑节能设计标准》附录 B 设置					

6.9.3 设计建筑

表 6-71 房间设计

房间类型	空调温度 （℃）	供暖温度 （℃）	新风量 [m³/(h·人)]	人员密度 （m²/人）	照明功率 密度（W/m²）	电器设备 功率（W/m²）
普通办公室	26	20	30	10	6	10
教室	26	20	30	6	9	5
空房间	—	—	20	50	0	0

表 6-72 工作日/节假日人员逐时在室率（%）

房间类型	时间																							
	1	2	3	4	5	6	7	8	9	10	11	12	13	14	15	16	17	18	19	20	21	22	23	24
普通 办公室	0	0	0	0	0	0	10	50	95	95	95	80	80	95	95	95	95	30	30	0	0	0	0	0
	0	0	0	0	0	0	0	0	0	0	0	0	0	0	0	0	0	0	0	0	0	0	0	0
教室	0	0	0	0	0	0	10	50	95	95	95	80	80	95	95	95	95	30	30	0	0	0	0	0
	0	0	0	0	0	0	0	0	0	0	0	0	0	0	0	0	0	0	0	0	0	0	0	0
空房间	0	0	0	0	0	0	20	50	80	80	80	80	80	80	80	80	80	80	80	70	50	0	0	0
	0	0	0	0	0	0	20	50	80	80	80	80	80	80	80	80	80	80	80	70	50	0	0	0

注：上行为工作日；下行为节假日。

表 6-73 工作日/节假日照明开关时间（%）

房间类型	时间																							
	1	2	3	4	5	6	7	8	9	10	11	12	13	14	15	16	17	18	19	20	21	22	23	24
普通 办公室	0	0	0	0	0	0	10	50	95	95	95	80	80	95	95	95	95	30	30	0	0	0	0	0
	0	0	0	0	0	0	0	0	0	0	0	0	0	0	0	0	0	0	0	0	0	0	0	0
教室	0	0	0	0	0	0	10	50	95	95	95	80	80	95	95	95	95	30	30	0	0	0	0	0
	0	0	0	0	0	0	0	0	0	0	0	0	0	0	0	0	0	0	0	0	0	0	0	0
空房间	10	10	10	10	10	10	10	50	60	60	60	60	60	60	60	60	80	90	100	100	100	10	10	10
	10	10	10	10	10	10	10	50	60	60	60	60	60	60	60	60	80	90	100	100	100	10	10	10

注：上行为工作日；下行为节假日。

表 6-74 工作日/节假日设备逐时使用率（%）

房间类型	时间																							
	1	2	3	4	5	6	7	8	9	10	11	12	13	14	15	16	17	18	19	20	21	22	23	24
普通 办公室	0	0	0	0	0	0	10	50	95	95	95	50	50	95	95	95	95	30	30	0	0	0	0	0
	0	0	0	0	0	0	0	0	0	0	0	0	0	0	0	0	0	0	0	0	0	0	0	0

续表

房间类型	时间																							
	1	2	3	4	5	6	7	8	9	10	11	12	13	14	15	16	17	18	19	20	21	22	23	24
教室	0	0	0	0	0	0	10	50	95	95	95	50	50	95	95	95	95	30	30	0	0	0	0	0
	0	0	0	0	0	0	0	0	0	0	0	0	0	0	0	0	0	0	0	0	0	0	0	0
空房间	0	0	0	0	0	0	0	30	50	80	80	80	80	80	80	80	80	80	80	70	50	0	0	0
	0	0	0	0	0	0	0	30	50	80	80	80	80	80	80	80	80	80	80	70	50	0	0	0

注：上行为工作日；下行为节假日。

表 6-75   工作日/节假日空调系统运行时间

采暖期	时间																							
系统编号	1	2	3	4	5	6	7	8	9	10	11	12	13	14	15	16	17	18	19	20	21	22	23	24
默认	0	0	0	0	0	0	1	1	1	1	1	1	1	1	1	1	1	1	1	0	0	0	0	0
	0	0	0	0	0	0	0	0	0	0	0	0	0	0	0	0	0	0	0	0	0	0	0	0
供冷期 系统编号	1	2	3	4	5	6	7	8	9	10	11	12	13	14	15	16	17	18	19	20	21	22	23	24
默认	0	0	0	0	0	0	1	1	1	1	1	1	1	1	1	1	1	1	1	0	0	0	0	0

注：上行为工作日；下行为节假日；1 为开；0 为关。

6.9.4   设计系统

1）系统类型

表 6-76   系统类型

系统编号	系统类型	供冷能效比	供热能效比	面积（m²）	包含的房间
默认	多联式空调（热泵）机组	2.93	3.28	15 587.36	所有房间

2）制冷系统

表 6-77   冷水机组

名称	类型	额定制冷量（kW）	额定性能系数（COP）	台数
水冷-螺杆冷水机组	水冷-螺杆式冷水机组	200	4.93	2
太阳式吸收制冷机组	水冷-螺杆式冷水机组	100	4.93	1

表 6-78   冷却水泵

类型	轴功率（kW）	扬程（m）	供回水温差（℃）	设计工作点效率（%）	台数
单速	10	25	5	80	3

表 6-79　冷冻水泵

类型	轴功率（kW）	扬程（m）	供回水温差（℃）	设计工作点效率（%）	台数
单速	8	28	5	80	3

表 6-80　制冷系统能耗

负荷率（%）	机组制冷量（kW）	机组功率（kW）	性能系数COP	冷却水泵功率（kW）	冷冻水泵功率（kW）	区间负荷（kWh）	区间时长（h）	机组电耗（kWh）	冷却水泵电耗（kWh）	冷冻水泵电耗（kWh）
25	125	25.35	4.93	10	8	0	0	0	0	0
50	250	50.7	4.93	10	8	0	0	0	0	0
75	375	76.06	4.93	20	8	0	0	0	0	0
100	500	101.42	4.93	20	8	0	0	0	0	0
	综合					0	0	0	0	0

表 6-81　多联机/单元式空调能耗

系统	能效比	耗冷量（kWh）	耗电量（kWh）	备注
默认	2.93	573 880	158 327	

3）供暖系统

表 6-82　多联机/单元式热泵能耗

系统	能效比	耗热量（kWh）	耗电量（kWh）	备注
默认	3.28	379 744	104 249	

4）照明系统

表 6-83　照明能耗

房间类型	单位面积电耗（kWh/m²）	房间个数	房间合计面积（m²）	合计电耗（kWh）
普通办公室	14.18	104	16 650	236 018
空房间	0.00	179	2 542	0
	总计			236 018

6.9.6 计算结果

表 6-84 设计建筑计算结果

能耗分类	能耗子类	标识建筑 （kWh/m²）	比对建筑 （kWh/m²）	基础建筑 （kWh/m²）	比对节能率 （%）	基础节能率 （%）
建筑负荷	耗冷量	30.18	32.83	93.79	8.06%	67.82%
	耗热量	19.97	25.32	72.35	21.13%	72.40%
	冷热合计	50.15	58.15	166.14	13.75%	69.81%
供冷电耗	中央冷源	0.00	6.62	18.91	11.37%	68.98%
	冷却水泵	0.00	1.44	4.12		
	冷冻水泵	0.00	1.33	3.81		
	多联机/单元式空调	8.33	0.00	0.00		
	供冷合计	8.33	9.39	26.84		
供暖电耗	中央热源	0.00	12.87	36.76	59.19%	85.72%
	供暖水泵	0.00	0.57	1.63		
	多联机/单元式热泵	5.48	0.00	0.00		
	供暖合计	5.48	13.44	38.39		
	采暖空调电耗	13.81	22.83	65.23	39.51%	78.83%
	照明电耗	12.44	18.66	53.31	33.33%	76.67%
	合计电耗	26.25	41.49	118.54	36.73%	77.86%

图 6-43 标识建筑能耗构成

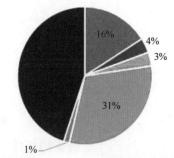

图 6-44 比对建筑能耗构成

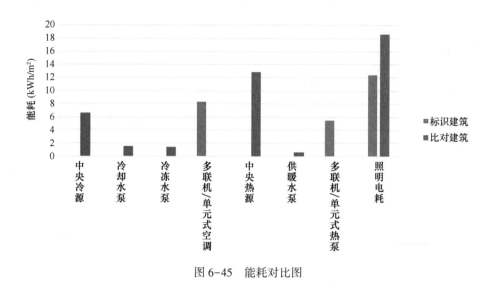

图 6-45　能耗对比图

6.9.7　小结

综合考虑本项目的围护结构节能，空调节能，照明设备节能，输配系统节能等建筑全能耗分析，在空调系统上对比基础建筑节能 78.83%，照明电耗节约 76.67%，综合分析本项目对比基础建筑的节能率达到 77.86%。

第四篇　净零能耗建筑装配式施工组织

第7章 山东建筑大学教学实验楼装配式施工组织

山东建筑大学教学实验综合楼项目采用了钢结构、预制楼梯、钢筋混凝土叠合板、ALC墙板等装配式施工技术。装配式施工技术具有施工快捷，操作方法简单等技术特点。

根据项目装配式、净零能耗、绿色建筑的特点，为了更好地整合资源，保障项目的高效运转，实行项目经理责任制，负责项目实施的计划、组织、领导和控制，对项目的施工、进度、质量、安全、费用等全面负责。

7.1 桁架钢筋混凝土叠合板吊装工程主要施工组织

7.1.1 叠合板概况

具体叠合板概况详见表7-1。

表7-1 叠合板概况

序号	型号	数量（个）
1	DBD-67-3912	72
2	DBD-67-3918	216
3	DBD-67-3920	222
4	DBD-67-3922	84
5	DBD-67-3618	36
6	DBD-67-3620	30
7	DBD-67-3622	18
8	DBD-67-2324	27
9	DBD-67-2520	36
10	DBD-67-2224	102

7.1.2 叠合板构件安装工艺

支设预制板下钢支撑→叠合板构件安装→预埋线管连接→叠合板绑筋→叠合板现浇混凝土。

7.1.3 叠合板构件施工方法

1）支设预制板下钢支撑

（1）叠合板就位前应在跨内及距离支座 500 mm 处设置由竖支撑和横梁组成的临时支撑，当轴跨 L 小于 4.8 m 时跨内设置一道支撑，当轴跨 L 为 4.8~6 m 时跨内设置两道支撑。支撑顶面应可靠超平，以保证底板板底面平整。多层建筑中各层建筑竖撑宜设置在一条直线上，保证持续两层有支撑。后浇段模板宽出两边不低于100 mm，其架体纵距不大于 1.1 m。具体布置如图 7-1 所示。

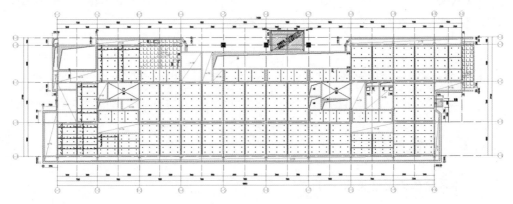

图 7-1 叠合板支撑点位布置

（2）叠合板板底主楞采用 φ48.3 mm×3.6 mm 钢管支撑，次楞采用 50 mm×80 mm 方木支撑（次楞跨过叠合板缝）。承重架采用扣件式钢管脚手架，由扣件、立杆、横杆、支座组成，采用 φ48.3 mm×3.6 mm 钢管。竖向钢管底部垫铁鞋，步距 1 500 mm。扫地杆、扫天杆、水平杆在于立杆连接部位，必须纵横向连续设置，禁止"隔一设一"或"缺失一个方向"。钢管水平杆、扫地杆、扫天杆、立杆必须采用对接，严禁搭接，防止偏心。竖向剪刀撑在四周周边立杆处必须全部搭设，其余部位每间隔 4 跨沿纵横方向设置一排剪刀撑，剪刀撑应采用搭接方式连接，搭接长度不小于 500 mm，并应采用 2 个旋转扣件分别在距离杆端部不小于 100 mm 处进行固定。高于 4 000 mm 的模板支架，其两端与中间每间隔 4 排立杆，从顶端开始每间隔 2 步设置一道水平剪刀撑。每个扣件的拧紧力矩都要控制在 45 N·m，如图7-2 所示。

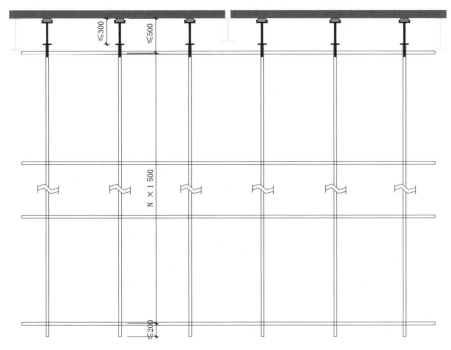

图 7-2 叠合板支撑点位布置（mm）

2）预制叠合板构件安装

（1）操作人员站在楼梯间的缓台板搭设的马凳上，手扶叠合板预制构件摆正位置后用遛绳控制预制板高空位置。

（2）受锁具及吊点影响，板的各边不是同时下落，对位时需要三人对正：两个人分别在长边扶正，一个人在短边用撬棍顶住板，将角对准柱角（三点共面）、短边对准钢梁下落。

（3）将构件用撬棍校正，各边预制构件均落在钢梁上，预制构件预留钢筋落于支座处后下落，完成预制构件的初步安装就位。

（4）预制构件安装初步就位后，应用微调支撑架，确保预制构件调整后标高一致、板缝间隙一致。根据钢柱上 500 mm 控制线校核板顶标高，见图 7-3 所示。

（5）叠合板安装完成后，在进入钢梁处抹水泥砂浆控制叠合板上层现浇混凝土施工时漏浆到下部。

3）预制叠合板上现浇板内线管铺设

（1）预制叠合板构件安装完毕后，在板上按设计图纸铺设线管，并用铁丝及钢钉将线管固定，线管接头处应用一段长 40 cm 套管（内径不低于铺设线管外径）将接头双向插入，并用胶带将其固定。将预制板中预埋线盒对应孔洞打开，然后按图纸把线管插入，上面用砂浆用线盒四周封堵，防止浇捣混凝土时把线盒封死。最后

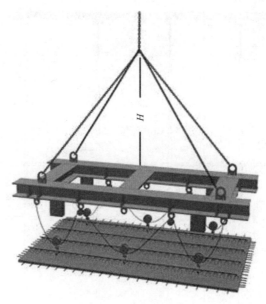

图 7-3 叠合板吊装

将各种管线连至相应管道井。

（2）各种预埋功能管线必须接口封密，符合国家验收标准。

4）现浇板钢筋绑扎

（1）现浇板下部钢筋应在预制叠合板安装完毕，安装工程线管还未开始铺设连接前就按图施工完成；其上部钢筋应与叠合板上现浇层钢筋一起铺设绑扎。

（2）按设计规格、型号下料后进行绑扎。

（3）为了保证钢筋间距位置准确，首先在预制构件上画出间距线，按尺寸线进行绑扎，如图 7-4 所示。

图 7-4 叠合板钢筋绑扎

7.2 钢结构施工方案

7.2.1 钢结构制作加工方法

本工程主体结构主要构件为焊接 H 型钢。

（1）根据钢结构特点和运输及吊装要求以优先考虑运输和吊装为主。力求使钢结构段（节）尽可能大，以减少钢结构安装现场接头数量。

（2）利用结构的相似性，设计专用工装胎具和工位，采用专业化流水作业方式进行生产，控制钢结构制作精度，满足设计要求。

（3）确保制造工艺的质量精度，全部构件采用计算机立体建模，微机放样生成零件下料图，零件下料时留出恰当的焊接收缩补偿量。板材、型材均采用精密切割方法，以提高切割精度、减少变形，确保装配质量满足焊接要求，保证制造质量。

（4）采用埋弧焊、二氧化碳（CO_2）气体保护焊等先进、高效焊接方法，配备优良设备和优秀焊接技术人员，提高生产效率和焊接质量，确保工期。

7.2.2 钢结构运输方法

考虑在钢结构厂加工的钢结构构件特征，以公路运输为主，按照拼装现场急需的构件、配件、工机具等进行配套运输，对于超长、超宽、超高和超重的构件采用专用运输工具运至现场（图7-5）。

钢柱（裸装）   钢梁，捆装，钢带绑扎，梁与梁采用垫木隔开   连接板、高强螺栓等零部件，装箱

图7-5 钢结构运输方法

7.2.3 钢结构安装方法

（1）在各种钢构件吊装前，对所吊装的钢构件的编号、型号、尺寸、外观，是

否有变形等情况进行检查，当确定钢构件符合设计和规范要求时，再进行现场拼装及吊装。

（2）吊装程序：测量柱脚位置、标高→清理柱脚→吊装钢柱→安装钢梁→安装支撑→初校→安装其他结构，如图 7-6 所示。

为了确保安装地脚锚栓的准确性，增设模具板。模具板规格同钢柱柱底板，板厚度为 10 mm，如图 7-7 所示。

（3）安装高强度螺栓时，构件的摩擦面应保持干燥，不得在雨中作业。

（4）高强度螺栓必须分两次（初拧和终拧）进行紧固，当天安装的螺栓应在当天终拧完毕，其外露丝扣不得少于 2 扣，如图 7-8 所示。

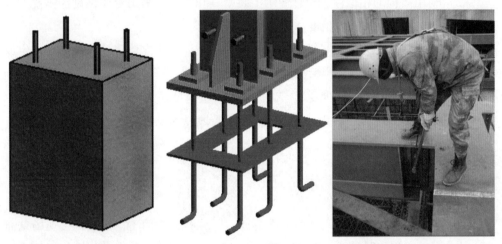

| 图 7-6　柱脚螺栓预埋 | 图 7-7　地脚螺栓模具板 | 图 7-8　初拧和终拧 |

（5）本工程构件起吊采用汽车吊或塔吊进行吊装，吊机的负荷不应超过该机允许负荷的 80%，以免负荷过大而造成事故。在起吊时必须对吊机和人员统一指挥，使人机动作协调，互相配合。在整个吊装过程中，吊机的吊钩、滑车组都应基本保持垂直状态。

7.3　基于 BIM 技术的钢结构施工工艺流程

7.3.1　深化设计流程

具体设计编程如图 7-9 所示。

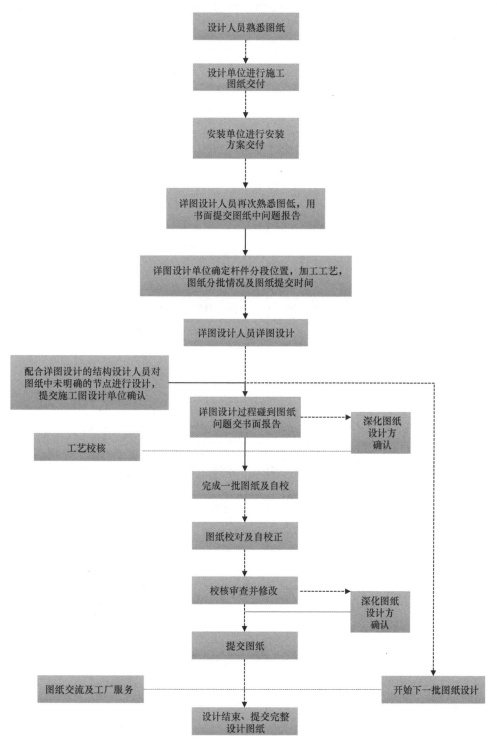

图 7-9　钢结构深化设计流程

7.3.2 钢结构制作流程

具体制作流程如图 7-10 所示。

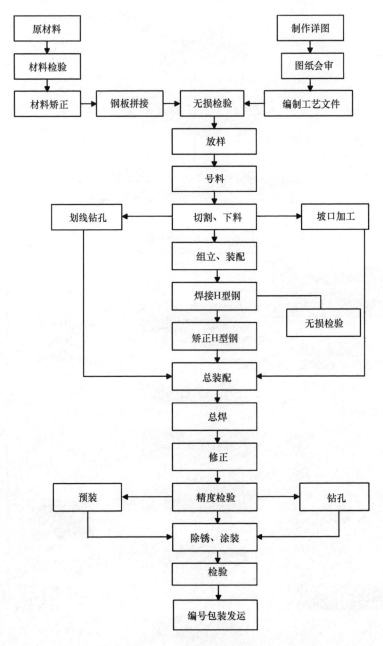

图 7-10　钢结构制作流程

7.3.3 钢结构安装流程

安装过程如图 7-11 至图 7-20 所示。

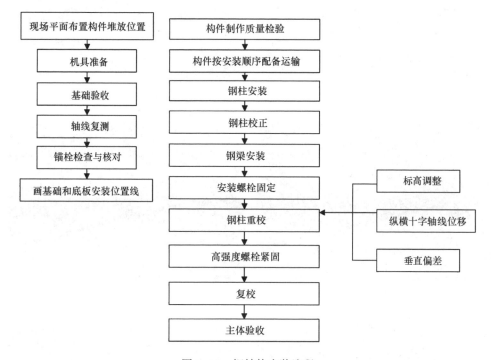

图 7-11 钢结构安装流程

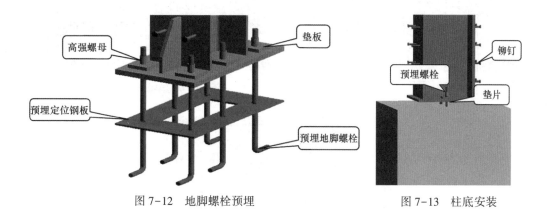

图 7-12 地脚螺栓预埋

图 7-13 柱底安装

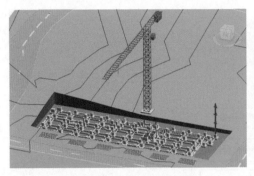

图 7-14　吊装过程展示 1

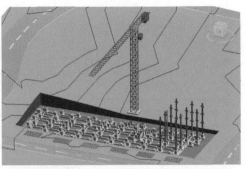

图 7-15　吊装过程展示 2

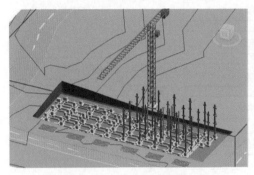

图 7-16　吊装过程展示 3

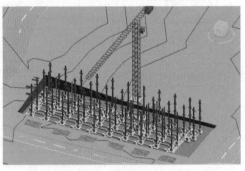

图 7-17　吊装过程展示 4

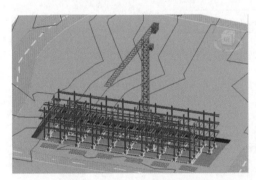

图 7-18　吊装过程展示 5

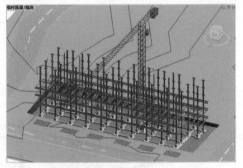

图 7-19　吊装过程展示 6

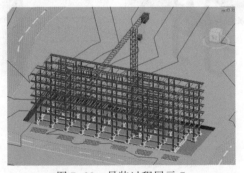

图 7-20　吊装过程展示 7

第8章 山东建筑大学教学实验综合楼装配式施工质量控制

8.1 深化设计控制要点

深化设计图是指导工厂加工、现场安装的最终技术文件，必须严格进行质量审核。深化图纸要充分表达设计意图，文字精练，图面清晰，避免一般性的错、漏，避免各专业间配合上的矛盾、脱节和重复，尽量采用通用设计和通用图纸，力求设计高质量、高效率、高水平，具体保证措施如表8-1所示。

表8-1 深化设计保证措施

序号	项目		具体内容
1	深化设计人员		本工程组织强大的深化设计队伍。深化设计项目总工为高级工程师职称，从事专业工作年限在20年以上；结构设计部门、详图设计部门、工艺设计部门负责人均为本科以上学历，从事专业工作年限均在15年以上；各部门成员均为本科以上学历，深化设计工作年限在10年以上；为图纸深化设计的质量提供了可靠的人力保证
2	深化设计三级审核制度		严格合理的工作流程、体制和控制程序是保证深化设计质量的关键因素。建立完善的三级审核制度。设计制图人员根据设计图纸、国家和部委的规范、规程以及本公司的深化设计标准完成自己负责的设计制图工作后，要经过以下检查和审核过程
		设计制图人自审	设计制图人将完成的图纸打印白图（一次审图单），把以下内容的检查结果用马克笔做标记：①笔误、遗漏、尺寸、数量；②施工的难易性（对连接和焊接施工可实施性的判断）；③对于发现的不正确的内容，除在电子文件中修改图纸外，还要在一次审图单上用红笔修改，并作出标记（圈起来）；④自审完成后将修改过的图纸重新打印白图（二次审图单），并将一次审图单和二次审图单一起提交审图人员
		审图人员校核	审图人员的检查内容和方法同自审时基本相同，检查完成后将二次审图单交设计制图人员进行修改并打印底图，必要时要向制图人将错误处逐条指出，但对以下内容要进行进一步审核：①深化设计制图是否遵照公司的深化设计有关标准；②对特殊的构造处理审图；③结构体系中各构件间的总体尺寸是否冲突
		最终审核	审定时的审图以深化设计图的底图和二次审图单为依据，对图纸的加工适用性和图纸的表达方法进行重点审核。对于不妥处，根据情况决定重复从审图人员开始或制图人员开始的上述工作

序号	项目	具体内容
3	信息反馈处理	①简单的笔误，迅速修改错误，出新版图，并立即发放给生产和质量控制等相关部门，同时收回原版图纸。②质量问题判断为对设计的理解错误或工艺上存在问题应重新认真研究设计图纸或重新分析深化设计涉及的制作工艺，及时得出正确的认识，并迅速修改图纸，出新版图，并立即发放给生产和质控等相关部门，同时收回原版图纸。③在构件制作或安装过程中，根据现场反馈的情况发现深化设计的质量问题立即通知现场停止相关部分的作业。同时组织技术力量会同有关各方研究出处理措施和补救方案，在征得设计和监理同意后，及时实施，尽可能将损失减少到最小，并将整个过程如实向业主汇报
4	出错补救措施	根据本工程的情况，设立专人与设计院、业主保持不间断的联系，尽量减少深化设计的错误；在设计中发现深化图出错，立即对错误进行修改，在确认无误后再进行施工；如果深化设计发生错误，且工厂已经下料开始制作，在发现错误后，立即停止制作，并向设计院和业主报告，与设计人员共同商讨所出现错误的性质，如果所发生的错误对整体结构不造成安全影响，在设计院、业主的认可、批准后继续施工；否则对已加工的构件实行报废处理

8.2 钢结构制作及加工控制要点

8.2.1 材料入库

材料进厂后对该材料质量证明书进行审核，各项指标符合国家标准后方可入库，合格后作出标记，不合格材料应及时放在指定位置等待处理。

钢材预处理：钢材必须进行预处理，使表面无锈蚀现象，无油渍、污垢。经过对钢材的预处理可以发现钢材的表面损伤，以及为下一步号料、切割做好准备工作。

8.2.2 型钢制作

（1）H型钢的焊接

H型钢待焊区应清除油污、铁锈后方可施焊，对有烘干要求的焊材，必须按说明书要求进行烘干。经烘干的焊材放入保温箱内，随用随取。

对接接头、"T"形接头、角接头焊缝两端设引弧板，确认其材质与坡口形式是否与焊件相同，焊后应切割掉引弧板，并修整磨平。

除注明角焊缝缺陷外，其余均为对接、角接焊缝通用；咬边如经磨削修整并平滑过渡，则只按焊缝最小允许厚度评定；设计要求二级以上的焊缝检查合格后，应打焊工责任标记。

H 型钢组装前要检查各件尺寸、形状及收缩加放情况，合格后用砂轮清理焊缝区域，清理范围为焊缝宽的 4 倍。在翼板上画出腹板位置线后，按线组装，要求组装精度为腹板中心线偏移小于 2 mm，翼缘板与腹板不垂直度小于 3 mm，定位点焊。H 型钢组装合格后，用门型埋弧自动焊机采取对称焊接 H 型钢，焊前要将构件垫平，防止热变形。按焊接工艺规范施焊（焊丝直径为 $\phi 3 \sim 5$ mm）。

门式埋弧自动焊机焊接 H 型钢。焊接 H 型钢流程如图 8-1 所示。

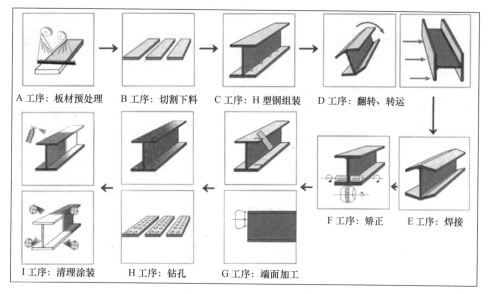

A 工序：板材预处理　B 工序：切割下料　C 工序：H 型钢组装　D 工序：翻转、转运

F 工序：矫正　E 工序：焊接

I 工序：清理涂装　H 工序：钻孔　G 工序：端面加工

图 8-1　H 型钢焊接流程

1）H 型钢变形矫正

焊完后 H 型钢在矫正机上矫正，保证翼缘板与腹板不垂度小于 3 mm，腹板不平度小于 2 mm，检测要用直角尺与塞尺。

弯曲成型的零件应采用弧形样板检查。当零件弦长小于或等于 1 500 mm 时，样板弦不应小于零件弦长的 2/3；零件弦长大于 1 500 mm 时，样板弦长不应小于150 mm。成型部位与样板的间隙不得大于 2 mm，如图 8-2 所示。

火焰矫正：对 T 型钢、H 型钢的弯曲变形进行矫正，火焰矫正温度为 750~900℃，低合金钢（如 Q345）矫正后，不得用水激冷，采用自然冷却法。

接 H 型钢工序：①钢板划线：下料前画出切割线和检查线，检查线距切割线50 mm。②钢板下料：多头直条数控切割机下料，切割面应无裂纹、崩坑、夹渣和分层。下料后检查宽度偏差±0.5 mm。③割渣清理：对下料后的钢板进行铲磨割渣。

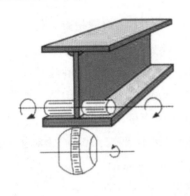

图 8-2　矫正机

④组立：在组立机上对钢梁进行组立。定位焊长度为 10 ~ 15 mm，间距 200 ~ 300 mm，焊角尺寸 3~4 mm。组装间隙为 0~1 mm。定位焊不得有裂纹、夹渣、焊瘤、焊偏、咬边、弧坑未填满等缺陷。对于开裂的定位焊缝，必须先清除开裂的焊缝，并在保证构件尺寸正确的条件下补充定位焊。定位焊禁止在非焊接部位引弧。翼板与腹板的垂直度允许偏差为翼板宽度的 1/100，且不得大于 1.5 mm。腹板的中心线位移允许偏差为 2.0 mm。组立时腹板与翼板对接焊缝相距不得小于 200 mm。

2）热轧 H 型钢

热轧 H 型钢工序：①下料：用半自动火焰切割机对热轧 H 型钢进行下料，下料偏差±1.0 mm。②打磨清理：对下料割渣进行清理。③调直：对热轧型钢进行一次调直，直线度要求 0.5 mm/m。④组对：在工装平台上对 H 型钢进行组对，包括加劲板、连接板等。⑤焊接：组对完成后并经专检检查验收后进行焊接。对接焊缝待焊区清理：焊前对待焊区域进行清理，不得有油污、锈迹、氧化皮、定位焊药皮等。在工装平台上对钢梁焊缝进行焊接，焊接方法为 CO_2 气体保护焊。⑥清渣修磨：对焊接飞溅进行清理。⑦二次调直：对钢梁进行二次调直。直线度要求 0.5 mm/m。⑧划钻孔线：按照图纸尺寸画出钢梁中心线及样板基准线，画线偏差要求±0.5 mm。利用样板将孔群位置定位。⑨钻孔：用钻床进行钻孔。孔距偏差要求±0.5 mm。⑩清除毛刺：将钻孔毛刺清除干净。

3）钢梁喷砂

根据图纸要求对钢柱进行喷砂处理。除锈等级要求达到国家标准（GB 8923—88）中的 Sa2 等级，具体要求为钢材表面无可见的油脂和污垢，并且氧化皮、铁锈和油漆涂层等附着物已基本清除，其残留物应是牢固附着的。

8.2.3　组装 H 型钢与节点板、连接板

节点板、连接板的组装要保证基准线与梁中心对齐，其误差小于 0.5 mm。

梁、柱焊缝采用 CO_2 气体保护焊，焊丝直径 $\phi 1.2$ mm，焊后用氧乙炔火焰矫正（如扭曲、侧弯等）焊接变形，然后按检验记录单要求检验各项指标，直至符合标准为止。

（1）制孔：将 H 型钢按图纸要求，将孔径、孔位、相互间距等数据输入电脑，对 H 型钢进行自动定位、自动三维钻孔。如图 8-3 和图 8-4 所示。

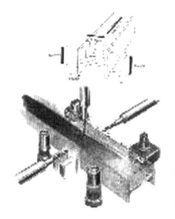

图 8-3　三维钻孔机

针对梁中有连接板，开孔补强或起拱的梁两端孔距离适应放长 1~3 mm。

（2）锯断：入断面锯，将三维钻上定位的梁两端多余量锯割掉。如图 8-5 所示。

（3）清磨：对钻孔毛刺、锯断毛刺等进行清理磨除。

图 8-4　三维钻孔机　　　　　　　　图 8-5　型钢锯断机

8.2.4　钢梁加劲板、连接板等装配

1）装配作业

梁转入装配平台对梁中有次梁连接板，加劲板或开孔、开孔补强的进行装配作

业，装配完毕在梁上翼缘端部打上编号钢印后转入焊接工序。连接板等装配件焊接时，要将构件四面反身使焊缝处于平角焊状态下进行 CO_2 气保焊。同时注意检查焊缝的成型、焊接高度、焊缝的转角封口。清除所有的飞溅、焊疤、毛刺，同时对部件焊接造成的变形进行校正。

对有顶紧要求的部位装配时应保证间隙处于顶紧状态，顶紧状态的检查为采用塞尺检测 75% 的部位小于 0.3 mm，最大不得超过 0.8 mm。

以上工作全部完成后进行制作的最后检查后转入预拼装或除锈工序。

2）预拼装

工厂预拼装目的是在出厂前将已制作完成的各构件进行相关组合，对设计、加工以及适用标准的规模性验证。

该工程的桁架组合构件，受运输的限制需分段、分节，所以需在工厂进行预拼装后运输。

预拼装比例：带有悬臂梁的柱与支撑、桁架组合的构件 100% 进行平面预拼装。

预拼装平台：预拼装在坚实、平稳的胎架上进行。其支承点水平度：$A \leqslant 3\ 000 \sim 5\ 000$ mm，$2<$允许偏差$\leqslant 2$ mm；$A \leqslant 5\ 000 \sim 10\ 000$ mm，$2<$允许偏差$\leqslant 3$ mm。

（1）预拼装中所有构件按施工图控制尺寸，在胎架上进行 1:1 的放样。

（2）预拼装构件控制基准、中心线明确标示，并与平台基线和地面基线相对一致。控制基准应按设计要求基准一致，如需变换预拼装基准位置，应得到工艺设计认可。

（3）所有需进行预拼装的构件必须制作完毕，是经专业检验员验收并符合质量标准的单构件。相同单构件互换而不影响几何尺寸。

（4）在胎架上预拼全过程中，不得对结构件动用火焰或机械等方式进行修正、切割或使用重物压载、冲撞、锤击。如需进行校正则须将构件吊离拼装台，校正后重新进行预拼。

3）本工程预拼装的工艺要求

（1）主控项目（按预拼装单元全数检查）。高强度螺栓和普通螺栓连接的多层板叠，采用试孔器进行检查，并符合下列规定：当采用比孔公称直径小 1.0 mm 的试孔器检查时，每组孔的通过率不应小于 85%；当采用比螺栓公称直径大 0.3 mm 的试孔器检查时，每组孔的通过率为 100%。

（2）一般项目。预拼装的允许偏差，按预拼装单元全数检查，具体如表 8-2 所示。

表 8-2　允许偏差

项目	允许偏差	项目	允许偏差
预拼装单元总长	±4.0 mm	各楼层柱间距	±3.0 mm
预拼装单元弯曲矢高	L/1 500，且小于 9 mm	相邻楼层梁与梁之间距离	—
接口错边	2.0 mm	各层间框架两对角线之差	H/2 000，且小于 5.0 mm
预拼装单元柱身扭曲	h/200，且小于 5.0 mm	任意两对角线之差	∑H/2 000，且小于 5.0 mm
顶紧面至任一牛腿距离	±2.0 mm		

4）构件预拼装质量控制要点

（1）预拼装比例按合同和设计要求。拼装用钢尺经计量检验合格。钢构件预拼装地面应坚实，胎架强度、刚度必须经设计计算而定，各支承点的水平精度用水准仪逐点测定调整；根据构件的类型及板厚，选定承重足够的预拼装用钢平台，支垫应找平。

（2）钢构件在胎架上预拼装过程中，各杆件中心线应交汇于节点中心，并应完全处于自由状态，不得使用外力强行拼装。

（3）预拼装钢构件控制基准线与胎架基线必须保持一致。

（4）高强度螺栓连接预拼装时，使用冲钉直径必须与孔径一致，每个节点要多于 3 只，临时普通螺栓数量一般为螺栓孔的 1/3。对孔径检测，试孔器必须垂直自由穿落。

（5）支撑杆件、钢柱和梁必须按标准验收后进入预拼装。

5）构件预拼装流程

（1）按构件轴线分布及标高确定预拼装顺序，所对应的柱轴线位置实际尺寸放大样，复核尺寸确认无误后装配定位、限位块。

（2）构件按所在轴线位置及方位水平就位，调整位置尺寸（要求柱顶、底前后水平）用水准仪测量并调整柱身前后平行度，以柱顶铣削平面为基准，按钢柱截面中心线测量柱身的位置尺寸，用对角线法测量柱身偏移，进行水平调整。钢柱附带耳板支撑呈偏心状态，须加临时支托稳固后，各相关尺寸符合要求，再进行钢柱支撑耳板节点与支撑杆件预装配，用螺栓连接固定（规格与孔径同，不留间隙），每个节点 3 只，临时普通螺栓数量一般为螺栓孔的 1/3。对孔径检测，试孔器必须垂直自由穿落。试装调整合格后，支撑杆件另一端连接板件按实际孔位定位（划线打样冲）制孔，打上梁、柱或支撑的钢印号。

（3）拆掉所有方向水平外力，进入自由状态，再进行拼装，复核各相关位置尺寸、过孔情况，自检、专检合格后，报监理终检。合格后拆除，并构件进行涂装。

6）除锈、涂装、编号

钢构件的除锈及涂装应在制作质量检验合格后进行。

8.2.5　构件除锈及涂装

1）钢结构除锈

本工程所有钢构件均采用喷砂除锈，即焊接成型后的构件必须进行除锈处理，使表面无锈蚀现象，无油渍、污垢。除锈等级可达到 Sa2 级。

涂漆及标记，按类别分别包装，并粘贴合格证。应符合《涂装前钢材表面锈蚀等级和除锈等级》（GB 8923—88）的规定。喷砂合格后的构件应及时涂装，防止再生锈。钢构件的锐边应作磨圆处理。

2）钢结构的涂装

油漆的调制和喷涂应按使用说明书进行，工厂涂装主要以喷涂法为主。涂装时，应遵守公司"涂装工艺"的规定。（柱端铣削面四边应磨去棱角）底漆和中间漆在工厂完成。喷涂时的施工要求是环境湿度不应大于 85%；对首批构件的喷涂测定工艺数值后在后续施工中参照。并进行 10% 比例的抽查以保证涂装质量。在每道漆的喷涂中均应对喷丸除锈和前道漆的干燥和成型情况进行检查，具备合格条件后才进行后道涂装。楼板梁上平面不得涂装（装焊栓钉），构件编号钢印处不得涂装（纸质封闭保护），高强螺栓连接摩擦面不得涂装（纸质封闭保护），现场焊接部位及两侧 100 mm（且要满足超声波探伤要求的范围），应进行不影响焊接的防锈处理。涂层应根据设计规定采用的防火措施予以配套。涂装后，应对涂装质量及漆膜厚度进行检查和验收，不合格的地方应进行返工。

3）钢柱涂装工序

（1）涂装前将钢柱表面的浮尘及污物清扫干净。

（2）对图纸上要求的不涂漆部位进行保护：如高强螺栓摩擦面及 ±0.000 标高以下，工地焊接部位及两侧 100 mm 涂环氧富锌底漆。

（3）经除锈后的钢构件表面检查合格后，应在 4 小时内将防锈底漆涂装完毕。

（4）目测涂装表面质量应均匀、细致，无明显色差、无流挂、失光、起皱、针孔、气孔、返锈、裂纹、脱落、脏物黏附和漏涂等。

（5）成品摆放或吊装时应注意保护，不得随意叠放，避免划伤油漆。不得漏涂，成品入库前进行检查。涂装时每道漆的干燥时间应为 24 小时以上。

4）钢梁涂装工序

（1）涂装前将钢梁表面的浮尘及污物清扫干净。

（2）对图纸上要求的不涂漆部位进行保护：如高强螺栓摩擦面及钢梁上翼缘上

平面，工地焊接部位及两侧 100 mm 涂环氧富锌底漆。

（3）经除锈后的钢构件表面检查合格后，应在 4 小时内将防锈底漆涂装完毕。

（4）目测涂装表面质量应均匀、细致、无明显色差、无流挂、失光、起皱、针孔、气孔、返锈、裂纹、脱落、脏物黏附和漏涂等。

（5）成品摆放或吊装时应注意保护，不得随意叠放，避免划伤油漆。不得漏涂，成品入库前进行检查。涂装时每道漆的干燥时间应为 24 小时以上。

（6）出厂检查。构件完成后，由专职质检员进行出厂前全面检查，合格后，粘贴构件出厂合格证，合格证上注明构件标号、生产日期和质检员签字。

8.2.6 过程控制

选用的焊材要具有制造厂的质量证明书，严格按照标准要求（或技术要求）进行检验或复验，保证采用合格优质的焊材。

8.2.7 投料

材料入库后进行复验，合格后画"△"标记，表明是本工程专用材料。按工艺要求对板材进行预处理。

8.2.8 下料

号料后检查长度、宽度和对角线尺寸是否正确，确认无误后，方可进行切割，切割完成检查坡口角度，切割面表面质量及粗糙度，而后再测量长度、宽度及对角线尺寸等；画孔线先画检查线，然后检查孔间距，钻完后测量孔间距及孔径尺寸，保证形状尺寸及位置尺寸在设计允许偏差范围内（表 8-3）。

表 8-3 气割的允许偏差

项目	允许偏差
零件宽度、长度（mm）	±3.0
切割面平面度（mm）	$0.05\,t$ 且不大于 2.0
割纹深度（mm）	0.2
局部缺口深度（mm）	1.0

8.2.9 矫正与成型

矫正后的钢材表面，不应有明显损伤，划痕深度不大于 0.5 mm；钢材矫正后允许偏差，应符合表8-4的规定。

表8-4　钢材矫正后的允许偏差

项目	允许偏差
钢板的 $T \leqslant 14$（mm）	2.0
局部平面度 $T > 14$（mm）	1.5
型钢弯曲矢高（mm）	1/1 000，5.0
"工"字钢、H型钢翼缘对腹板的垂直度（mm）	B/100，2.0

8.2.10　组立

组装前检查焊缝缝隙周围铁锈、污垢清理情况，组装后应检查组装形状尺寸，允许偏差应符合表8-5的规定，检查合格后方可施焊。

表8-5　组立的允许偏差

项目	允许偏差
对口错边（△）（mm）	$t/10$ 且不大于3.0
间隙（mm）	±1.0
高度（$h < 500$，$500 \leqslant h \leqslant 1\ 000$，$h > 1\ 000$）（mm）	±2.0
垂直度（△）（mm）	B/100 且不大于2.0
中心偏移（e）（mm）	1/1 000，2.0
箱形截面高度（h）（mm）	±3.0
宽度（e）（mm）	±3.0
垂直度（△）（mm）	B/200 且不大于3.0

组立机上组立H型钢，组立前，板边毛刺、割渣必须清理干净，火焰坡口的还必须打磨坡口表面如图8-6所示。

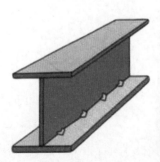

图8-6　组立机

点焊时，必须保证间隙小于 1 mm，间隙大于 1 mm 时必须用手工焊补。腹板厚 t 小于 12 mm 时，用 ϕ3.2 mm 焊条点固，腹板厚 $t \geqslant$ 12 mm 时，用 ϕ4 mm 焊条点固。焊点应牢固，一般点焊缝长 20~30 mm，间隔 200~300 mm，焊点不宜太高，以利于埋弧焊接。清除所有点固焊渣。

8.2.11 焊接

1）焊接程序

焊接前首先确认材料及焊材是否进行了工艺评定，并应有工艺评定报告及焊接工艺；焊工是否持有相应焊工资格合格证，持证者是否在有效期内操作。

焊材应清除油污、铁锈后方可施焊，对有烘干要求的焊材，必须按说明书要求进行烘干。经烘干的焊材放入保温箱内，随用随取。

角接头焊缝两端设引弧板和引出板，确认其材质与坡口形式是否与焊件相同，焊后应切割掉引弧板，并修整磨平。

焊接时应严格遵守焊接工艺。焊缝外观质量应符合表 8-6 的规定。

表 8-6 焊缝质量等级及缺陷分级

焊缝质量等级		一级	二级	三级
内部缺陷超声波探伤	评定等级	I	II	—
	检验等级	B 级	B 级	—
	探伤比例	100%	20%	—
外观尺寸	未焊满（指不足设计要求）	不允许	≤0.2+0.02t 且 小于等于 1.0 mm	≤0.2+0.04t 且 小于等于 2.0 mm
			每 100.0 mm 焊缝内缺陷总长小于等于 25.0 mm	
	根部收缩	不允许	≤0.2+0.02t 且小于等于 1.0 mm 长度不限	≤0.2+0.04t 且小于等于 2.0 mm
	咬边	不允许	≤0.05t 且小于等于 0.5 mm；连续长度小于等于 100.0 mm，且焊缝两侧咬边总长小于等于 10%焊缝全长	≤0.1t 且小于等于 1.0 mm，长度不限
	裂纹	不允许		
	弧坑裂纹	不允许	允许存在个别长小于等于 5.0 mm 的弧坑裂纹	
	电弧擦伤	不允许	允许存在个别电弧擦伤	
	飞溅	清除干净		

续表

焊缝质量等级		一级	二级	三级
外观缺陷	接头不良	不允许	缺口深度小于等于0.05t 且小于等于0.5 mm 每米焊缝不得超过1 m	缺口小于等于0.1t 且小于等于1.0 mm
	焊瘤		不允许	
	表面夹渣	不允许	深≤0.2t,长≤0.5t,且小于等于2.0 mm	
	表面气孔	不允许	每50.0 mm长度焊缝内允许直径小于等于0.4t,且小于等于是3.0 mm 气孔2个,孔距大于等于6倍孔径	
	角焊缝厚度宽 (按设计焊缝厚度计)		允许存在个别长小于等于5.0 mm 的弧坑裂纹	
	角焊缝脚不对称		差值≤2+0.2h	

注：超声波探伤用于全熔透焊缝，其探伤比例按每条焊缝长度的百分数计，且不小于200 mm；除注明角焊缝缺陷外，其余均为对接、角接焊缝通用；咬边如经磨削修整并平滑过渡，则只按焊缝最小允许厚度评定。

2）无损检测

焊接照图样、工艺及要求进行无损检测，无损检测方法按《钢焊缝手工超声波探伤方法和探伤结果分级》（GB 11345—89）执行。

局部探伤的焊缝存在超标缺陷时，应在探伤外延伸部位增加探伤长度，增加的长度不应小于该焊缝长度的10%，且不应小于200 mm；当仍有不允许缺陷时，应对该焊缝百分之百探伤检查。

8.2.12 最终尺寸检查

按照图样检验工艺及相关标准要求，对钢构件进行总体尺寸检查，并填写检验记录单。附钢构件外形尺寸允许偏差。

表8-7 钢柱外形尺寸的允许偏差

项目	允许偏差
柱底面到柱端与桁架连接的最上一个安装孔距离（l）（mm）	±1/1 500 ±15.0
柱底面到牛腿支承面距离（l_1）（mm）	±1/2 000 ±8.0
受力支托表面到第一个安装孔距离（a）（mm）	±1.0
牛腿面的翘曲（△）（mm）	2.0

续表

项目		允许偏差
柱身弯曲矢高（mm）		$H/1\ 000$
		12.0
柱身扭曲	牛腿处（mm）	3.0
	其他处（mm）	8.0
柱截面几何尺寸	连接处（mm）	±3.0
	其他处（mm）	±4.0
翼缘板对腹板的垂直度	连接处（mm）	1.5
		$B/100$
	其他处（mm）	5.0
柱脚底板平面度（mm）		5.0
柱脚螺栓孔中心对柱轴线的距离（mm）		3.0

表 8-8　焊接实腹钢梁外形尺寸的允许偏差

项目		允许偏差
梁长度（l）（mm）	端部有凸缘支座板	0
		−5.0
	其他形式	$±L/2\ 500$
		±10.0
端部高度（H）（mm）	$H≤2\ 000$	±2.0
	$H>2\ 000$	±3.0
两端最外侧安装孔距离（mm）		±3.0
拱度（mm）	设计要求起拱	$±L/5\ 000$
	设计未要求起拱	10.0
		−5.0
侧弯矢高（mm）		$L/2\ 000$
		10.0
扭曲（mm）		$H/250$
		10.0
腹板局部平面度（mm）		$t≤14$，5.0
		$t>14$，4.0
翼缘板对腹板的垂直度（mm）		$B/100$
		3.0
吊车梁上翼缘板与轨道接触面平面度		1.0
箱形截面对角线差		5.0
两腹板至翼缘板中心线 距离（a）（mm）	连接处	1.0
	其他处	1.5

8.2.13 涂装

1）涂料的采购与质量控制

（1）对于工程的涂装材料，应选用符合设计和工作图样规定的，经过工程实践证明其综合性能优良，与国际接轨的一流产品。

（2）使用涂料的质量，要符合国家相应涂料标准，不合格或过期不使用。

（3）涂料要配套使用，底、面漆选用同一家产品。

（4）采用金属涂装的涂料成分应符合国家有关规定。

（5）采用任何一种涂料都具备下列资料并报监理工程师审查：应提供产品说明书、批号、生产日期、防伪标志、合格证及检验资料。

2）表面预处理及防腐蚀

（1）预处理前，对构件表面进行整修，并将金属表面铁锈、氧化皮、焊渣、灰尘、水分等清除干净。

（2）表面预处理采用抛丸除锈，使用表面清洁干净的磨料。

（3）构件表面除锈等级以符合《涂装前钢材表面锈蚀等级和除锈等级》（GB 8923—88）中规定的 Sa2 级。

3）表面涂装

（1）除锈后，钢材表面尽快涂装底漆。如在潮湿天气时在 4 小时内涂装完毕；在较好的天气条件下，最长也不超过 4.5 小时即开始涂装。

（2）使用涂装的涂料要遵守图纸规定、涂装层数、每层厚度、逐层涂装间隔时间、涂料配制方法和涂装注意事项，严格按设计文件或涂料生产厂家的说明书规定执行。

（3）最后一遍面漆视工程情况安装结束后进行。

（4）在下述现场和环境下不进行涂装：①空气相对湿度超过 85%；②施工现场环境温度低于 0℃；③钢材表面温度未高于大气露点 3℃以上。

8.3 钢结构运输控制要点

在满足安全、经济、便于安装的前提下，公司在制造过程中对本工程所有设备构件进行合理划分，按规定进行包装、标示标识，满足运输的需要，确保设备各部件安全运至甲方要求的交货地点。

8.3.1 运输前的准备工作

场外运输要先进行路线勘测，合理选择运输路线，并针对沿途具体运输障碍制定措施。对承运单位的技术力量和车辆、机具进行审验，并报请交通主管部门批准，必要时要组织模拟运输。在吊装作业前，应由技术人员进行吊装和卸货的技术交底。其中指挥人员、司索人员（起重工）和起重机械操作人员必须经过专业学习并接受安全技术培训，取得"特种作业人员安全操作证"。所使用的起重机械和起重机具都应完好。

8.3.2 运输的安全管理

（1）为确保行车安全，在超限运输过程中对超限运输车辆、构件设置警示标志，进行运输前的安全技术交底。在遇有高空架线等运输障碍时须派专人排除。在运输中，每行驶一段路程（50 km 左右）要停车检查货物的稳定和紧固情况，如发现移位、捆扎和防滑垫块松动时，要及时处理。

（2）在运输构件时，根据构件规格、重量选用运输工具，确保货物的运输安全。

（3）封车加固的铁丝、钢丝绳必须保证完好，严禁用已损坏的铁丝、钢丝绳捆扎。

（4）构件装车加固时，用铁丝或钢丝绳拉牢紧固，形式应为"八"字形，倒"八"字形，交叉捆绑或下压式捆绑。

（5）对于超重、超大货物，公司将派人负责押运，保证货物的运输安全；并且须随时向物流代理商通报运行动态。

8.3.3 防止变形措施

构件装车运输必须采用牢固托架支撑各受力点，并用木垫垫好。钢结构件装车时下面应垫好编结草绳，重叠码放时应在各受力点铺垫草垫。

8.3.4 成品保护

（1）为防止漆膜损坏，必须采用软质吊具，以免损坏构件表面涂装层。

（2）构件机加工表面、落空应涂防锈剂，采取保护措施。

8.4　钢结构安装控制要点

8.4.1　钢柱安装工艺

1）单层标高的调整

单层标高的调整必须建立在对应钢柱的预检工作上，根据钢柱的长度、牛腿和柱脚距离来决定基础标高的调整数值。

2）吊装准备

根据钢构件的重量及吊点情况，准备足够的不同长度、不同规格的钢丝绳以及卡环。在柱身上绑好爬梯并焊接好安全环，以便于下道工序的操作人员上下，柱梁的对接以及设置安全防护措施等。

3）吊点设置

钢柱吊点的设置需考虑吊装简便、稳定可靠，还要避免钢构件的变形。钢柱吊点设置在钢柱的顶部，直接用临时连接板（至少4块）。为了保证吊装平衡，在吊钩下挂设4根足够强度的单绳吊运，同时为防止钢柱起吊时在地面拖拉造成地面和钢柱损伤，钢柱下方应垫好枕木，钢柱起吊前绑好爬梯。

4）钢柱吊装

本工程钢柱吊装采用汽车吊和塔吊吊装，各区域装配及配合完成任务，如图8-7所示。

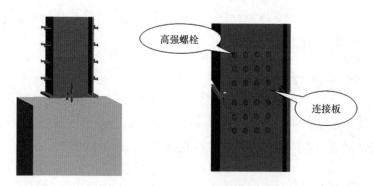

图8-7　柱底安装及柱连接节点

（1）钢柱吊装前，应对基础的地脚螺栓用锥形防护套保护，防止螺纹损伤。

（2）保护钢柱的表面涂层，在吊装时使用带橡胶套管的钢丝绳绑扎。

（3）为了防止柱子根部在起吊过程中变形，钢柱吊装是把柱子根部用垫木填高，用一台起重机吊装。在起吊过程中，起重机边起钩，边回转起重臂，直至把柱子吊直为止。

（4）为了保证吊装时索具安全，吊装钢柱时，应设置吊耳，吊耳应基本通过柱子重心的铅垂线。

（5）钢柱吊装前应设置登高挂梯和柱顶操作台夹箍。

（6）由于场地情况特殊，采取钢柱运到立刻吊装到位，不在场地上长时间放置。

5）钢柱校正

（1）钢柱在吊装前，先在柱底用墨线画好腹板中心线和翼缘板中心线，在距柱底板 1.5 m 的位置画好基准点。

（2）钢柱用塔吊吊起，吊到位并对准地脚螺栓后，使钢柱缓缓落下，地脚螺栓穿入柱脚螺栓孔内，钢柱落到位后，保证柱的两条中心线与基础的相应位置线相对应。

（3）钢柱采用单机吊装，以回转法起吊，安装后用两台经纬仪测量柱的基准点和钢柱的垂直度，钢柱矫正后，分初拧和终拧两次对角拧紧柱脚螺栓，并用缆风绳做临时固定，安装固定螺栓后，再拆除吊索。吊到位置后，利用起重机起重臂回转进行初校，一般钢柱垂直度控制在 20 mm 之内，拧紧柱底地脚螺栓，起重机方可松钩。

（4）对钢柱底部的位移校正可采用螺旋千斤顶加链索、套环和托座，按水平方向顶校钢柱，校正后的位移精度为 5 mm 之内。

（5）采用螺旋千斤顶对柱子垂直度校正时，在校正过程中须不断观察柱底和砂浆标高控制块之间是否有间隙，以防校正过程顶升过度造成水平标高产生误差。一待垂直度校正完毕，再度紧固地脚螺栓，并塞紧柱子底部四周的承重校正块，并用电焊点焊固定。为防止钢柱在垂直度校正过程中产生轴线位移，应在位移校正后在柱子底脚四周 4~6 块 10 mm 厚钢板做定位靠模，并用电焊与基础面埋件焊接固定，防止移动。

（6）柱子间距偏差较大时，用倒链进行矫正。

（7）在吊装竖向构件或屋架时，还须对钢柱进行复核，此时，一般采用链条葫芦拉钢丝绳缆索进行校正，待竖向构件（特别是柱间支撑）或屋架安装完后，方可松开缆索（图 8-8）。

（8）柱子垂直度校正要做到"四校、五测、三记录"，以保证柱子在组成排架或框架后的安装质量。

6）钢柱安装注意事项

（1）钢柱吊装应及时形成稳定的框架体系。

（2）每根钢柱安装后应及时进行初步校正，以利于钢梁安装和后续校正。

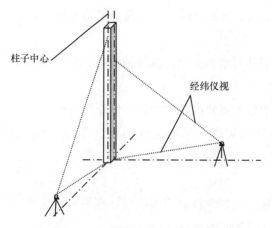

图 8-8　钢柱垂直矫正测量示意

（3）校正时应对轴线、垂直度、标高、焊缝间隙等因素进行综合考虑、全面兼顾，每个分项的偏差值都要达到设计及规范要求。

（4）钢柱安装前必须焊好安全环及绑牢爬梯并清理污物。

（5）利用钢柱的临时连接耳板作为吊点，吊点必须对称，确保钢柱吊装时为垂直状态。

（6）每节柱的定位轴线应直接从地面控制基准线引上，不得从下层柱的轴线引上。

（7）结构的楼层标高可按相对标高进行，安装第一节柱时从基准点引出控制标高到混凝土基础或钢柱上，以后每次使用此标高，确保结构标高符合设计及规范要求。

（8）在形成空间刚度单元后，应及时催促土建单位对柱底板和基础顶面之间的空隙进行混凝土二次浇灌。

（9）上下部钢柱之间的连接耳板待校正完毕并全部焊接完成后全部割掉，并打磨光滑涂上防锈漆。割除时不要伤害母材。

（10）起吊前，钢构件应横放在垫木上。起吊时，不得使构件在地面上有拖拉现象，回转时需有一定的高度。起钩、旋转和移动 3 个动作交替缓慢进行，就位时缓慢下落，防止擦坏螺栓丝口。

8.4.2　钢梁安装工艺

1）钢梁吊装

本工程钢梁吊装采用塔吊和汽车吊吊装，在梁拼装完成，高强度螺栓初拧后起吊，吊点位置如图 8-9 所示。

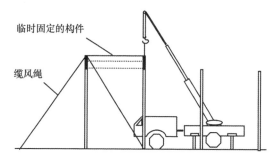

图 8-9　钢梁临时固定示意

（1）钢梁吊装时，须对柱子横向进行复测和复校。

（2）钢梁吊装时应验算梁平面外刚度，如刚度不足时，采取增加吊点的位置或采用加铁扁担的施工方法。

（3）钢梁的地面预拼装（事先对其尺寸外观检查）：在吊装前将钢梁分段进行拼装，并对拼装的钢梁进行测量，确保其尺寸符合规范要求后，方可进行吊装（图8-10）。

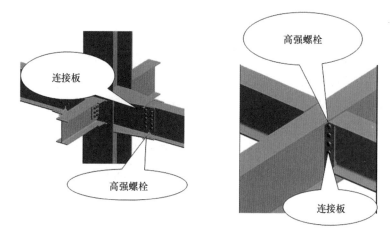

图 8-10　柱梁连接节点及主次梁连接节点

（4）钢梁的吊点选择，除应保证钢梁的平面刚度，还要注意：①屋面的重心位于内吊点的连线之下，否则应采取钢梁倾倒的措施（即在钢梁屋脊处多增加一个保险吊点和吊索）。②对外吊点的选择应使屋架下弦处于受拉状态。③钢梁吊装就位后，安装工人在安全操作台上安装柱与梁连接螺栓及完成中段梁的空中拼装，拼装后用缆风绳临时固定。用上述同样的方式安装第二榀钢梁，在每榀钢梁安装到位后，用高强螺栓将其固定，并将每榀钢梁对应的次梁吊装摆放到位，并进行次梁安装。

2）钢梁的校正

钢梁吊装到位后，根据钢柱处预留连接板对钢梁进行垂直度校正，钢梁采用临时固定支撑来进行校正。临时固定支撑主要放置在屋脊和檐沟处。钢梁校正完毕，拧紧钢梁两端的高强螺栓，先进行初拧，再终拧。

8.4.3 构件的除锈、防腐及防火

（1）钢铁表面应按国家标准《涂装前钢材表面锈蚀等级和除锈等级》（GB 8923—88）执行，被涂表面在施工前必须彻底清理，做到被涂表面无锈蚀、无油污、无水渍、无灰尘等。钢结构表面除锈采用喷砂（喷丸）除锈，不得手工除锈，除锈处理等级达到 Sa2.5 级；除锈后 12 小时内涂装底漆，以免发生二次生锈。现场补漆除锈可采用电动工具彻底除锈，除锈等级达到 St3 级，对除锈后的钢材表面检查合格后方可进行涂装。

（2）现场补漆：对已做过防锈底漆，但有损坏、返锈剥落等部位及未做过防锈底漆的零配件，应做补漆处理，以红丹防腐漆作为修补防锈底漆。当混凝土直接作用于钢梁上时，或采用组合楼板时钢梁顶部及高强螺栓连接部位不应涂刷油漆。

（3）钢构件出厂前不需要涂漆部位，应用显著标记画出，并有以下几种：①型钢混凝土中的钢构件；②高强度螺栓节点摩擦面；③地脚螺栓和底板；④工地焊接部位；⑤钢结构与混凝土的接触面。

（4）构件安装后需补涂漆部位：①接合部的外露部位和紧固件，如高强度螺栓未涂漆部分；②经碰撞脱落的工厂油漆部分；③工地现场焊接区。

（5）涂漆后的漆膜外观应均匀、平整、丰满而有光泽，不允许有咬底、裂纹、剥落、针孔等缺陷。涂层厚度用磁性测厚仪测定，总厚度应达到有关设计要求。

（6）钢结构防火及防腐蚀要求。所选用的钢结构防火涂料与防锈油漆（涂料）防腐底漆采用红丹防锈底漆两道，无防火保护部位干膜漆膜厚度室外为 125 μm，室内不小于 100 μm。防火涂料及保护层厚度应符合国家标准《钢结构防火涂料通过技术条件》（GB 14907）和《钢结构防火涂料应用技术规范》（CESC 24）的要求及《建筑钢结构防火技术规程范》（CECS 200：2006）的规定。防火保护范围：钢柱、钢梁、钢支撑、钢楼梯。本工程耐火等级为：一级钢柱及钢梁的耐火极限达到 3 小时。埋入混凝土内的钢构件不涂防火涂料。钢柱、钢梁、防火喷涂采用薄涂型防火涂料，耐火极限达到设计要求，钢楼梯及组合板采用超薄型防火涂料。防火涂料及保护层厚度应符合国家标准《钢结构防火涂料通用技术条件》和《钢结构防火涂料应用技术规范》的要求，如图 8-11 所示。

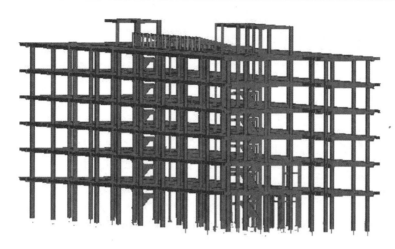

图 8-11　钢结构框架图

8.5　专项工程质量控制要点

8.5.1　钢筋工程质量控制要点

（1）墙体水平钢筋间距控制：墙体水平钢筋间距采用竖向梯子筋控制。绑墙水平筋时，根据竖向梯子筋分档间距安放水平筋。

（2）墙体竖向钢筋间距控制：墙体竖向钢筋间距采用水平梯子筋控制。根据水平梯子筋分档间距安放水平筋。

（3）柱主筋间距控制：柱主筋间距采用定距框控制。定距框在柱混凝土浇筑前放置，高出柱顶 30~50 cm，与柱的竖向钢筋绑扎牢固，混凝土浇筑完毕，将定距框取出，周转使用。

（4）梁筋控制：梁筋主要是负筋二排筋易坠落和梁侧保护层厚度不均。梁上、下部主筋为两排或三排时，在排与排之间沿梁长方向设置 $\phi25@1\,000$ 的短钢筋，将各排钢筋分开。

（5）板筋控制：板筋主要是负筋下坠的问题，除用马凳筋外，板筋绑扎的过程中，设置供行走用的跳板马道，随混凝土浇筑进度拆除。

（6）配合机电留洞，杜绝随意切割钢筋：技术人员绘制出结构预留、预埋留洞图，细化配筋，杜绝在钢筋工程中随意切割的现象，确保水电预留预埋的位置准确和结构安全性。

8.5.2 模板工程质量控制要点

模板工程质量控制详见表8-9。

表8-9 模板工程质量控制要点

序号	质量通病	控制措施
1	漏浆	在模板板面接缝处和梁侧模及底模交接处，采用贴海绵条的措施解决漏浆问题
2	胀模偏位	模板设计强度控制，背楞加密。模板支设前放好定位线、控制轴线，墙模安装就位前采取定位措施，如采用梯子筋控制模板支设位置
3	垂直偏差	支模时要反复用线坠吊靠，支模完毕经校正后如遇较大的冲撞，应重新校正，变形严重的模板不得继续使用
4	平整偏差	加强模板的维修，每次浇筑混凝土前将模板检修一次。板面有缺陷时，应随时进行修理，不得用大锤或振捣器猛振模板，也不得用撬棍击打模板
5	阴角不垂直不方正	修理好大模板、阴角角模。支撑时要控制其垂直偏差，并且角模内用顶固件加固

8.5.3 混凝土工程质量控制要点

混凝土工程质量控制详见表8-10。

表8-10 混凝土工程控制措施

序号	项目	内容
1	优化配合比	(1) 混凝土使用的各种原材料、掺合料、外加剂均应具有产品合格证书和性能检验报告； (2) 严格要求粗、细骨料，控制好其级配、含泥量、针片状含量等指标； (3) 在拌合物中掺加外加剂和掺合料，以减少水泥用量，改善混凝土性能； (4) 分析混凝土性能要求，考虑各种施工环境，施工工况在实验室进行试配，检测混凝土性能，最终得出混凝土最优施工配合比
2	改善混凝土泵送工艺	(1) 混凝土泵送前，泵管内应先用水泥浆润滑泵管； (2) 泵送开始时速度要先慢后快、逐步加速；同时观察混凝土泵的压力和各系统的工作情况，待各系统运转顺利后，再按正常速度进行泵送； (3) 混凝土泵送过程中，采用两台混凝土搅拌运输车同时就位，保持送料的连续性
3	加强振捣	(1) 混凝土振捣密实，在浇筑混凝土时，选用合理的振捣器具，采用正确的振捣方法，掌握好振捣时间，控制好混凝土分层厚度，同时做好二次振捣，提高混凝土的密实度
4	加强养护	(1) 必须做好混凝土的养护工作，成立专门的养护班组，养护期间24小时不间断； (2) 水平梁板覆地膜浇水养护，浇水次数根据能保证混凝土处于湿润的状态来决定

8.5.4 钢结构工程质量控制要点

（1）对深化图纸质量加强控制，对深化图纸进行严格工艺审查。

（2）技术管理部对本工程构件及其零部件加工等工艺文件进行交底、指导。

（3）质量管理部进行质量计划的交底，对制作较难的特殊构件提出针对性的质量检查方法。

（4）原材料采购必须满足用户和规范要求，除业主规定的原材料外，其余都必须从合格供货方处采购，对到厂的材料均应严格按程序审核质保资料、外观、检验、化验、力学性能试验，并且抽样比例必须满足规范和设计要求。

（5）严格按施工合同、施工规范和设计要求进行材料复验，必要的焊接试验。焊接工艺评定覆盖所有焊接接头形式，当不能覆盖时要补做工艺评定。

（6）严格按规范要求进行高强螺栓摩擦面抗滑移系数试验、焊接性能检测试验和节点抗拉强度试验。

（7）厂内制作应严格管理，质量应达到内控标准要求，业主指定的特殊精度要求应充分满足，所有生产装备应全面检验和测试，有关机床和夹具、模具的加工精度须评定其工艺能力，确保工艺能力满足精度要求。

（8）以现行 ISO 9001 质量保证体系为基础，对每道工序的生产人员制定质量责任制，对违反作业程序、工艺文件的进行经济处罚，对造成批量报废的，将由生产管理部追查责任，并对直接和间接责任人进行经济处罚。

（9）严格按规定要求进行检验，每道工序生产过程都需有车间检查员首检，质检巡检和完工检，生产人员必须全过程全检，加工完毕后由专职检验员专检，确保加工的零部件和构件主控项目、一般项目等符合规范要求。

（10）每道工序制作完毕后必须进行自检，自检合格才能进入下道工序，并实行交接检验。

（11）检验人员应严格把关，工艺人员在加工初期勤指导，多督促。

（12）对编号、标志、包装、堆放进行规划，做到编号正确、包装完好、堆放合理、标志明显。

8.5.5 ALC 墙板工程质量控制要点

（1）测量放出主轴线，砌筑施工人员弹好墙线、边线及门窗洞口的位置；

（2）认真学习和图纸会审、排版图、节点图，并做好逐级的技术交底工作。

（3）坚持专项检查，贯彻班组自查互检交班制度。

（4）在吊装和安装过程中，应采取适当的运输和施工机具，避免板材损坏。

（5）安装墙板时为了确保板材上下两端与主体结构的可靠质量，应严格按照排版图和节点图施工。

8.5.6 装饰工程质量控制要点

（1）在施工中坚持以样板引路，强化施工前期的技术质量交底，外墙、室内平顶、墙面、木制品、地板等均先做样板层、样板间、样板段。

（2）严禁低劣的装饰材料进入施工现场。

（3）主动与业主、设计人员及监理单位密切配合，提供先进合理的装饰施工工艺，为充分体现各类饰面材料的特色和功能做事先的策划工作。

（4）合理安排各道工序的施工搭接，以确保各部位的施工一次成型、一次成优，切实做好产品的保护措施。

8.5.7 机电安装工程质量控制要点

本工程配套专业多，各种工序交叉复杂，易出现漏埋、错埋、错位、尺寸偏差和破坏成品等通病，要采取质量控制措施，如表 8-11 所示。

表 8-11 机电安装质量控制措施

序号	项目	内容
1	前期准备	（1）开工前将土建结构图与设备安装、建筑装饰等图纸进行对照审核，确定各类预埋件、预留孔洞的位置、大小； （2）出图确认预留预埋孔并编制预留预埋方案
2	材料准备	（1）根据图纸复核材料材质、数量； （2）准备材料厂家资质，并将资料报审业主、监理单位审批； （3）样品送样封存，不能送样材料进行材料厂家的现场考察； （4）材料送至现场后进行现场验收，不合格材料及时退场，将合格材料进行分类保存。根据施工总进度计划并结合现场施工条件，及时进行各分项工程施工
3	工序交接	（1）各种工程完成后，严格按照规范及图纸设计要求进行自检，自检合格后请监理单位进行验收； （2）验收合格后，按工序交接程序签字确认后交付下一道工序施工
4	成品保护	（1）安装完成后，对已安装完成部分进行保护，如覆膜、盖板等； （2）对于需要隐蔽的部位在隐蔽过程中派专人进行看护，如发现问题及时进行整改。不需隐蔽的部位安装完成后挂牌标示，禁止使完成部位受力变形； （3）对现场施工工人加强教育，并派专人进行巡查

第五篇　净零能耗建筑装配式关键施工技术

第9章　山东建筑大学教学实验综合楼装配式关键施工技术

9.1　预制楼梯施工技术

9.1.1　安装工艺流程

预制楼梯安装工艺流程如图 9-1 所示。

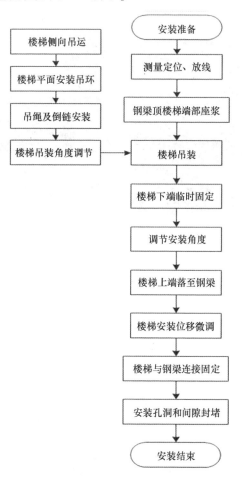

图 9-1　预制楼梯安装工艺流程

9.1.2 操作要点

1. 预制楼梯吊装

1）测量放线及坐浆

将轴线引至楼梯间周边梁板部位并放出预制楼梯端部投影线，测量并弹出相应预制楼梯端部和侧边的控制线。预制楼梯吊装前根据水平控制线进行支垫小块钢板，并在支撑钢梁上预制楼梯安装部位采用水泥砂浆进行找平坐浆，砂浆强度等级不小于 M15，支垫钢板抄平标高后方可进行吊装；坐浆完成后根据楼层建筑 1 米线进行楼梯端部安装标高复核。

2）预制楼梯侧向吊运

预制楼梯吊装之前，需将预制楼梯吊运至操作场地进行吊绳及倒链安装；吊运前先在操作场地铺设垫木，再将吊绳上的卸扣与预制楼梯侧向吊钩连接固定，采用两点绑扎法吊运预制楼梯至操作场地，预制楼梯另一侧先落至垫木上，然后，以此为支点，缓缓下放吊钩并将预制楼梯平放在垫木上，如图 9-2 和图 9-3 所示。

图 9-2　预制楼梯支撑钢梁坐浆　　　　图 9-3　侧向吊运预制楼梯

3）吊环及倒链安装

预制楼梯平面上预留了 4 个螺栓孔，依次将螺栓式吊环拧入螺栓孔并紧固，如图 9-4 所示，预制楼梯水平面四个吊点由此布设完毕。预制楼梯上端踏步两个吊环分别采用钢丝吊绳固定，下端 2 个吊环则分别采用倒链连接，如图 9-5 所示。将 2 根吊绳和 2 条倒链的另一端都吊挂在塔吊吊钩上，起钩并准备吊装。

4）预制楼梯安装姿态调整

（1）吊装角度调节。因楼梯最终安装角度为 30°，而楼梯井道净长接近楼梯长度，安装操作空间极为狭窄；楼梯若按安装角度状态放置则无法完成吊装，因而楼梯吊装前需调节倒链并将楼梯吊装角度调节至 60° 左右，这样就可以大大减小预制楼梯进入楼梯井宽度，留出适当的安装操作空间，然后通过塔吊将预制楼梯缓慢下落至钢梁上放线位置。

图 9-4　螺栓吊环拧入螺栓孔

图 9-5　吊绳和倒链安装

（2）安装角度调节。当楼梯下端吊至钢梁上方 30~50 cm 后，调整楼梯位置使钢梁翼缘板上螺栓孔洞与楼梯销键预留洞对正，调整楼梯边与边线吻合，然后调节倒链，使得楼梯吊装角度从 60° 调回至最终的安装角度 30°，以便预制楼梯的安装就位，如图 9-6 和图 9-7 所示。

图 9-6　吊装角度调节至 60° 吊装

图 9-7　吊装角度调回至 30° 安装

2. 预制楼梯安装就位

1）楼梯下端与钢梁临时固定

当预制楼梯下端销键预留洞与支撑钢梁翼缘板上螺栓孔洞对正后，采用钢筋插销临时固定，如图 9-8 所示，并调整楼梯边与边线吻合。然后以楼梯下端为固定铰支座，调节倒链，使得楼梯上端销键预留洞与支撑钢梁翼缘板上螺栓孔洞对正，缓慢下放楼梯直至落在钢梁上。

2）预制楼梯安装就位

预制楼梯全部落至钢梁上后，检查其是否与端部和侧边的控制线对齐；若有偏离，则采用撬棍并人工辅助对楼梯进行位移微调，如图 9-9 所示，楼梯上下端销键预留洞与钢梁翼缘板上螺栓孔洞位置完全对正后拔出钢筋插销。

图 9-8　预制楼梯下端临时固定　　　　图 9-9　预制楼梯安装位移微调

3）预制楼梯与钢梁连接固定

预制楼梯整体固定方式由滑动铰端（下端）和固定铰端（上端）组合而成，两者施工工艺有所不同。

（1）预制楼梯销键预留洞固定。预制楼梯就位前，采用带头螺栓朝上插入钢梁上的螺栓孔洞，并采用螺帽拧紧，螺帽外周圈与钢梁围焊，螺帽由此支顶起预制楼梯。当预制楼梯与钢梁对正后，预制楼梯上端固定铰端的 2 个销键预留洞灌注高标号的 CGM 灌浆料，上口采用砂浆封堵，砂浆应与楼梯踏步面抹平，并平整、密实。预制楼梯下端滑动铰端的两个销键预留孔洞距踏步面一定深度放置厚钢垫片，并用螺帽拧紧，螺帽内周圈钢垫片围焊，钢垫片以下为空腔，钢垫片以上用砂浆封堵，砂浆应与楼梯踏步面抹平，并平整、密实（图 9-10 和图 9-11）。

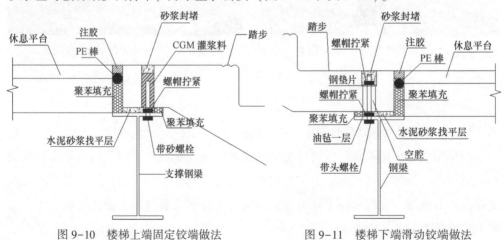

图 9-10　楼梯上端固定铰端做法　　　　图 9-11　楼梯下端滑动铰端做法

（2）预制楼梯安装间隙封堵。预制楼梯与钢梁的水平间隙除坐浆密实外，多余的空隙采用聚苯填充；预制楼梯与钢梁、休息平台的竖向间隙从下至上依次为聚苯填充、塞入 PE 棒和注胶，注胶面与踏步面、休息平台齐平。

9.2 钢筋混凝土叠合板施工技术

9.2.1 安装工艺流程

钢筋混凝土叠合板安装工艺流程如图 9-12 所示。

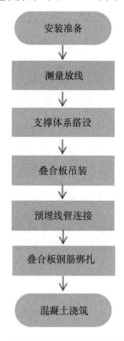

图 9-12 钢筋混凝土叠合板安装工艺流程

9.2.2 操作要点

1）安装准备

安装地点周边做好安全防护预案，防护网架安装固定，遮挡良好；现场安装人员进行专门吊装培训，掌握吊装要领；现场安装前将测量仪器进行检定；专用支撑架、小型器具准备齐全；现场起重机械的起重量、旋转半径符合要求，运行平稳。

2）测量放线

（1）测量放线是装配整体式混凝土施工中要求最为精确的一道工序，对确定预制构件安装位置起着重要作用，也是后序工作位置准确的保证。预制构件安装放线遵循先整体后局部的程序。

（2）楼层标高控制点用水准仪从现场水准点引入。

（3）待钢柱安装后，使用水准仪利用楼层标高控制点，在钢柱放出 50 cm 控制线，以此作为预制叠合板和现浇板标高控制线。

（4）在混凝土浇捣前，使用水准仪、标尺放出上层楼板结构标高，在钢柱上相应水平位置缠好白胶带，以白胶带下边线为准。在白胶带下边线位置系上细线，形成控制线，控制住楼板、梁混凝土施工标高。

（5）上层标高控制线，用水准仪和标尺由下层 50 cm 控制线引用至上层。

（6）构件安装测量允许偏差：①平台面的抄平 ±1 mm；②预装过程中抄平工作 ±2 mm。

3）叠合板构件安装

（1）支设预制板下钢支撑。按设计位置支设应用支撑专用三角架安装支撑，每块预制板支撑为 2 个以上。安放其上龙骨，龙骨顶标高为叠合板下标高。

（2）预制叠合板构件安装。操作人员站在楼梯间的缓台板搭设的马凳上，手扶叠合板预制构件摆正位置后用遛绳控制预制板高空位置。受锁具及吊点影响，板的各边不是同时下落，对位时需要三人对正：两个人分别在长边扶正，一个人在短边用撬棍顶住板，将角对准柱角（三点共面）、短边对准钢梁下落。将构件用撬棍校正，各边预制构件均落在钢梁上，预制构件预留钢筋落于支座处后下落，完成预制构件的初步安装就位。预制构件安装初步就位后，应用支撑专用三角架上的微调器及可调节支撑对构件进行三向微调，确保预制构件调整后标高一致、板缝间隙一致。根据钢柱上 500 mm 控制线校核板顶标高；叠合板安装完成后，在进入钢梁处抹水泥砂浆控制叠合板上层现浇混凝土施工时漏浆到下部。

（3）预制叠合板上现浇板内线管铺设。预制叠合板构件安装完毕后，在板上按设计图纸铺设线管，并用铁丝及钢钉将线管固定，线管接头处应用一段长 40cm 套管（内径不小于铺设线管外径）将接头双向插入，并用胶带将其固定。将预制板中预埋线盒对应孔洞打开，然后按图纸把线管插入，上面用砂浆用线盒四周封堵，防止浇捣混凝土时把线盒封死。最后将各种管线连至相应管道井；各种预埋功能管线必须接口封密，符合国家验收标准。

9.3　ALC 墙板安装施工技术

山东建筑大学教学实验综合楼项目为一个装配式的、超低能耗、新型工业化、智能的绿色建筑。项目采用钢框架+ALC内嵌式墙板体系，是国内首次在被动式建筑中采用的一种结构类型。外墙板安装位置位于工字梁外侧2 cm，安装难度大，板内侧设置吊点，通过炮车及槽钢滑轨组合装置或简易支架及卷扬机组合装置吊装。该建筑为被动房，气密性要求高，需严格按照图纸及图集节点做法施工。

9.3.1 安装工艺流程

ALC墙板安装工艺流程图如图9-13所示。

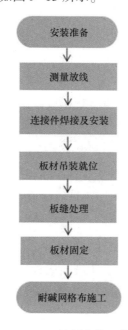

图9-13 ALC墙板安装工艺流程

9.3.2 操作要点

1）安装准备

安装地点周边做好安全防护预案，防护网架安装固定，遮挡良好；现场安装人员进行专门吊装培训，掌握吊装要领；现场安装前将测量仪器进行检定；专用支撑架、小型器具准备齐全；现场起重机械的起重量、旋转半径符合要求，运行平稳。

2）测量放线

定位放线：根据工程平面布置图和现场定位轴线，确定板材墙体安装位置线，弹出墙板上下的边线及控制线；标出楼层的建筑标高，以供安装门窗洞口及其他安装洞口处的墙板时需要。

3）板材安装

将板材用提升机立起后移至安装位置，板材上下端用木楔临时固定，下端留缝隙 20 mm，上端留缝隙 20 mm。下端缝隙用 1∶3 专用水泥砂浆塞填。板材安装时宜从门洞边开始向两侧依次进行。洞口边与墙的阳角处应安装未经切割的完好整齐的板材，有洞口处的隔墙应从洞口处向两边安装；无洞口隔墙应从墙的一端向另一端顺序安装。施工中切割过的板材即拼板宜安装在墙体阴角部位或靠近阴角的整块板材间。板材宽度一般不宜小于 200 mm。

4）垂直度、平整度调整

用 2 m 靠尺检查墙体平整度，用线锤和 2 m 靠尺吊垂直度，用橡皮锤敲打上下端木楔调整板材直至合格为止，校正好后固定配件。

5）板材固定

按照弹好的墙体位置线将外墙板材就位后，每块板板顶及板底分别在距板材两端 80 mm 位置处安装钩头螺栓；上下部分安装钩头螺栓与焊接在钢结构上的角钢连接安装专用连接件；内墙板材就位后，按照弹好的墙体位置线安装"U"形卡，每块板板顶及板底两只卡件分别焊接在钢结构和用射钉枪固定在楼板上。

6）板缝隙处理

外墙板外侧板缝做法。明缝处理：外墙竖板竖缝外侧及外墙横板横缝外侧采用专用黏结剂及专用密封胶进行处理；暗缝处理：外墙板竖缝外侧及外墙横板横缝外侧采用专用黏结剂、专用嵌缝剂，专用密封胶处理；底部缝处理：外墙板底部与基础、楼板交接部位的两侧板缝按照 1∶3 水泥砂浆、PE 棒、专用密封胶、专用嵌缝剂进行处理；易变形部位处理：外墙板与其他墙柱梁交接部位，外墙横板竖缝外侧，墙板转角处竖缝外侧，墙板转角处竖缝外侧，外包式外墙竖板横缝外侧采用专用嵌缝剂、专用密封胶、PE 棒、PU 发泡剂或岩棉（有防火要求时）进行处理。

外墙板内侧板缝及内墙板两侧板缝做法。外墙竖板竖缝内侧、外墙横板横缝内侧、内墙板两侧板缝采用专用黏结剂、耐碱玻纤网格布、专用嵌缝剂进行处理；内墙板顶部及侧边与其他墙柱梁交接部位的两侧板缝采用聚合物水泥砂浆、PE 棒、专用嵌缝剂、耐碱玻纤网格布进行处理；内墙板底部与基础、楼板交接部位的两侧板缝采用 1∶3 水泥砂浆进行处理；内墙板顶部及侧边与主体结构、其他墙柱交接部位的两侧板缝采用专用嵌缝剂、PU 发泡剂或岩棉（有防火要求时）进行处理。

7）洞口加固

门窗板材采用单块或多块板横板安装时，搁置在隔墙上的长度不得小于 100 mm，支座面应施铺黏结剂。横板端部宜与隔墙板侧面相邻隔墙板用斜插钢钎固定。门窗洞口采用 63 mm×6 mm 角钢加固处理，自攻丝间距 300 mm 固定在 ALC 墙板上。

隔墙板转角或 "T" 形连接应用 2 根防锈的 $\phi 8$ mm 销钉加强，分别位于距上下各 1/3 位置处，以斜度 30° 方向打入。销钉锚入两块不同方向板材的总深度不得小于一块板厚再加 150 mm。

（本章由国家重点研发计划资助：建筑围护材料性能提升中关键技术研究与应用 2016YFC0700800）

第六篇 基于净零能耗目标的专项施工技术

第10章　山东建筑大学教学实验综合楼
专项施工技术

10.1　低能耗建筑外围护施工技术

利用能耗模拟软件进行综合分析，以能耗指标为导向进行性能化设计，如图 10-1 所示。

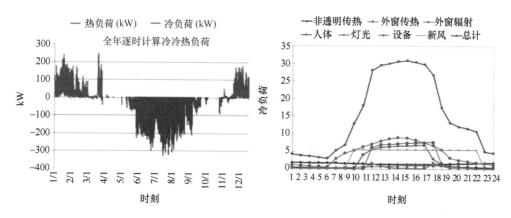

图 10-1　能耗模拟软件综合分析

10.1.1　外围护结构保温体系

外墙保温：采用 200 mm 厚 B1 级聚苯板和 200 mm 厚蒸汽加压混凝土条板，层间设岩棉防火隔离带处理；外墙综合传热系数 0.14 W/（m² · K）；屋面、地面保温：采用 220 mm 厚挤塑聚苯板，综合传热系数 0.14 W/（m² · K）；

1. 外墙保温施工工艺流程

外墙保温施工工艺流程如图 10-2 所示。

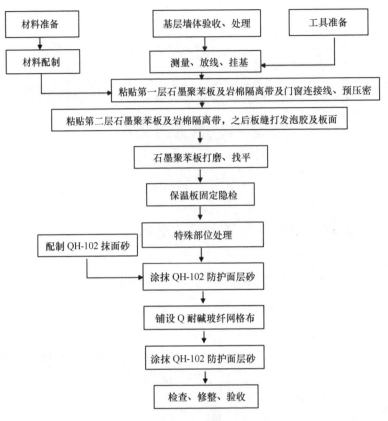

图 10-2　外墙保温施工工艺流程

2. 操作要点

1）基层处理

本项目墙体材料采用 ALC 墙板，墙体外侧 15 mm 厚抹灰层，内嵌满挂 0.2 cm×1.0 cm×1.0 cm 钢丝网。抹灰层强度及干燥度满足要求后进行第一层保温板施工。

2）石墨聚苯板粘贴施工

外墙保温为 200 mm 厚石墨聚苯板，第一层保温板与墙体黏结面积为 40%；第二层黏结面积为 100%。黏结完成后采用 270 mm 长尼龙绝热锚栓进行固定。

施工前，根据外立面设计尺寸进行保温板排版，以达到节约材料、施工速度的目的。阴阳角部位吊垂直线；保温起始、收口部位弹线；保温板粘贴过程中全程挂水平线。粘贴保温板时，板缝应挤紧，相邻板应齐平。按照事先排好的尺寸裁割保温板，从拐角处垂直错缝连接，要求拐角处沿建筑物全高顺直、完整。保温板以长向水平铺贴，保证连续结合，上下两排板须竖向错缝 1/2 板长。每两层保温板之间粘贴时，都应相互错开 1/2 板长，避免两层板出现通缝，形成热桥。如图 10-3 所示。

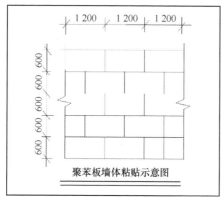
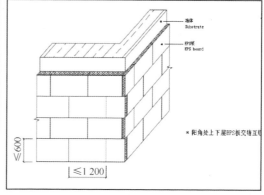

图 10-3　保温板排版示意（mm）

打灰后应及时粘贴，粘贴时应轻揉滑动就位，不得局部用力按压；保温板按上述要求粘贴完成后，用 2 m 靠尺检查，保证其平整度及黏结牢固，板与板间要挤紧，不得有缝，板缝间不得有黏结剂，否则该部位则形成冷桥。每贴完一块，要及时清除板四周挤出的黏结剂。所有洞口的板材均在地面统一裁割，必须做到窗侧保温板形成平面。干燥硬化：黏结剂的干燥硬化过程主要是水化硬化过程，硬化时间与温度和空气相对湿度有关，在 20℃ 及 65% 相对湿度下，粘贴 24 小时后可进行下一道工序，完全硬化需 28 天。

3）石墨聚苯板表面处理

常温下石墨聚苯板粘贴 24 小时后有了足够的强度，检查粘贴后的石墨聚苯板表面是否平整，尤其板缝处，不平处要用打磨板打磨平整。板缝空隙处用聚氨酯发泡材料填补并磨平以消除热桥。表面碎硝要彻底清除。施工温度较低时，黏结砂浆强度提升较慢，应尽量延长处理板缝和板面的时间，最好在 48 小时以后再处理。在门窗沿作保温处理时，与墙面平行的石墨聚苯板应粘贴得超出原门窗沿一定距离，比门窗侧口处石墨聚苯板及其粘胶厚度之和稍大一些，以利于窗口上下弹线并打磨时留有余量。在门窗四角与墙面平行方向粘贴石墨聚苯板时，需注意在开角处不得有板缝，应以整块石墨聚苯板在该处粘贴，粘贴前先在石墨聚苯板上裁切出门窗开角。切割石墨聚苯板时必须保证边角整齐。石墨聚苯板应存放于阴凉干燥处，不得在阳光下曝晒。修整板面及缝隙时，必须在黏结剂有足够强度后进行，严禁贴板时打发泡胶。

4）细部处理

首层及容易受到冲击的部位可通过埋置双层玻璃纤维网格布，或附加一层加强玻璃纤维网格布来提高体系的抗冲击荷载能力。附加的玻璃纤维网格布必须在标准玻璃纤维网格布之前埋设，且只能对接，绝对不得搭接。从有附加玻璃纤维网格布的部位到正常部位的过渡应尽量平缓。在墙体阳、阴角处必须作增强处理，在阴阳角部位附加在挂网之前粘贴护角线条，防护面层施工时，挂网抹 QH-102 防护面层砂浆窗口及门口的角部石墨聚苯板应采用整块切割出洞口，不得用苯板拼接，铺设网格布时 4 个角为了减少其应力做一道加强布，在石墨聚苯板没有抹灰前在洞口 4 个角沿 45°用面层砂浆铺贴 300 mm×400 mm 网格布加强层，厚度 1 mm 左右。飘窗上下部和墙面一样做保温。装饰缝在聚苯板上开槽，网格布沿槽铺贴，不断开。施工中使用锚固件时，每平方米不能少于 6 个。平窗口、飘窗口、线条、滴水等部位做法及尺寸施工时详见节点图。防火隔离带使用岩棉等板材类 A 级燃烧等级材料，高度 450 mm，要求板材抗拉强度大于 80 kPa，吸水率小于 1 kg/m²，具体做法为：①岩棉隔离带使用 QH-111 表面处理剂：水＝1：1 的水泥砂浆进行里外表面处理。②岩棉隔离带满粘，与上下石墨聚苯板的缝隙用发泡胶填充。③使用锚钉辅助固定岩棉隔离带。④岩棉隔离带与聚苯板的接缝处设置加强玻纤网，高度缝隙上下各 100 mm。⑤与外保温墙面同时进行防护面层抹灰。

10.1.2　无热桥施工

建筑的热桥部位分为结构性热桥（墙角、阳台与外墙交界处、屋顶与外墙交界处、楼板与外墙交界处、外墙和内墙交界处、外墙柱基等）、穿墙管、雨水管支架、外遮阳支架、保温钉。

建筑的无热桥主要通过优化设计方案来实现。

（1）避让规则：尽可能不要破坏或穿透外围护结构。

（2）击穿规则：当管线等必须穿透外围护结构时，应在穿透处增大孔洞，保证足够的间隙进行密实无空洞的保温。

（3）连接规则：保温层在建筑部件连接处应连续无间隙。

（4）几何规则：避免几何结构的变化，减少散热面积。

对于结构性热桥，采取的方式均为保温层包覆，使结构性热桥系数不大于 0.01 W/（m·K）。对于穿墙管道、雨水管支架，外遮阳支架等不可避免穿透保温的构造根据无热桥设计要点进行，如图 10-4 所示。

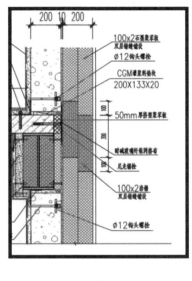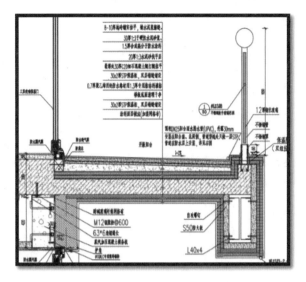

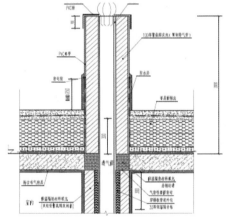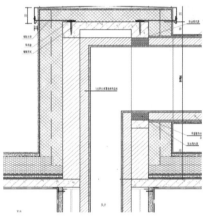

图 10-4　无热桥节点设计

10.2　超低能耗建筑门窗安装施工技术

被动式净零能耗建筑透明外围护结构主要为门、窗及天窗，符合高效建筑要求的高能效门窗应兼具保温隔热和得热两种性能，门窗的安装施工方法和质量非常重要，如果施工质量不够高，很容易造成额外的热损失。门窗安装必须保证气密性，窗墙连接处需采用气密胶带密封，施工人员应事先接受相关培训。在施工过程中，定期安排检测，保证施工质量。

门窗安装材料及设备如下：

（1）主要材料：窗框、门框、窗扇、玻璃、防水隔汽膜（宽度 140 mm）、防水透气膜（宽度 150 mm）。

（2）主要工具：手枪钻、冲击钻、拖线板、硅胶枪、发泡枪等。

（3）放样工具：铅笔、记号笔、经纬仪、线锤、线绳、墨斗、两用水平尺、角尺、钢卷尺等。

（4）安装工具：十字螺丝刀、一字螺丝刀、调整五金的内六角螺丝刀、铁锤（仅限于修正洞口用）、橡皮榔头、铲刀、美工刀、射钉、自攻螺钉，塑料胀管及配套螺钉，膨胀螺栓，多种型号的钻头、木楔、打气筒等。

（5）辅助工具：发泡剂、中性硅胶、抹布，0 号砂纸，清洁剂，发泡枪、清洗剂等。

（6）安全工具：电工笔、安全带、安全帽等。

（7）配合工具：人字梯、高凳、跳板、麻绳等。

10.2.1　内嵌入窗户安装

窗户安装工艺流程如图 10-5 所示。

1）窗户洞口尺寸定位和校核

窗户安装前，需对窗户洞口进行水平和竖直方向校核。竖直方向校核方法为根据轴线引出并定位洞口两侧的位置，再从该位置从屋顶往下挂竖直通线，操作工人沿通线进行洞口两侧抹灰找平，从而保证上下层窗户安装在同一竖直面上；水平方向校核方法为通过建筑一米线定位出洞口的上口和下口的建筑标高，然后以此弹出水平线并抹灰找平，从而保证窗户安装标高的精度。

2）窗户附件安装

由于窗户和洞口之间操作空间狭小，需提前在操作间完成附框、固定锌片安装及防水隔汽膜、预压密封带粘贴，上述完成后再将窗框安装至洞口中。

（1）附框安装。附框是窗户的支垫结构，支立在洞口下边上。附框安装前，先在附框与窗框接触面上粘贴预压密封带，并调整窗框和附框的位置，使得窗框凸出附框 20 mm，再通过螺栓将附框与窗框底部固定，窗框和附框之间的预压密封带缓慢膨胀后能较好地封堵两者之间的缝隙，从而保证了窗框和附框接触面的密闭性。附框安装图如图 10-6 至图 10-8 所示，附框与窗框之间粘贴预压密封带效果图如 10-9 所示。

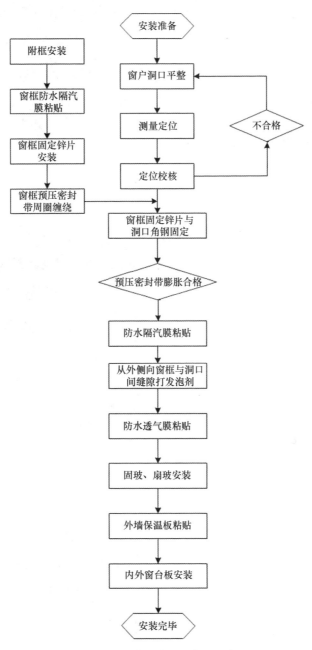

图 10-5　内嵌式窗户安装工艺流程

图 10-6　吊竖直通线

图 10-7　洞口水平抹灰收面

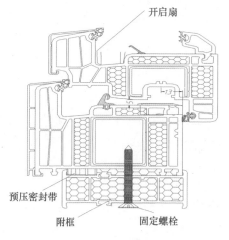

图 10-8　附框安装示意

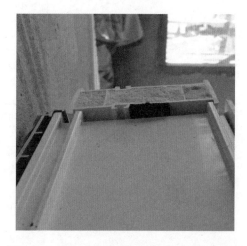

图 10-9　窗框底部与附框之间粘贴预压密封带

（2）窗框防水隔汽膜粘贴。附框安装完成后，开始沿窗框室内侧周圈缠绕并粘贴防水隔汽膜，防水隔汽膜与窗框的粘贴宽度大于 30 mm，窗框用临时粘贴固定，防水隔汽膜粘贴如图 10-10 所示。

3）窗框侧面固定锌片安装

窗框安装时，需采用热镀锌固定片将窗户和洞口连接固定，预先在窗框侧面采用螺栓居中安装一定数量的固定锌片，固定锌片安装间距小于 450 mm，距离窗角

图 10-10　防水隔汽膜粘贴

150 mm；固定锌片安装时，安装螺栓应避开已粘贴的防水隔汽膜，不得刮破和损坏防水隔汽膜，固定锌片安装如图 10-11 所示。

4）窗框侧面预压密封带粘贴

为了保证窗框与洞口之间的空隙能够填塞严实，需采用预压密封带缠绕并粘贴窗户一周，首末搭接长度大于 50 mm，如图 10-12 所示。窗框在洞口中固定后，通过预压密封带缓慢的膨胀，将窗框和洞口间的空隙封堵严实。

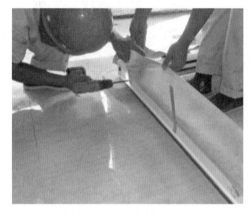

图 10-11　固定锌片安装

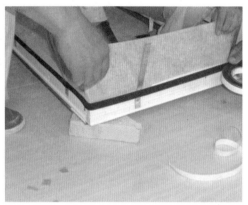

图 10-12　预压密封带粘贴

5）窗户室内侧安装

窗户在洞口中安装固定时，先采用木楔调整好窗户上下左右的安装间距，并调整窗户水平和吊竖直线，满足要求后再将窗户固定锌片与洞口角钢固定，然后进行室内侧防水隔汽膜粘贴。

（1）固定锌片与洞口加固角钢固定。将窗户运至洞口中并接入激光水准仪或者预先弹好的水平和垂直辅助线调整定位，保证窗框处在近乎水平和垂直的状态，采用自攻自钻螺栓将固定锌片的另一端与洞口加固角钢固定，如图 10-13 所示。先固定上面两个角部，再固定下面，最后固定中间部位，必要时采用楔形木楔来调节窗角和窗框之间的相对位置，其间要不停地检查窗框是否仍处于水平、垂直状态，固定完毕后再次检查窗框的位置是否水平垂直。

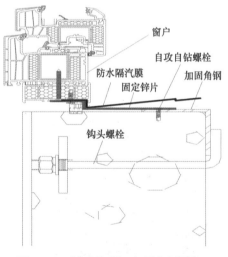

图 10-13　窗框与洞口加固角钢固定

（2）窗户室内侧防水隔汽膜粘贴。窗框安装固定后，室内侧采用专用密封胶将防水隔汽膜与洞口侧面密封严实，以此来保证整窗的防水密封性。防水隔汽膜上均匀打胶并挤走空气，然后将其粘贴在洞口内侧，粘贴宽度大于 60 mm；由于固定锌片与洞口边缘的角钢固定，而防水隔汽膜无法完全覆盖固定锌片和螺帽，针对此部位裁剪合适大小的防水隔汽膜，并以"打补丁"的方式将露出的固定锌片和螺帽覆盖并粘贴密实，如图 10-14 所示。防水隔汽膜上密封胶硬化后，即可进行窗洞口内侧抹灰收面施工。

图 10-14　防水隔汽膜粘贴覆盖固定锌片

6）窗户室外侧安装

窗框室内侧处理完毕后，开始对窗框室外侧进行处理，主要工序为打发泡剂和粘贴防水透气膜。

（1）窗框与洞口间空隙填塞。当窗框和洞口之间的预压密封带充分膨胀后，即可从室外向窗洞口外侧与窗框之间的空隙灌注发泡剂，窗框角落处的浮灰须在灌注发泡剂之前用打气筒清理干净。灌注时必须从窗的室外侧注入窗框周边，发泡剂发泡需凸出外窗框边 2~3 mm，保证发泡体密实、无通缝、表面平整、光滑，填充的密封材料应沿窗框四周连续不断，不能有空隙，如图 10-15 所示。使用 PU 发泡剂时应避免窗框的变形；发泡剂硬化后，采用小刀将凸出窗框边缘的发泡剂刮平。

（2）防水透气膜粘贴。将硬化的发泡剂与窗框边刮齐平后，开始粘贴外侧防水透气膜，防水透气膜压框外侧大于 30 mm；通过在防水透气膜上涂抹专用密封胶将窗框和墙体粘接牢固并覆盖其间隙，窗角部位需打补丁加强密封，防水透气膜粘贴如图 10-16 所示。

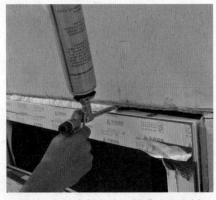

图 10-15　窗框与洞口间灌注发泡剂

图 10-16　防水透气膜粘贴

7）玻璃安装及窗台板安装

（1）玻璃安装。小心地将玻璃从玻璃架上取出，清除玻璃表面的灰尘和污物，根据玻璃的种类决定玻璃的朝向。安装玻璃前，在玻璃槽内放入相应的塑料固定垫块，以此调正玻璃位置并使其不发生位移，固玻和扇玻因受力方向不同，其相应的塑料固定垫块安装位置也不同，如图 10-17 所示。采用橡皮榔头安装玻璃压条，先安装短压条，再安装长压条，压条接头的缝隙应小于 0.5 mm。窗扇安装完毕后需调试五金铰链，五金和窗户的配合程度影响着窗户的密封性能，调节窗扇的水平和垂直度以及搭接量，并调试开关的灵活性，以保证窗扇良好的密封效果。

（2）内外窗台板安装。窗户安装完成后，外墙开始粘贴保温板，保温层应尽量包住窗框，窗框未被保温层覆盖部分不宜超过 10 mm，窗台处保温板需预留一定的坡度，以便外窗台板的安装；外窗台板一端卡入窗框底部，另一端伸出外饰面大于 20 mm，并有滴水构造，外窗台板与保温板之间的缝隙采用预压密封带填充密实。内窗台板通常为大理石材料，采用水泥砂浆与洞口内侧粘接牢固，内窗台板与窗框之间缝隙采用中性硅酮密封胶填堵密实，打胶应顺直饱满，表面光滑、均匀、美观，内外窗台板安装剖面如图 10-18 所示。

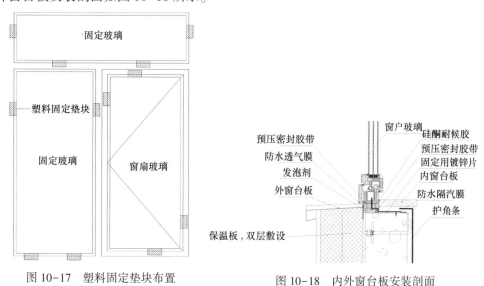

图 10-17　塑料固定垫块布置　　　　图 10-18　内外窗台板安装剖面

10.2.2　外挂式门安装

净零能耗建筑外挂门安装工艺流程如图 10-19 所示。

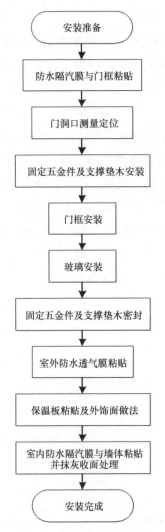

图 10-19　外挂门安装工艺流程

1）门框上防水隔汽膜粘贴

先将门框水平放置在操作台上，门框室内侧朝上放置，沿门框侧边粘贴一圈防水隔汽膜，防水隔汽膜与窗框侧边粘贴宽度不大于 50 mm，防水隔汽膜富余的部分临时粘贴在门框内侧，如图 10-20 所示。

2）固定五金件及支撑垫木安装

门框采用固定五金件将其外挂安装在墙体上，五金件安装前需对墙体进行找平和测量定位，五金件分布间距不大于 500 mm 且距窗角的距离不小于 200 mm，五金件布设及安装，五金件与墙体、门框之间需加橡胶隔热垫片以阻断热桥，门框下部需安装防腐隔热垫木，垫木固定在其下方的固定五金件上，垫木支托整个门框。五金件和垫木安装完成后，即可进行玻璃安装并观察门的竖向位移变化情况。

图 10-20　门框内侧防水隔汽膜粘贴

图 10-21　固定五金件布设及安装（一）

图 10-22　固定五金件布设及安装（二）

图 10-23　固定五金件布设及安装（三）

3）五金件及其防腐垫木密封

固定五金件与墙体连接的部分需采用专用密封胶和防水透气膜将其密封包裹在墙体上，以防止其遇水锈蚀；门窗下部的防腐隔热垫木和五金件则采用橡塑保温材料粘贴并包裹严实。

图 10-24　固定五金件密封

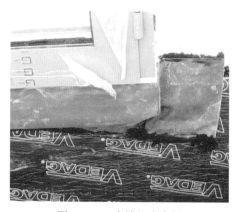

图 10-25　支撑垫木密封

4）防水透气膜及室外保温板粘贴

首先，撕开防水透气膜一端的塑料胶带，将防水透气膜沿门框粘贴一圈，防水透气膜与门框的粘贴宽度不大于 30 mm，防水透气膜富余的部分则采用密封胶将其与墙体粘贴密实。防水透气膜粘贴之后，门周边区域开始粘贴保温板，保温板双层错缝敷设，保温层应尽量多包住门框，门框未被保温层覆盖部分不宜超过 10 mm，以最大限度地减少门框的热桥损失。

图 10-26　室外防水透气膜粘贴　　　　图 10-27　门框周边保温板粘贴

5）室内防水隔汽膜粘贴及抹灰收面

采用密封胶将门室内侧富余的防水隔气膜与洞口内侧墙体粘贴密实，密封胶硬化后，采用黏结砂浆对洞口进行抹灰收面处理，抹灰厚度为 10~20 mm。

10.3　地源热泵施工技术

10.3.1　垂直地埋管施工工艺

垂直地埋管施工工艺流程如图 10-28 所示。

1）"U" 形管的预制

严格控制 PE 管的长度，保证每根管的长度都是垂直孔的设计深度。将 "U" 形管件与 PE 管相熔接并进行压力试验，以确保 "U" 形管的完好，无渗漏。充水并封帽，以免下管和存放过程中的沙土等污物进入 "U" 形管内。绑捆 "U" 形管的前部，使 "U" 形管头部有 1~2 m 是直的，以便于下管。垂直管采用 PE100，SDR11 塑料管材和管件，公称压力为 1.6 MPa。采用双 "U" 形成品件连接，成品件如图 10-29 所示。

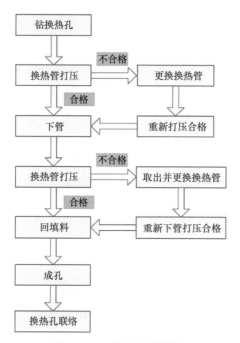

图 10-28　施工工艺流程

图 10-29　双 "U" 形成品件示意

2）钻井成井方法

利用空压机气循环进行钻进。

3）下管和试压

下管是地源热泵工程中关键之一，因为下管的深度决定采取热量的多少，所以必须保证下管的深度。为保证下管深度和打井深度能够尽量接近，必须做到提完钻杆后不停顿立即下管，此工艺通过测量提上来钻杆的总长度确定打井深度，在下管前通过 PE 管上的标尺核实整个管道的长度，下管后根据留出的管道长度计算下管深度，此两项工作现场质量检查人员必须严格记录，如图 10-30 所示。

图 10-30　下管及试压示意

4）回填

回填工序也称为回填封井，正确的回填要达到两个目的：一是要强化埋管与钻孔壁之间的传热；二是要实现密封的作用，避免地下含水层受到地表水等可能的污染。

5）保护措施

（1）半成品/成品保护措施。将同一型号预制管、预制件做好标记，归整，并堆放整齐。在施工现场，每天需有专人对安装好的管路进行巡检，并做好日巡检报告。

（2）原材料堆放措施：①同一型号 PE 管及管件做好标记并按顺序整齐堆放。②每天派专人进行巡检，并对材料使用情况进行记录。③根据原材料的材质特性做好防水、防潮、防雨、防火等防范措施。

10.3.2　集分水器制作安装

制作安装方法为：①根据设计图确定成品集分水器的位置，做好砌筑及浇筑，同时做好孔洞预埋。②集分水器按确定位置就位，并保证安装在制定的基准面上。③阀门以及各支路管段与集分水器进行连接。④做好各支路管道与预埋孔洞的防水措施。⑤水平主管进检查井与套管的接触部分需水沉沙密室，避免对水平主管产生剪切。

10.3.3　热泵机组安装

1）安装准备

检查设备混凝土基础，对基础进行找平，其纵、横向不水平度不超过 1/1 000，验收合格后方可安装。按照设计图纸尺寸放出纵向和横向安装基准线，由基础的几何尺寸定出基础中心线。比较安装基准线与基础中心线的偏差，确定最后的安装基准线。若安装基准线与基础中心线的偏差很少，则按基础中心线作安装基准线安装；若偏差较大，则修改设备基础以达到安装基准线要求。安装基准线确定后，对设备底座位置进行定位，定出底座垫板的位置。

用水准仪测出底座垫板位的标高，确定安装的标高基准。

2）设备就位

根据设备吊装方案将设备吊运到设备基础上，用液压千斤顶将设备顶至一定的高度。安装减振装置，减振装置由设备供应商供应。将设备放下，置于减振装置上。精调设备安装水平度和垂直度。用垫铁进行调整，垫铁每组不超过 3 块，设备调平后用点焊固定。

10.3.4 水泵安装

1）安装准备

开箱检查：检查水泵和电机有无损坏，产品合格证书和技术资料及零、配件是否齐全。开箱检查必须有厂家代表、甲方、监理及施工方技术人员共同参加，检查后填写书面检查记录。并将水泵基础大样图提供给土建尽快施工。检查水泵基础尺寸及预埋铁的位置是否满足设备要求。准备施工机具。

2）安装就位

（1）检查基础和画线，水泵安装前复测基础的标高、中心线，将中心线标在基础上，以检查预留孔或预埋地脚螺栓的准确度。

（2）水泵就位于基础前，将水泵底座表面的污秽物、泥土等杂物清除干净，将水泵和基础中心线对准定位，每个地脚螺栓在预留孔洞中保持垂直。

（3）水泵的找正与找平，校对水平度、标高、中心线，分初平和精平两步进行。

（4）灌浆固定，上述工作完成后，将基础铲成麻面并清除污物，将碎石混凝土填满并捣实，浇水养护。

（5）精平与清洗加油，当混凝土强度达到设计强度70%以上时，紧固螺栓进行精平，进一步找水泵的水平度、平行度、同轴度，使其完全达到设计要求，加油试运转。

（6）为加强对水泵的保护，在所有水泵的入口加设过滤器。

（7）水泵安装时基础采用减振台座，进出口根据设计文件装设软接头以达到减振效果。

3）贮水箱、膨胀水箱等安装

检查水箱的制造质量，安装后检查安装坐标、接口尺寸、焊接质量、除锈防腐质量、清除污染，做好灌水试验（由压水箱做水压试验）。

10.3.5 机房管道系统安装

1）施工准备

（1）施工前认真熟悉图纸、资料和相应的规范，各专业进行图纸会审。仔细阅读并理解设计说明中关于空调水管道的所有内容，如与图纸内容有无冲突之处，系统流程图与平面、剖面图有无不符之处，设计要求与现行的施工规范有无差别等。

（2）熟悉管道的分布、走向、坡度、标高，查找出支吊架预埋件的位置，并主动与结构、装饰、通风、给排水、电气专业核对空间使用情况，及时提出存在的问题并做好图纸会审记录。

（3）编制施工进度计划、材料进场计划，对施工班组进行施工技术交底，使班组明确施工任务、工期、质量要求及操作工艺。技术交底分技术总交底、分项工程技术交底、重点部位技术交底、新材料新工艺使用技术交底等。

2）材料采购、进场、检验及保管

（1）材料采购程序：材料需用量计划→采购计划→材料入库前的检查→入库→出库自检→二次搬运→使用前的班组自检→使用。

（2）所用管道、管件和阀门的型号、材质及工作压力必须符合设计要求并必须具有质量证明书、出厂合格证等资料。阀门等管道附件本体上必须有完好无损的铭牌，法兰、螺纹等处的材料应与管内的介质性能相适应。

（3）材料进入现场经自检合格后，及时填写材质报检单，向监理工程师报检，经检查合格后，方可使用。

（4）管道、管件、阀门等在搬运、安装过程中要轻拿轻放，禁止用扔摔等方式搬运。

（5）阀门的型号、规格符合图纸及设计要求，安装前从每批中抽查 10% 进行强度试验和严密性试验，在主干管上起截断作用的阀门逐个进行试验。同时阀门的操作机构必须开启灵活。

3）管道材质、连接方式及规格

管道材质为无缝钢管，钢管规格严格按照设计要求或相关技术标准执行。管道连接方式采用焊接，设备与管道接口位置以到货设备为准。

4）主要施工程序

（1）管道安装总原则：先预制后安装，先立管后水平管，先干管后支管，先里后外，先系统试压后冲洗，最后进行防腐、保温及隐蔽验收。

（2）主要施工程序

施工准备→预检→预留、预埋→材料的采购、检验及保管→管道预制→管道放线→支吊架制作、安装→管道及附件安装→管道试压、冲洗→管道保温及刷标识漆→系统调试。

5）主要施工方法及技术要求

（1）管道预制。为了提高施工效率，加快施工进度，保证施工质量，在熟悉图纸及现场的基础上，根据工程进度计划的要求组织安排，在预制场地集中进行预制。

（2）施工方法及技术要求。①管道切断及弯曲：用砂轮锯或手锯断管，断管后将管口断面的管膜、毛刺清除干净。管道弯制时弯曲半径热弯不应小于管道外径的 3.5 倍，冷弯不应小于 4 倍，焊接弯管不应小于 1 倍。弯管的最大外径与最小外径的差不应小于管道外径的 8%，管壁减薄率不应大于 15%。②管道焊接需采用专用坡口设备进行坡口，并符合《现场设备、工业管道焊接工程施工及验收规范》中的相关规定。③管道支架附近 200 mm 处不准有焊口，在可能的情况下，焊口要接近于两支架间距的 1/5 位置处。④焊条采用结构钢 J422 焊条，焊条存放时要注意防潮，不准使用有药皮脱落和显著裂纹的焊条。⑤管道上仪表接点的开孔和焊接要在管道安装前进行。⑥焊接前先将两管段按要求对正后，对端部点焊牢。管径小于100 mm 可点焊 3 个点，管径大于 100 mm，以点焊 4 个点为宜，复核无误后，方可清理施焊。

10.3.6 管道支、吊架安装

（1）冷水管道的支吊架处衬垫必须大于等于保温层厚度支撑。管道支吊架由施工单位参照国标 03SR417-2 装配式管道吊挂支架安装图安装。

表 10-1 钢管道的支、吊架的最大间距表

公称直径 DN	15	20	25	32	40	50	70	80	100	125	150	≥200
不保温管	2.5	3	3.5	4	4.5	5	6	6.5	6.5	7.5	7.5	9
保温管	1.5	2	2.5	2.5	3	3.5	4	5	5	5.5	6.5	7.5

注：适用于保温管的绝热材料容重不高于 200 kg/m^3。

（2）冷冻水、冷却水系统管道机房内总、干管的支吊架应采用承重防晃管架，与设备连接的管道管架设减振措施。

（3）规范、图集中未包括的机房内、管井、管廊、楼板处的综合管道的支吊架和固定支架应另行出图进行结构校核后方可施工。

10.3.7 套管安装

管道穿墙或穿楼板处必须加套管，套管内径应比管道保温层外径大 20～30 mm，套管处不得有管子接头焊缝，在管道保温工程竣工后用石棉绳塞紧孔隙，墙体上的套管两端应与墙面抹灰层外平，套管可用厚度为 2 mm 铁皮或内径合适的钢管制作。

10.3.8 管道布置

管道的布置直接影响系统的工作效果及观感质量，所以说管道布置的好坏是安装成功的关键，管道布置主要考虑以下几个原则。

（1）首先要保证系统的功能，根据小管避让大管、高压管避让低压管的原则合理布置管路走向；在本专业范围内管道敷设及排列标高均依据先无压后有压、先风管后水管，合理进行施工组织，各种管道应统一协调，有序安排。

（2）管路布置时充分考虑水流开关、电磁流量计及压力表、温度计等仪表的安装位置，保证仪表的使用功能，确保获得准确的参数读数。

（3）各设备及阀门等部件必须预留充分的操作及检修空间，以保证系统维护管理的方便。

（4）机房内要有充分的空间，以利于检修设备、材料等的运输。

（5）管道安装整体要求注意平直美观，增强观感。

10.3.9 管道及附件安装

1）管道安装如图 10-31 所示。

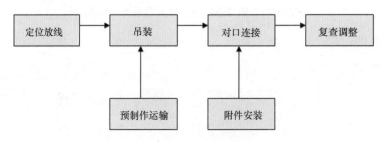

图 10-31　安装流程

（1）放线、定位核准，支架正确安装后，管子就要上架。上架前调直，对用量大的干管进行集中热调，小口径的管子用手锤敲击冷调。

（2）管子上架，小口径管道用人力抬杠，当使用梯子时，应注意防滑；大口径管子用手动倒链吊装，注意执行安全操作规范。

（3）管子上架后连接前，对大管子进行拉扫，即用钢丝缠破布，通入管腔清扫，对小口径管，上架时敲打"望天"（从管腔一端望另一端的光亮），以确保管道安装内部的清洁、不堵塞。

（4）管道焊接的对口、点焊、校正、施焊等技术要求见"预制"

（5）为尽量减少上架后的死口，组织班组精心考虑，在方便上架的情况下尽量在地面进行活口焊接。

（6）干管变径采用成品管件焊接成型较好，水平空调供回水管变径用上平的偏心异径管。分支管与主干管连接采用孔焊，变径管 200～300 mm 以外方可开孔焊支管。

（7）在施工中应画线准确及抓好焊接质量，不允许无模板画线，不允许开大孔将支干管插入主管中焊接，且分支管端面与立管光面间隙不得大于 2 mm，分支管管端应加工成顺水三通，不允许在管道的对口焊缝及弯管的弯曲半径范围内开孔，应在弯曲半径以外 1 个管径且不小于 100 mm 以上的部位开孔焊接。管道的对接焊缝距管道支吊架边缘为 200 mm。对口的平直度为 1/100，全长不大于 10 mm，管道的固定焊口应远离设备且不宜与设备接口中心线相重合。为减少工人下料的困难，施工队可储存各种开孔放线的准确模板、图样尺寸。

2）阀门安装

严格保证阀门质量标准，并根据实际用户对使用效果的反映，选择生产厂家，阀门不应出现滴、漏、跑气等现象。阀门安装主要注意以下几点：

（1）阀门安装前，应作强度和严密性试验［详见《工业金属管道工程施工及验收规范》（GB 50235—98）之阀门检验章节］。试验应在每批（同型号、同牌号、同规格）数量中抽查 10%，且不少于 1 个。

（2）安装的阀门，必须有质量合格证书，其阀门材质，加工工艺必须执行国家标准，阀门不应出现滴、漏、跑气等现象。

（3）阀门的安装方向、位置、标高应符合设计要求，不得反装，不得有渗漏现象。

（4）带手柄的截止阀，手柄不得向下。电磁阀、调节阀、热力膨胀阀、升降式止回阀等阀头均应向上竖直安装。

（5）有方向性要求的阀门（例如止回阀、截止阀、蝶阀等），按照水流方向进行安装，要注意不要将阀门装反，造成阀门失灵。

3）过滤器安装

安装时要将清扫部位朝下，并要便于拆卸。

4）波纹管补偿器的安装

在安装前，先将管道敷设好，在安装波纹管处，切去波纹所需管长再将波纹管装好，流体流向标记不能装反。按照设计型号和要求进行预拉伸（压缩），在波纹管以外的管段上切去一段和预拉伸的长度相等的管长，拉伸管道后再焊接。安装完后卸下波纹管上的拉杆。

5）温度计、压力表等的安装

热泵机组、水泵、分水器、集水器等设备应按设计或有关设备技术文件要求安装温度计、压力表等配件。管路上的温度计、压力表等仪表取源部件的开孔和焊接与管道同时安装。

10.3.10　系统试压

1）水压试验（文中所述压力均指表压）

热泵机水压试验依产品说明书进行，管道系统水压试验压力按系统顶点工作压力加 0.1 MPa，压力试验以 5 分钟内压力值下降不超过 0.02 MPa 为合格，然后将压力降至工作压力进行严密性试验，用 0.5 kg 的小锤敲击焊缝应无异样，无渗水。需水压试验的管道是空调冷热供回水、冷却水管路。水压试验采用分区和系统试压相结合的方法。

2）主要工作程序

试压范围划分及隔离→试验前的准备→接管→灌水→检查→试压→稳压检查→做记录及验收→泄压→拆除。

3）具体施工方法及技术要求、试验压力

以设计图纸及相关技术标准为准。

4）选定试压范围

根据系统形式及特点选定试压范围。试验范围选定后，对本范围内的管路进行封闭。将不参与试验的设备、仪表及管道附件隔离，在系统最高点设排气阀（手动）。在可能存留空气处增设排气支管和阀门。在系统低点设泄水阀，并接临时泄水管路至地漏，如图 10-32 所示。

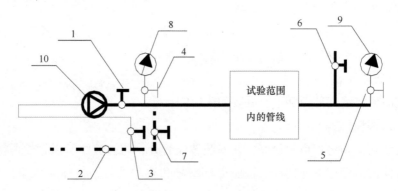

图 10-32　试压准备

1~5、7. 阀门；6. 排气用阀（系统高点）；8~9. 压力表；10. 电动试压泵

（1）对封闭好的试压对象进行全面检查：施工是否完善，是否符合设计图纸和有关的验收规定；支吊架是否平稳牢固；管道的焊接工作是否已结束并检验合格，焊缝及其他应检查的部位未经涂漆和保温；管道的标高坡度要复查合格，试验用的临时加固措施确认安全可靠。根据工程的压力要求，压力表测量范围为 0~5 MPa，试压用表都要经过校准，要求精度不低于 1.5 级。

（2）联系水源，可取用施工临时用水的市政自来水，要求洁净无污染。试压临时管路接管。灌水。试压泵临时管路边接完毕之后，引入临时用水，关闭阀门1、3，打开阀门2、6，2为管网灌水。当管网最高点阀门6出水后，说明系统水满，并排尽空气，关闭6。灌水至压力表8的示值与市政给水压力值相同，关闭2。灌水期间或达到市政给水压力值下要仔细检查管路，如有漏点或其他问题，及时泄水及时处理，没有问题后启动加压泵，正式打压、试压。

（3）关闭阀1、2，打开阀2、3为试压泵的泵箱内灌满水，然后关闭。（打压期间这样不断为箱内注水）。打开阀1，开启电动试压泵，当压力表9升至试验压力，关闭阀2，停电动试压泵，保持10分钟，如压降不超过0.02 MPa，再将系统压力降至工作压力，保持此压力对管道作全面外观检查，无渗漏为合格。

（4）在稳压过程中，分派人员在各点巡查各管件、附件等处，以无渗无漏为合格，若出现渗漏视具体情况进行泄水修理，处理完后重新灌水打压，直至达到设计要求。合格后，及时填好管道强度严密性试验记录，并请监理验收。在已事先准备好的泄水口泄水，并拆除临时盲板。

10.3.11 系统冲洗

管道安装完，管内可能存在焊渣、碎料等杂物，一旦这些杂物进入设备（水泵、热泵机组等）将严重影响设备的使用寿命，甚至直接损坏设备。在管道试压合格并经监理验收后，进行设备单机试运转及系统调试前应对空调冷热水、冷却水系统进行冲洗。系统较大、管路较长可分段冲洗。

（1）冲洗前应将管道上安装的流量孔板、滤网、温度计、调节阀等拆除，待冲洗合格后再装上。

（2）冲洗时应将冲洗水排入雨水或排水管防止对建筑物造成水害。

（3）冲洗过程：关闭设备出、入口阀门及过滤器前的阀门；向系统灌水；系统满水后，快速打开除污器前的阀门，使水快速流出，将管内的杂物带出。同时继续向系统内注水，连续冲洗直至系统排出水色和透明度与入口水目测一致为合格，清洗后过滤器应及时拆洗干净。

（4）系统冲洗前，检查冲洗用的排水设施是否能正常工作。为防止管内出现真空现象，冲洗前应将立管上所有排气阀拆去、打开排气阀前的截止阀。注意除污器前阀门的开启度，避免机房内排水不及时而形成大量积水。

10.3.12　设备及管道防腐保温

1）防腐

（1）管道施工必须按照设计和相关规范规程进行除锈和油漆工作。

（2）非镀锌支、吊架应在安装前完成除锈、刷漆工作。

（3）水管内防锈除垢水处理：在系统正式投入运行之前，必须对冷冻水、冷却水系统运行后的水质化验纳入正常的管理工作。未尽事宜按有关施工规范严格执行。

2）保温

（1）保温材料：除补水系统和地源水系统的管道外，其他管道均需保温，采用橡塑隔热材料、成品保温支撑。保温厚度如下输送冷（热）水的管道，厚度为50 mm。机房内所有明装保温管道均需在保温层外包0.5 mm厚抛光不锈钢保护层。空调水管道保温工作须在试压、清洗、水循环正常后进行。

（2）保温施工程序：施工准备→防腐质量复核→材料准备→预制下料→保温→检查记录、报验→刷标志漆。直管段立管应自下而上顺序进行，水平管应从一侧或弯头的直管段处顺序进行。

（3）主要施工方法及技术要求。施工准备：熟悉图纸，考察管道及附件的现场安装情况（标高、数量、规格），提出用料计划，准备机具、梯子、预制平台、模板和胎具。保温前必须将管径内的杂物清理干净，并且在施工过程中遗留的杂物，应随时清理。

（4）管道在保温之前必须经过试压合格，并按规范和设计要求进行防腐处理。

（5）复核管表面防腐质量：管道在保温之前必须经过试压合格，并按规范和设计要求进行防腐，刷红丹防锈漆两道。重点复核木托支架的制作安装情况。空调水管与其支架之间应采用与保温厚度相同的经过防腐处理的木垫块，安装完后，支架按要求保温喷涂。根据不同管径范围、不同厚度选择符合要求的保温管。

（6）为保证保温质量和美观，对弯头、三通、阀门、附件要进行组合件保温，按不同的管径制作模板，最好能达到预制成型、现场组装，避免新手现场试拼，浪费物料而且不能保证质量。

（7）保温管壳与管道必须紧密粘贴，严密无缝隙。安装分步完成，要观察外观和用手扯动检查，以粘贴牢固、拼缝错开、填嵌饱满、密实、填缝整齐一致，纵向缝以错开为要求（达到优良标准）。管壳之间的缝隙作为保温层时不应大于5 mm，作为保冷层时不应大于2 mm并用黏结材料勾缝填满，环缝应错开，错开距离不小于75 mm，管壳纵缝应设在管道轴线的左右侧。

（8）管件要按展开图下料，弯头用虾米弯，缝隙填实，一般组合块不能少于3个。

（9）保温管道支架处应留膨胀伸缩缝，并用石棉绳填塞。直接接触管道的支、吊、托架必须进行保冷，其保冷层长度不得小于保冷层厚度的4倍，否则应敷设于垫木处。

（10）阀门除将手柄露在外面外，阀体要保温，阀门、法兰及其他可拆卸部件保温两侧应留出螺栓长度加25 mm的空隙，阀门及法兰部位则应单独进行保温，这样在检修时就不用毁坏大量保温材料。

（11）过滤器向下的滤芯外部要做活体保温，同样以利于检修、拆卸的方便。水管与分体空调冷媒管穿楼板和穿墙处套管内也要保温，而且要保证密实不露。

（12）管道与设备的接头处及产生凝结水的部位（包括压力表、温度计、排液等处）也必须保温良好，管道上的温度计插座宜高出所设计的保温层厚度。

10.4　中庭玻璃屋面对空间温度竖向分布影响

10.4.1　发展概况

近几十年来，国内外对净零能耗建筑开展了大量的研究工作，推动了净零能耗建筑技术的发展。随着各种节点处理节能技术和节能材料的应用，大批量的净零能耗建筑呈现在人民面前。然而中庭玻璃屋顶对中庭空间温度的竖向分布影响往往被忽视或认识不足，若通过一种方式将这种感知认识经过数据量化将更加直观形象。

10.4.2　试验对象

山东建筑大学教学实验综合楼项目共六层，整个建筑中间空间为一中庭，中庭屋顶采用XIR夹胶玻璃屋顶，一层、二层为研究室及研究成果的展示空间，三至六层为办公空间、实验室及人员活动空间。中庭屋顶XIR夹胶玻璃8c+0.76pvb+XIR+0.76pvb+8PG，其U值为2.89，SC值0.38。这款玻璃其紫外线阻隔率达99.8%，红外线阻隔率达97%以上，可见光透过率达70%左右。

依据测试项目情况，选取综合楼中庭空间作为测试对象，以此来测试XIR夹胶玻璃对中庭空间竖向温度分布的影响。

10.4.3 试验项目

选择夏季连续 3 天晴天进行测试，测试期间屋顶中庭玻璃全部封闭。自动气象站、智能温度记录仪对相关数据进行自动采集，每隔半小时记录一次。

（1）实验仪器：自动气象站 TRM－ZS2 型 1 台，高精密度智能温度记录仪 A0678933/179A－T2 仪器 3 台。

（2）测试时间：2017 年 7 月 27—29 日连续 3 天晴天。

（3）测点布置：试验测点布置如图 10-33 所示，从玻璃内表面温度测点到测点 6 之间，每相邻点之间竖向距离为 0.5 m。

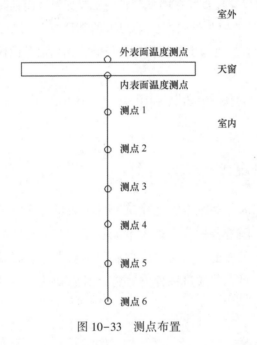

图 10-33 测点布置

10.4.4 测试内容

（1）室外大气温度；

（2）室外太阳总辐射；

（3）中庭玻璃屋顶外表面温度；

（4）中庭玻璃屋顶内表面温度；

（5）图中测点 1、2、3、4、5、6 温度。

10.4.5　测试数据及分析

2017 年 7 月 27—29 日为连续晴天，气温较高。图 10-34 至图 10-39 依次为
7 月 27—29 日太阳辐射照度和各测点温度。

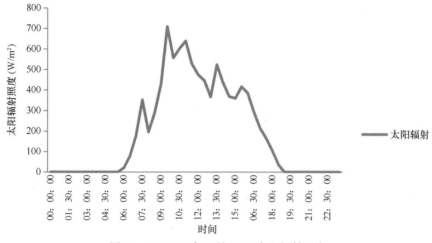

图 10-34　2017 年 7 月 27 日太阳辐射照度

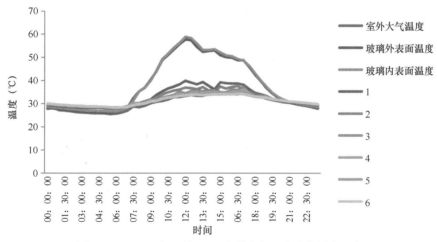

图 10-35　2017 年 7 月 27 日室外大气温度及各测点温度

分析 27 日测试数据，从图中可以看出 7：00—20：00 时间段，室内 1~6 测点
温度低于玻璃内外表面温度，其中午 12：00 左右更为明显；温度梯度受太阳辐射照
度影响大，辐射照度越强，温度梯度越大，温度梯度分布沿测点 1~6 越来越小，其
中每隔 0.5 m 的温度梯度最大值出现在 27 日 12：00 时刻，最大温差为 3℃。

分析 28 日测试数据，从图中可以看出 6：45—20：30 时间段，室内 1~6 测点
温度低于玻璃内外表面温度，其中午 12：00 左右更为明显；温度梯度受太阳辐射照

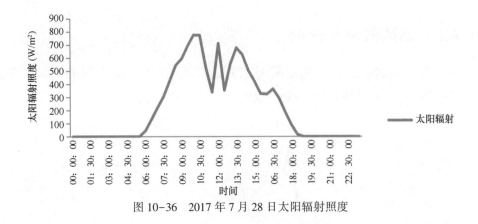

图 10-36　2017 年 7 月 28 日太阳辐射照度

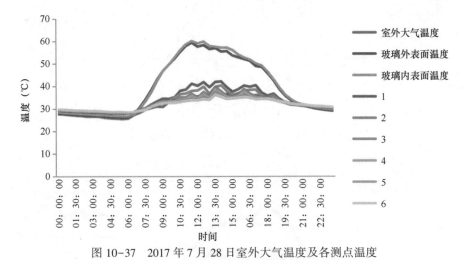

图 10-37　2017 年 7 月 28 日室外大气温度及各测点温度

度影响大，辐射照度越强，温度梯度越大，温度梯度分布沿测点 1~6 越来越小，其中每隔 0.5 m 的温度梯度最大值出现在 28 日 11：30 时刻，最大温差为 3.13℃。

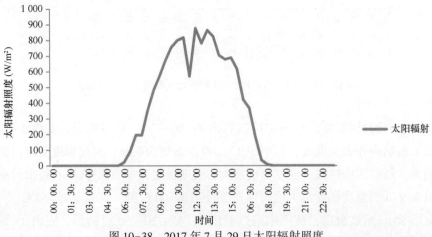

图 10-38　2017 年 7 月 29 日太阳辐射照度

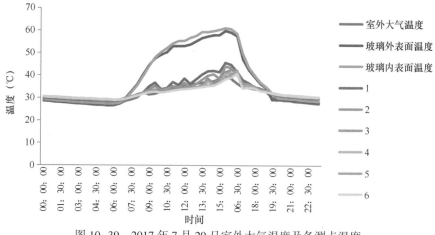

图 10-39 2017 年 7 月 29 日室外大气温度及各测点温度

分析 29 日测试数据，从图中可以看出 6：45—19：30 时间段，室内 1~6 测点温度低于玻璃内外表面温度，其中午 12：30 左右更为明显；温度梯度受太阳辐射照度影响大，辐射照度越强，温度梯度越大，温度梯度分布沿测点 1~6 越来越小，其中每隔 0.5 m 的温度梯度最大值出现在 29 日 13：30 时刻，最大温差为 2.31℃。

综合分析得出以下结论：

太阳辐射对玻璃屋顶中庭空间室内温度竖向分布的影响较大，太阳辐射照度越大，温度梯度越大。玻璃屋顶中庭空间室内温度竖向分布沿玻璃屋顶方向，温度梯度越大，如表 10-2 所示。

表 10-2 测试数据

| 日期 | 玻璃外表面（℃） | 玻璃内表面（℃） | 测点 | | | | | | 室外大气温度（℃） | 太阳辐射（W/m²） |
			1（℃）	2（℃）	3（℃）	4（℃）	5（℃）	6（℃）		
00：00：00	28.18	28.68	29.44	29.63	29.94	29.86	30.06	30	27.80	0
00：30：00	27.93	28.43	29.19	29.5	29.69	29.61	29.81	29.87	28.10	0
01：00：00	27.62	28.12	28.88	29.19	29.38	29.36	29.56	29.5	27.20	0
01：30：00	27.25	27.81	28.75	29.06	29.25	29.24	29.5	29.5	27.00	0
7月27日 02：00：00	27	27.56	28.56	28.81	29.06	28.99	29.25	29.25	26.80	0
02：30：00	26.75	27.37	28.5	28.81	29	28.92	29.18	29.18	26.40	0
03：00：00	26.5	27.12	28.25	28.56	28.81	28.8	29.06	29	26.20	0
03：30：00	26.31	26.93	28.13	28.5	28.69	28.67	28.87	28.87	26.10	0
04：00：00	26.18	26.87	28.13	28.44	28.61	28.87	28.81		25.90	0
04：30：00	26.12	26.81	28.19	28.44	28.63	28.54	28.75	28.75	25.90	0
05：00：00	26.06	26.75	28.06	28.38	28.5	28.54	28.75	28.75	25.80	0

续表

日期	玻璃外表面（℃）	玻璃内表面（℃）	测点						室外大气温度（℃）	太阳辐射（W/m²）
			1（℃）	2（℃）	3（℃）	4（℃）	5（℃）	6（℃）		
05：30：00	25.93	26.62	27.81	28.06	28.38	28.29	28.56	28.56	25.50	0
06：00：00	26.06	26.62	27.88	28.13	28.19	28.16	28.43	28.31	25.70	21
06：30：00	26.93	27.18	28.13	28.38	28.38	28.29	28.5	28.43	26.20	78
07：00：00	28.37	28.31	28.63	29	28.81	28.61	28.75	28.62	27.00	179
07：30：00	32.31	31.31	30	29.94	30.19	30.05	30	29.25	28.80	352
08：00：00	35.25	35.18	30.25	30.25	30.13	29.86	30.06	29.81	28.50	196
08：30：00	36.93	36.81	30.94	30.63	30.56	30.36	30.3	30.06	29.10	290
09：00：00	40.37	40	31.81	31.38	31.75	31.36	31.3	30.86	30.20	429
09：30：00	44	44.25	33.75	32.63	31.69	31.61	31.3	31.11	30.80	709
10：00：00	48.87	49.25	35.25	34	32.69	32.43	32.17	31.99	31.20	557
10：30：00	51.06	51.56	36.56	34.88	33.13	32.68	32.66	32.49	31.80	602
11：00：00	53.5	54.25	37.38	35.63	33.75	33.25	33.1	32.85	32.80	639
11：30：00	55.75	56.31	38.38	36.06	35.13	34.06	33.54	33.29	32.90	528
12：00：00	57.68	58.87	39.94	36.94	34.38	33.81	33.79	33.48	33.30	475
12：30：00	57.43	58.31	39.13	36.69	35.38	34.56	34.16	33.73	33.70	446
13：00：00	54.5	55.93	38.38	36.19	35.75	34.56	34.23	33.85	33.40	367
13：30：00	52.37	53.25	39.38	37.13	35.25	34.37	33.91	33.66	33.40	524
14：00：00	52.75	53.25	37.69	35.63	35.69	34.62	34.1	33.79	34.00	437
14：30：00	53	53.56	36.06	34.81	35.88	34.87	34.35	34.04	35.30	368
15：00：00	50.93	52.18	39.25	37.44	34.94	34.43	34.29	33.91	34.10	360
15：30：00	50.12	50.87	38.88	36.56	34.81	34.25	33.98	34.1	34.40	417
16：00：00	49.87	50.5	38.75	37.25	36	34.81	34.35	34.04	34.10	385
16：30：00	48.81	49.31	38.75	37.63	35.88	34.81	34.16	34.23	34.10	292
17：00：00	48.81	48.68	38.19	36.38	37.13	35.88	34.66	34.1	34.40	214
17：30：00	46	46.43	36.31	35.06	34.88	34.12	33.73	33.48	33.60	164
18：00：00	42.62	43.12	34.63	33.75	33.38	33	32.98	32.91	33.20	103
18：30：00	39.87	40.12	34	33.56	33.44	32.93	32.91	32.66	32.90	35
19：00：00	36.68	37.31	33.25	33.06	33.06	32.81	32.61	32.42	32.20	0
19：30：00	34.43	34.75	32.06	32	32.13	31.86	32.05	31.92	31.60	0
20：00：00	32.62	32.93	31.44	31.44	31.69	31.55	31.67	31.67	31.10	0
20：30：00	31.37	31.75	31.06	31.19	31.31	31.17	31.36	31.3	30.70	0
21：00：00	30.5	30.87	30.69	30.88	31	30.86	30.99	30.99	30.40	0
21：30：00	29.93	30.31	30.38	30.63	30.81	30.67	30.86	30.86	29.90	0

日期列合并单元格：7月27日

续表

日期	玻璃外表面(℃)	玻璃内表面(℃)	测点 1(℃)	2(℃)	3(℃)	4(℃)	5(℃)	6(℃)	室外大气温度(℃)	太阳辐射(W/m²)
7月27日 22:00:00	29.43	29.75	30.13	30.38	30.5	30.36	30.55	30.49	29.60	0
22:30:00	29.06	29.43	29.94	30.13	30.31	30.24	30.42	30.42	29.10	0
23:00:00	28.56	29	29.56	29.81	30	29.92	30.12	30.06	28.50	0
23:30:00	28.12	28.62	29.31	29.56	29.75	29.67	29.87	29.81	27.90	0
00:00:00	27.87	28.37	29.31	29.56	29.69	29.61	29.87	29.87	27.70	0
00:30:00	27.62	28.12	29.06	29.31	29.56	29.49	29.75	29.68	27.50	0
01:00:00	27.43	28	28.94	29.25	29.44	29.42	29.62	29.62	27.30	0
01:30:00	27.18	27.81	28.75	29	29.25	29.24	29.43	29.43	27.00	0
02:00:00	27.06	27.68	28.69	28.94	29.19	29.17	29.43	29.43	26.90	0
02:30:00	26.87	27.5	28.5	28.8	29.13	29.05	29.31	29.31	26.60	0
03:00:00	26.68	27.31	28.38	28.69	29	28.99	29.18	29.18	26.60	0
03:30:00	26.56	27.18	28.38	28.69	28.88	28.86	29.12	29.06	26.50	0
04:00:00	26.37	27.06	28.13	28.5	28.75	28.74	28.93	28.93	26.10	0
04:30:00	26.12	26.81	27.94	28.31	28.5	28.41	28.75	28.75	25.80	0
05:00:00	26	26.75	28	28.31	28.5	28.48	28.75	28.75	25.70	0
05:30:00	25.93	26.62	27.88	28.25	28.56	28.48	28.75	28.75	25.50	0
7月28日 06:00:00	26.06	26.62	28	28.19	28.38	28.29	28.5	28.56	25.70	45
06:30:00	27.56	27.5	28.38	28.63	28.56	28.48	28.68	28.62	27.30	132
07:00:00	30.68	30	29.13	29.94	29.69	29.11	29.25	29.06	28.30	221
07:30:00	34.18	33.37	30.38	30.25	30.44	30.3	30.24	29.5	29.60	307
08:00:00	38.43	37.43	32	31.5	30.88	30.86	30.92	30.99	30.50	425
08:30:00	43	42.43	33.38	32.44	32.81	32.5	32.49	31.8	31.10	544
09:00:00	46.81	46.75	34.56	33.38	33.38	33.31	33.29	32.42	30.90	598
09:30:00	49.62	49.62	34.44	33.44	33.44	33.37	32.98	32.66	33.00	693
10:00:00	52.25	52.75	35.19	34.94	33.56	33.12	32.91	32.66	33.80	776
10:30:00	55.25	56.06	38.06	36.56	35.06	33.93	33.41	33.04	33.20	775
11:00:00	57.87	58.68	38.63	36.94	35.06	34.18	33.85	33.54	33.80	523
11:30:00	59.37	60.18	41.19	38.06	36.69	35.63	34.29	33.85	35.50	340
12:00:00	57.62	59.12	40.25	38.25	35	34.31	34.23	33.85	35.60	713
12:30:00	58.25	59.93	41.88	39.88	37.5	36.26	35.04	34.29	35.60	353
13:00:00	56.5	57.87	39.63	36.75	35.38	34.5	34.35	34.04	36.00	555
13:30:00	56.93	57.56	41.94	39.81	39.63	38.44	37.15	36.22	36.30	679
14:00:00	55.43	57.18	42.19	40.44	37.81	36.51	36.09	35.34	35.70	627

续表

| 日期 | 玻璃外表面（℃） | 玻璃内表面（℃） | 测点 | | | | | | 室外大气温度（℃） | 太阳辐射（W/m²） |
			1（℃）	2（℃）	3（℃）	4（℃）	5（℃）	6（℃）		
	14：30：00	55.56	57.18	39.63	38	35.69	34.93	34.6	34.41	36.70	503
	15：00：00	53.68	56.12	37.63	36.31	35.5	34.81	34.79	34.66	36.00	421
	15：30：00	52.81	54.12	38.75	37	36.13	35.37	35.15	34.91	35.40	328
	16：00：00	52.06	52.75	40.31	38.19	38.75	37.44	35.78	35.15	36.20	324
	16：30：00	51.25	51.81	39.81	38.5	36.69	35.56	34.91	35.04	35.80	364
	17：00：00	48.93	50.12	40.44	38.56	35.5	34.68	34.54	34.29	36.10	293
	17：30：00	48.56	49.18	37.13	35.38	35.13	34.62	34.6	34.41	35.70	188
7月28日	18：00：00	45.81	46.5	35.81	35	34.75	34.43	34.48	34.35	35.30	92
	18：30：00	42.62	43.12	36.69	35.75	35.13	34.37	34.23	33.91	34.60	16
	19：00：00	38.75	39.5	34.44	33.88	33.88	33.37	33.41	33.16	33.20	0
	19：30：00	35.87	36.31	32.88	32.69	33.13	32.81	33.04	32.79	32.60	0
	20：00：00	33.68	34.12	32.19	32.19	32.25	32.05	32.42	32.17	31.80	0
	20：30：00	32.37	32.68	31.94	31.94	31.94	31.8	32.11	31.92	31.60	0
	21：00：00	31.5	31.87	31.38	31.56	31.81	31.67	31.92	31.74	31.30	0
	21：30：00	30.75	31.12	31.19	31.31	31.44	31.3	31.49	31.42	30.90	0
	22：00：00	30.18	30.56	30.81	31	31.13	31.05	31.24	31.11	30.20	0
	22：30：00	29.75	30.18	30.63	30.81	31.06	30.99	31.17	31.11	30.00	0
	23：00：00	29.37	29.87	30.44	30.69	30.88	30.8	30.99	30.92	29.40	0
	23：30：00	29.12	29.56	30.25	30.44	30.69	30.61	30.8	30.74	29.20	0
	00：00：00	28.81	29.25	30	30.25	30.44	30.36	30.55	30.55	28.60	0
	00：30：00	28.5	29	29.81	30	30.25	30.17	30.36	30.3	28.50	0
	01：00：00	28.18	28.75	29.69	30	30.13	30.11	30.36	30.3	28.10	0
	01：30：00	28	28.56	29.56	29.81	29.94	29.86	30.17	30.12	28.10	0
	02：00：00	27.81	28.43	29.44	29.63	29.81	29.8	30.06	30	27.90	0
7月29日	02：30：00	27.62	28.18	29.19	29.44	29.69	29.61	29.87	29.87	27.50	0
	03：00：00	27.43	28	29.13	29.38	29.56	29.55	29.81	29.81	27.40	0
	03：30：00	27.31	27.87	29	29.31	29.44	29.42	29.68	29.62	27.30	0
	04：00：00	27.18	27.81	28.94	29.25	29.44	29.42	29.62	29.68	27.00	0
	04：30：00	27.06	27.68	28.81	29.13	29.25	29.24	29.5	29.5	26.80	0
	05：00：00	26.87	27.5	28.63	28.88	29.19	29.11	29.37	29.37	26.80	0
	05：30：00	26.75	27.37	28.56	28.88	29.06	29.11	29.31	29.37	26.50	0
	06：00：00	26.81	27.37	28.56	28.81	29	28.92	29.12	29.06	26.60	22
	06：30：00	27.75	27.87	28.88	29.13	29.13	29.05	29.25	29.18	27.30	90

续表

日期	玻璃外表面（℃）	玻璃内表面（℃）	测点						室外大气温度（℃）	太阳辐射（W/m²）
			1（℃）	2（℃）	3（℃）	4（℃）	5（℃）	6（℃）		
07：00：00	29.81	29.5	29.5	30	29.75	29.55	29.68	29.5	28.60	196
07：30：00	32.81	32.31	30.38	30.56	30.5	30.61	30.61	30.17	29.20	195
08：00：00	36	35.56	31.5	31.44	31.06	30.92	30.92	30.99	30.20	358
08：30：00	40.37	39.75	32.25	32.06	32.31	32.05	32.05	31.67	32.30	484
09：00：00	44.56	44.18	35.06	33.69	32.81	32.62	32.85	32.42	31.50	572
09：30：00	47.5	47.87	36.75	35.19	33.63	33.18	33.04	32.73	31.80	672
10：00：00	49.12	50.31	33.88	33.56	32.88	32.43	32.55	32.36	32.70	756
10：30：00	50.25	52.06	34.31	34	32.88	32.75	32.73	32.66	33.10	799
11：00：00	53	54.18	37.06	35.19	33.63	33.18	33.29	33.16	34.20	819
11：30：00	53.12	55.31	35.69	34.69	34.06	33.68	33.66	33.6	34.40	571
12：00：00	53.12	55.37	38.63	36.69	34.81	34.12	33.98	33.91	35.70	878
12：30：00	53.81	56.68	36.31	34.75	34.5	34.18	34.04	34.04	35.70	782
13：00：00	55.25	57.62	38.31	36.19	34.75	34.43	34.48	34.48	36.40	865
13：30：00	56.68	59.31	40.44	38.13	35.5	34.87	34.85	34.85	36.70	826
14：00：00	57.37	59.31	41.88	39.88	38.69	37.32	35.59	35.22	37.20	706
7月29日 14：30：00	57.93	59.75	42.06	40.56	36.56	35.76	35.47	35.4	37.50	679
15：00：00	58	60.31	41.5	38.63	38.5	36.76	37.09	36.65	38.50	690
15：30：00	59.87	61.06	45.69	43.94	41.5	40.83	38.83	38.33	39.70	617
16：00：00	59.12	60.68	44.81	43.38	42.5	41.08	40.45	39.14	38.60	422
16：30：00	57.62	58.56	41.75	40.25	42.19	41.64	41.32	40.82	36.50	368
17：00：00	47.37	49.62	38.06	36.63	36.19	35.43	34.66	34.35	34.80	187
17：30：00	42.56	43.62	36.63	36.13	36.06	35.56	35.1	34.6	34.50	35
18：00：00	39.5	40.18	34.94	34.69	35.19	34.81	34.91	34.35	34.00	8
18：30：00	36.43	37	34.25	34	33.63	33.25	33.23	33.1	33.50	0
19：00：00	34.56	34.93	33.38	33.19	33.25	33	32.73	32.66	32.80	0
19：30：00	29.31	32.25	31.69	31.88	32.31	32.12	32.36	32.24	30.30	0
20：00：00	29.25	30	31.25	31.5	31.75	31.61	31.8	31.74	29.70	0
20：30：00	29.25	29.93	30.88	31.13	31.38	31.24	31.42	31.36	28.90	0
21：00：00	29.06	29.68	30.63	30.94	31.13	31.05	31.3	31.24	28.90	0
21：30：00	28.87	29.56	30.44	30.69	30.94	30.86	31.11	31.05	28.40	0
22：00：00	28.5	29.18	30.25	30.5	30.75	30.67	30.92	30.8	28.30	0
22：30：00	28.25	28.93	30	30.31	30.56	30.49	30.74	30.67	28.00	0
23：00：00	28.06	28.75	29.88	30.13	30.44	30.42	30.61	30.61	27.70	0
23：30：00	27.93	28.56	29.81	30.06	30.25	30.24	30.49	30.49	27.50	0

10.4.6　试验小结

试验结论如表 10-3 所示。

表 10-3　中庭玻璃屋顶对中症空间温度竖向分布影响试验结果

工程名称	净零能耗建筑综合楼中庭玻璃屋顶工程	试验日期	2017 年 7 月 27
施工单位	中国建筑股份有限公司	试验性质	委托试验
试验内容	中庭玻璃屋顶对中庭空间温度竖向分布影响试验		
试验依据	《民用建筑热工设计规范》（GB 50176—93） 《公共建筑节能检测标准》（JGJ/T 177—2009）		
试验结果	7：00—20：00 左右时间段，室内 1~6 测点温度低于玻璃内外表面温度，其中午 12：00 左右更为明显 温度梯度受太阳辐射照度影响大，辐射照度越强，温度梯度越大 　温度梯度分布沿测点 1~6 越来越小，其中每隔 0.5 m 的温度梯度最大值，27 日出现在 12：00 时刻，最大温差为 3℃；28 日出现在 11：30 时刻，最大温差为 3.13℃；29 日出现在 13：30 时刻，最大温差为 2.31℃		
试验小结	太阳辐射对玻璃屋顶中庭空间室内温度竖向分布的影响较大，太阳辐射照度越大，温度梯度越大 玻璃屋顶中庭空间室内温度竖向分布沿玻璃屋顶方向，温度梯度越大		

第 11 章　山东城市建设职业学院实验实训中心专项施工技术

11.1　高性能建筑外墙保温施工技术

11.1.1　外项目概况

本工程外墙保温为 250 mm 厚模塑聚苯板，分 100 mm+150 mm 两层错缝铺设。

第一层保温板粘贴采用对 EPS/XPS 板，应采用点框法或条粘法，山墙部位的黏结面积不应小于 60%，其他部位黏结面积不应小于 40%；对岩棉板，山墙部位应采用无空腔满粘法，其他部位可采用条粘法，黏结面积不应小于 60%。

第二层保温板采用满粘法粘贴，隔热断桥加长锚栓固定。岩棉防火隔离带在窗洞上口，宽度为 500 mm，厚度同墙面保温厚度要求，错缝铺设，岩棉保温板均采用满粘法施工，隔热断桥加长锚栓固定。

11.1.2　施工准备

1）材料准备

（1）材料、构件、料具必须按施工现场总平面布置图堆放，布置合理，如图 11-1 至图 11-4 所示。

图 11-1　岩棉码放

图 11-2　耐碱网格布码放

图 11-3　材料堆放处　　　　　　图 11-4　严禁烟火标识牌

（2）材料、构配件及其他料具等必须做到安全、整齐堆放（存放），不得超高。堆料应分门别类，悬挂标牌。标牌应统一制作，标明名称、品种、规格数量以及检验状态等。

（3）施工现场应建立材料收发管理制度。仓库、工具间材料应堆放整齐。易燃易爆物品应分类堆放，配置专用灭火器，专人负责，确保安全。

（4）保温材料均采用塑料薄膜袋包装，防潮防雨，包装袋不得破损，应在干燥通风的库房里贮存，并按品种、规格分别堆放，避免重压；网布、锚固件也应防雨防潮存放；干粉砂浆注意防雨防潮和保质期。注意防火。

（5）施工现场建立清扫制度，落实到人，做到工完料尽、场地清。建筑垃圾应定点存放，及时清运。

（6）施工现场应采取控制扬尘措施，水泥和其他易飞扬的颗粒建筑材料应密闭存放或采取覆盖等措施。

（7）外墙保温系统构造、各组成材料种类必须与认定证书和型式检验报告内容相一致；系统各组成材料必须由系统供应商配套提供。

2）材料的试验检验

严格材料进场验收。外墙保温系统各组成材料进场时，施工总承包单位应在自检合格的基础上，及时向监理单位报验。监理单位应按下列要求进行进场验收：

（1）依据认定证书及型式检验报告，对系统各组成材料是否由系统供应商配套提供，系统构造、材料种类是否与认定证书及型式检验报告内容相一致进行确认。

（2）核查系统各组成材料的质量合格证明文件是否齐全有效，并对其外观质量进行检查验收。

（3）对保温板、胶粘剂和抹面胶浆、耐碱玻纤网等需进行进场复验的材料，所取试样必须在已进场材料中随机抽取，经建设、施工、监理、质量检测机构四方有关人员共同见证封样后送检（图11-5）。

图11-5　材料的验收

（4）未经进场验收或进场验收不合格的材料，严禁用于工程。

3）施工机具准备

根据现场实际情况及工程特点、施工进度计划，实行动态管理，适当考虑各种不可预见的因素，在满足工程需要的同时，施工机具准备略有富余，确保本工程工期目标的全面实现。施工过程中，进行合理的机械调配，发挥各机械的最大效率。根据工程进度编制进场计划，使机械得到合理的配置及周转，同时减少资金的占用和浪费。

主要施工机具设备为：外接电源设备、电动搅拌机、抹刀、专用锯齿抹刀、木搓板、阴阳角抹刀、2 m靠尺、搅拌桶、冲击钻、壁纸刀、手锯、手持电热丝切割机、托灰板、锤子、卷尺、剪刀、不锈钢打磨抹刀、拉线、弹线墨斗、发泡枪、开孔器、垂球等。施工用劳防用品、安全帽、手套等准备齐全。

4）技术准备

（1）外墙保温工程施工前，建设单位应组织设计、监理、施工总承包（专业分包）、系统供应商等单位对施工图设计文件进行专项会审并形成会审记录，对涉及安全和重要使用功能的重点部位、关键节点等，具体做法和相关技术措施不明确的，应补充出具相关深化设计文件。

（2）专项会审工作完成后，施工总承包（专业分包）单位应依据施工图设计文件及会审记录、相关技术标准、材料产品使用说明书、专家论证意见等编制专项施工方案，并报监理单位审查批准。

（3）保温施工前施工负责人应熟悉图纸，明确施工部位和工程量。组织施工队进行技术交底和观摩学习，进行好安全教育。

（4）外保温施工方案已报总监理工程师或建设单位技术负责人签字认可。

（5）对工人进行技术培训和技术交流，明确施工工艺和技术要求。

（6）全面实行样板引路。外墙保温工程大面积施工前，施工总承包（专业分包）单位应采用相同材料和工艺在工程实体上制作样板墙，样板墙应符合下列要求：①应以工程项目（标段）为单位制作，同一工程项目（标段）采用多个外墙保温系统的，应分别制作。②应设置在山墙与外纵墙的转角部位，面积不得小于 20 m²，且应至少包含外窗洞口、外墙挑出构件各一处。③应设置标识牌逐层解剖展示外墙保温系统各构造层材料种类。④应设置标识牌以图文形式展示保温板粘贴方法及黏结面积要求、锚栓固定方法及锚固深度要求等。⑤样板墙制作的同时，应制作用于检测保温板与基层黏结强度、锚栓锚固力的相关样板件，并委托具有相应资质的质量检测机构进行现场拉拔试验。⑥样板墙制作完成且现场拉拔试验检测合格后，应由建设单位组织监理、施工总承包（专业分包）、系统供应商等单位进行联合验收并形成验收记录（验收记录样式见附件）；联合验收合格后，施工总承包单位应持验收记录及现场拉拔试验报告向工程质量监督机构申请监督抽查，未经监督抽查通过不得进行大面积施工。

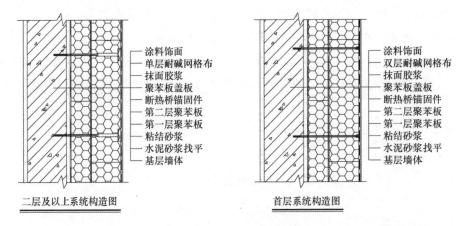

图 11-6　外墙保温系统构造

5）施工条件

（1）外墙外保温施工期间以及完工后 24 小时内。基层及施工环境温度应为 5~35℃，夏季应避免烈日暴晒；在五级以上大风天气和雨、雪天不得施工。如施工中突遇降雨，应采取有效措施防止雨水冲刷墙面。

（2）结构墙体和窗洞口的施工质量应验收合格，结构墙体应采用水泥砂浆实施找平，找平层厚度不宜小于 12 mm。水泥砂浆找平层的平整度和垂直度应符合一般抹灰要求。

（3）根据 2015 年实施的《济南市城乡建设委员会关于加强建筑外墙保温工程施工质量管理的若干规定》中要求："应将外墙面的各类施工孔洞（主要包括穿墙

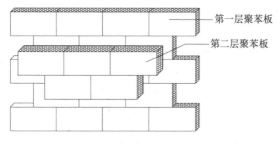

第一层聚苯板

第二层聚苯板

双层保温板排版示意

锚固件布置示意

基层墙体

双层聚苯板

锚固件阳角增强示意

注: 1. 每排聚苯板错缝板长 1/2, 达不到时至少确保 200 mm 的错缝宽度; 2. 双层聚苯板应叠层错缝粘贴, 且横、竖错缝宽度不应小于 150 mm; 3. 聚苯板在阴阳角部位应交叉错缝咬合粘贴; 4. "T"字部位必须打入锚固件, 阳角、门窗洞口边缘区间隔 300 mm 打入一个锚固件增强。

图 11-7 双层保温板排版及锚固件布置示意 (mm)

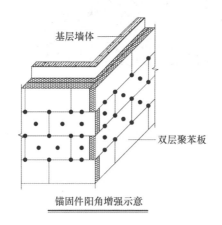

图 11-8 施工工艺流程标识牌

图 11-9 对工人现场技术交底

螺栓孔、脚手架悬挑型钢及连墙件临时预留洞等) 封堵严密并在其迎水面作防水处理; 各类外墙挑出构件的阴角部位应做防水处理。防水材料种类及具体做法应符合设计要求, 宜选用水泥基渗透结晶型防水涂料。"

(4) 由于被动房窗洞口、穿墙管道、通风管道、落水管道等孔洞内由防水隔汽

图 11-10　样板间制作

膜、外由防水透气膜包裹，已满足基本的防水要求，不需要再次进行防水处理。

（5）被动房外墙应尽量减少支架、龙骨、开关、插座接线盒等会导致"热桥"或影响外墙保温性能的部件。必须固定在基层墙面上伸出墙面的水落管支架、空调管支架、外遮阳设备或消防梯等构件时，应在保温施工前安装好连接件或支架，做好防锈处理，安装时采用一定的断热桥措施，如预固定金属构件与基墙的连接处使用塑料垫片或厚度不小于 20 mm 的保温材料垫层，安装时还应考虑保温层厚度留出应有的施工距离。

（6）对于外墙穿墙管道，在保温施工前，应先预埋好套管并预留足够的保温间隙，并对套管和基墙交界处采用防水砂浆抹实找平。

（7）被动房外墙保温施工前，必须先完成窗的安装，外挂式窗安装时应注意窗与结构墙之间、窗与第一层保温板之间的缝隙需做好相应的密封处理，窗与结构墙之间使用防水隔汽膜，窗与第一层保温板之间使用防水透气膜，窗与第一层保温板交接的终端部位使用窗连接线条，如图 11-11 和图 11-12 所示。

图 11-11　外挂窗安装完毕　　　　　图 11-12　金属预埋件安装完毕

（8）施工用专用脚手架应搭设牢固，安全检验合格。脚手架横竖杆与墙面、墙角的间距应满足施工要求。（如采用吊篮施工，吊篮的运输、安装、移动和拆卸也应当满足相关的规范要求。）

（9）作业现场应通水通电，并保持作业环境清洁和道路畅通。

（10）基层墙面要求。①由于薄抹灰外墙外保温系统抹面层和饰面层的偏差很大程度上取决于基层，为保证保温工程的质量，保温层要求铺在坚实、平整的表面上，应采用聚合物水泥砂浆对基层墙面进行整体找平处理，找平层应黏结牢固，表面平整洁净，表面平整度偏差不得超过 5 mm。严禁在未经处理的基层墙面上直接粘贴保温板，防止外墙渗漏或因基层墙面不平整导致保温板粘贴不附实。②水泥砂浆外墙面粉刷层基层黏结牢固、无开裂、无空鼓、无渗水。③基层面干燥、平整，平整度用 2 m 靠尺测定小于 5 mm 误差；基层面具一定强度，表面强度不小于 0.5 MPa。④基层墙体必须清理干净，使墙面没有油、浮尘、污垢或空鼓的疏松层等污染物及其他妨碍黏结的异物，应将外墙面的各类施工孔洞（主要包括穿墙螺栓孔、脚手架悬挑型钢及连墙件临时预留洞等）封堵严密并在其迎水面作防水处理；各类外墙挑出构件的阴角部位应做防水处理。防水材料种类及具体做法应符合设计要求，宜选用水泥基渗透结晶型防水涂料。并剔除墙表面的突出物，使之平整，必要时用水冲洗墙面。经过冲洗的墙面必须晾干后，方可进行下道工序的施工。

墙面基层具体验收标准如表 11-1 所示。

表 11-1 墙体基层面的要求与验收

做法	检查项目			要求	备注
钢筋混凝土结构或其他砌体墙	基层面强度			符合要求；钻机钻孔观察强度状况和是否有起砂现象	不合格，实施界面增强处理
	基层面外观状态			无油污、脱膜剂、浮尘等影响黏结效果的异常现象	不合格，实施界面处理
				无明显水迹、空鼓爆灰、裂纹	不合格，进行修补与处理
	墙面垂直度	每层		≤3 mm 偏差（2 m 托线板检查）	不合格，实施找平
		层高	≤5 m ＞5 m	经纬仪或	不合格，实施找平
			≤5 mm ≤8 mm	吊线检查	
		全高		H/1 000 且≤20 mm	不合格，实施找平
	表面平度	2 m 长度		≤4 mm 偏差（2 m 靠尺检查）	不合格，实施找平

注：《外墙外保温施工技术规程》（JGJ 144—2004）中基层要求。

11.1.3 外墙保温施工工艺

1. 工艺流程

具体工艺流程如图 11-13 所示。

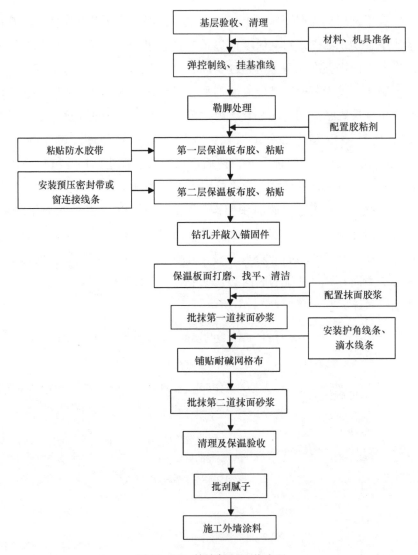

图 11-13 外墙保温工艺流程

2. 外保温施工工艺

1) 弹控制线、挂基准线

弹线控制：根据建筑物立面设计，在墙面弹出外窗水平、垂直控制线，并应视墙面洞口分布进行保温板预排版，并做好相应标记。根据提供的控制线和水平点弹出单体楼房的外地坪水平线起点。当需要设置系统变形缝、防火隔离带时，应在墙面相应位置弹出安装线及宽度线。

挂基准线：在建筑外墙大角（阳角、阴角）及其他必要处挂垂直基准线，垂线与墙面的间距为所贴保温层的厚度，每个楼层在适当位置挂水平线，以控制保温层的垂直度和平整度。

图 11-14　放水平线

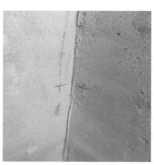

图 11-15　水平线交圈

图 11-16　挂垂直线

2）勒脚处理

对于有地下室的建筑，地面建筑外墙外保温与地下部分保温应该连续，并在保温层内外侧均施工一道防水层，防水层应延伸至室外地面以上不宜小于 300 mm。防水层应严密包裹住保温层，防止水分进入保温层而降低保温效果。

图 11-17　勒脚铺设防水层

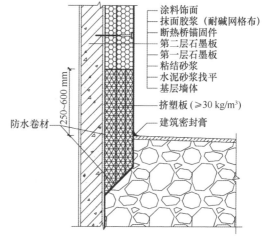

图 11-18　外墙保温层切 45°角封闭

3）黏结砂浆的配置

在干净的塑料桶里倒入一定量的洁净水，采用手持式电动搅拌器边搅拌边加入配套聚合物黏结砂浆，水灰比应根据产品说明进行控制，用电动搅拌器充分搅拌 5~7 分钟，直到搅拌均匀，稠度适中为止，放置 5 分钟进行熟化，使用时，再搅拌一下即可使用。一次配置用量以 2 小时内用完为宜，配置好的黏结砂浆注意防晒避风，超过可操作时间不准再度加水使用，应作为废料处理。黏结砂浆应集中搅拌，专人定岗操作（图 11-19）。

图 11-19　配置黏结砂浆

4）保温板布胶

保温板切割：保温板标准板尺寸为 1 200 mm×600 mm，板的外观尺寸偏差应在规定范围内，当现场需要切割时应采用电热丝切割器或专用锯切割，大小面应垂直，切口需平整。保温板切割处，应使用打磨板进行打磨后再进行粘贴（图 11-20 和图 11-21）。

考虑到基层墙体平整度情况，第一层保温板应采用点框法布胶（当遇见基层平整度偏差较大时，可以依靠黏结砂浆的点厚来进行调节），布胶面积、黏结厚度应符合国家、行业或者地方标准规定的要求。

点框法采用抹刀在每块保温板四周边涂抹宽约 50 mm，厚度 10 mm 的黏结砂浆，然后再在保温板中部均匀甩上 8 块直径约 140 mm，厚度 10 mm 的黏结点，此黏结点要布置均匀，板的侧面不得涂抹或沾有黏结砂浆（图 11-22）。

由于粘贴完第一层保温板后墙面的平整度得到一定的控制，在平整度情况较良好时，第二层保温板应采用条粘法布胶（图 11-23）。先采用抹刀满批，然后采用专用锯齿抹刀（图 11-24）批刮出黏结砂浆条，施工过程中可根据锯齿抹刀的齿宽、齿深控制布胶量。

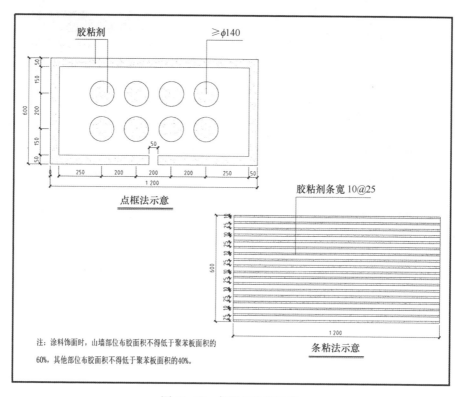

图 11-20 保温板布胶示意

图 11-21 保温板切割

图 11-22 点框法布胶

图 11-23　保温板条粘法布胶　　　　　图 11-24　专用锯齿抹刀

5）保温板粘贴

自外墙面底部起横排布板、自下而上施工。布好胶的保温板立即粘贴到墙面上，动作迅速，以防胶料结皮而影响黏结效果。粘贴保温板时，应用手按住保温板面沿四面揉动就位，严禁用手拍击。在粘板过程中，应随时使用 2 m 靠尺测量板面平整度，不平时，使用 2 m 靠尺轻轻敲打、挤压板面。应及时清除干净板侧挤出的黏结料，达到板与板间挤紧，板间不留间隙，碰头缝处不可涂抹黏结砂浆。板与板之间要挤紧，板间缝隙不大于 1.5 mm，板间高差不大于 1.5 mm。板间缝隙大于 1.5 mm 时，应使用保温条将缝塞满，板条不得黏结，板缝更不得用黏结砂浆直接填塞。板间高差较大的部位应使用打磨板打磨平整。

一般先从墙拐角（阳角）处粘贴，应先排好尺寸，切割保温板，使其粘贴时垂直交错连接，确保拐角处顺垂且交错垂直（图 11-25）。

图 11-25　第一层保温板粘贴

每一排保温板应竖向错缝板长 1/2，达不到时至少确保 200 mm 的错缝宽度。双层保温板应叠层错缝粘贴，第二层保温板与第一层保温板横、竖向均应错缝，且错缝宽度不应小于 200 mm。阴阳角部位，保温板应交叉错缝咬合粘贴，咬合部位不得带有黏结砂浆（图 11-26）。

图 11-26　第二层保温板粘贴

　　两层保温板施工完成后均需采用聚氨酯发泡剂将保温板与板，保温板与构建之间的缝隙填塞满，以保证整个保温系统的气密性。

　　在粘贴窗框四周的阳角和外墙阳角时，窗框应已打发泡剂、勾缝及嵌好密封膏，将切割好并布好胶的 20 mm 保温条紧压外墙面及墙面大面的保温板侧面端口，窗框边也用胶粘剂贴紧，粘贴紧密。上窄幅网和大网至窗框边，交后一道工序施工，外边框应打防水胶。在粘贴外墙阳角和窗框四周的阳角时，应先弹好基准线，作为控制阳角上下垂直的依据。门、窗及洞口角上粘贴的保温板应用整块裁出，不得拼接。而且保温板的接缝处要离开转角至少 200 mm。窗洞口四角周围的保温板应割成"L"形进行整板粘贴。外挂窗安装时应注意窗与结构墙之间、窗与第一层保温板之间的缝隙需做好相应的密封、防水处理。窗与第一层保温板之间应使用防水透气膜将其金属固定件完全包裹，窗与第一层保温板交接的终端部位宜使用窗连接线条（图 11-27）。第二层保温板覆盖部分窗框压在窗连接线条上，窗连接线条自带的网格布翻包至第二层保温板面。第二层保温板与窗台板两侧及底面相接处的部位宜使用预压膨胀密封带压紧（图 11-28），遮阳外卷帘等凸出墙面的金属预埋件与基层墙面之间的空隙应采用保温板块填塞满（图 11-29）。

图 11-27　安装窗连接线条　　图 11-28　粘贴预压膨胀密封带　　图 11-29　保温板覆金属预埋件

根据被动式建筑外保温的要求，第二层保温板要压住窗框部分 2/3 以上，尽可能地减少暴露面积。

6）岩棉防火隔离带施工

依照《建筑设计防火规范》（GB 50016—2014）的要求：当外墙保温材料采用 B1、B2 级材料时，应在每层设置防火隔离带，防火隔离带燃烧性能等级应为 A 级，且宽度不应小于 300 mm（图 11-30）。

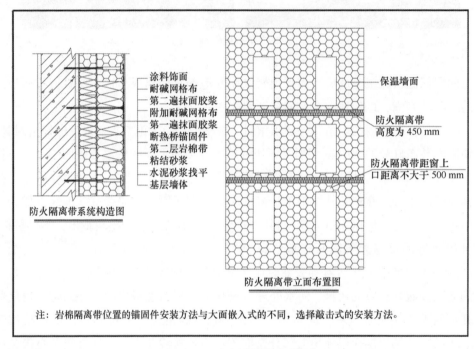

图 11-30　防火隔离带布置示意

（1）防火隔离带施工应与外立面双层聚苯板外墙外保温系统施工同步进行。

（2）岩棉防火隔离带布胶前采用界面剂对其表面进行处理，施工部位位于窗上口与楼层施工缝之间，施工完毕及时用砂浆封闭。

（3）先选定设置防火隔离带的位置并画线，保温板自下而上粘贴到画线位置时，进行防火隔离带施工。本项目防火隔离带选用岩棉带，燃烧性能为 A 级，由于岩棉自身的特性，在其粘贴上墙之前，需要进行界面处理，即在岩棉带的表面满涂界面砂浆以增强其与墙面及防护层的黏结强度。

（4）防火隔离带满布黏结砂浆，粘贴上墙时需与外立面聚苯板紧靠，岩棉带间、岩棉带与聚苯板间缝隙较大时，需用岩棉条进行填塞。

（5）第二层岩棉带与第一层岩棉带需错缝处理，横向缝错缝宽度为 75 mm，竖向缝错缝宽度不小于 50 mm。防火隔离带下沿与窗上口距离不宜大于 500 mm。

图 11-31　满打底灰

图 11-32　铺设附加网

（6）为了防止雨水通过岩棉带进入外墙外保温系统，在岩棉带打磨完成后需立即用抹面砂浆及附加耐碱网格布将岩棉带进行封闭处理。

（7）在附加网格布上的抹面砂浆还是潮湿的情况下，进行锚固件锚固。锚固件穿过附加网格布，且布置数量应满足相应的国家、行业或者地方标准的要求；锚固件安装完成后，表面用抹面砂浆覆盖。等到封闭用抹面砂浆干燥后，再进行大面网格布施工。

（8）抹面层施工完成，验收合格后，养护 3~7 天即可进行后续涂料饰面施工。

7）锚栓安装

保温系统一般在黏结层自然养护 24 小时后（夏天气温高，可以 12 小时后即可）即可进行安装锚固件。

（1）按照设计要求的位置使用冲击钻钻孔，锚固深度为基层内不低于 25 mm，钻孔深度根据使用的保温板厚度采用相应长度的钻头，钻孔深度比锚固件长 10~15 mm。

（2）任何面积大于 0.1 m² 的单块保温板必须加固定件，数量视形状及现场情况而定，对于小于 0.1 m² 的单块保温板应根据现场实际情况决定是否加固定件。板与板间的"T"字部位必须打入锚固件。

（3）固定件加密：一般在阳角、窗洞口边缘区加密处理，距离间隔 300 mm。

（4）在钻孔边缘采取先压陷与工程膨胀钉帽近似尺寸的区域，然后将工程膨胀钉敲入，以达到与保温板面平齐后略拧入一些；再将膨胀钉轻轻敲入，确保膨胀钉尾部膨胀回拧使之与基层充分锚固并保持板面齐平。

（5）锚固件安装完毕后四周做防水处理。

被动房外墙保温需采用断热桥锚固定件，沉头式安装法和浮头式安装法均适用于单网外墙外保温系统，而双网外墙外保温系统（例如岩棉隔离带部位）只适用浮头式安装法。锚固件布置数量必须满足国家、行业或者地方标准的要求。

沉头式锚固件安装方法：按照设计要求的位置使用冲击钻钻孔，钻头直径与锚固件同规格，钻孔深度应比锚固件长 20~30 mm，将锚固件的塑料圆盘连带钉芯一同装入孔中，安装开孔器后将其对准钉芯的尾端，将锚固件旋转安装固定进基层墙体，再用相同规格的圆形保温盖板将孔封堵。注意锚固件入墙深度应满足设计要求（图 11-33 至图 11-38）。

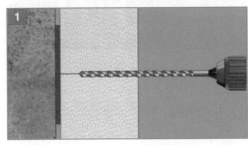

图 11-33　冲击钻钻孔

图 11-34　锚固件拍进保温板

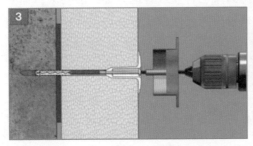

图 11-35　开孔器对准钉芯尾端

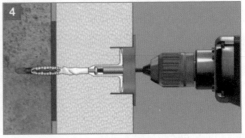

图 11-36　锚固件旋转进墙体

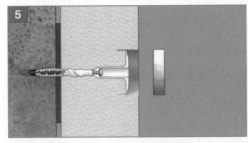

图 11-37　采用保温盖板覆盖

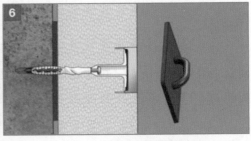

图 11-38　调整板面平整度

浮头式锚固件安装方法：使用冲击钻钻孔，钻头直径与锚固件同规格，钻孔深度应比锚固件长，将锚固件的塑料圆盘连带钉芯一同装入孔中，披头对准钉芯的尾端，将钉芯旋转安装固定进基层墙体，再用相同规格的保温条将孔封堵。注意锚固件入墙深度应满足设计要求（图11-39至图11-45）。

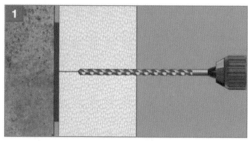

图11-39　冲击钻钻孔

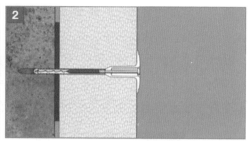

图11-40　锚固件拍进保温板

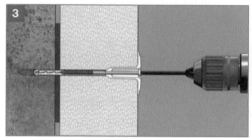

图11-41　披头对准钉芯尾端

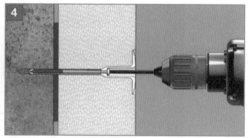

图11-42　钉芯旋转进墙体

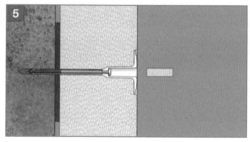

图11-43　塞进同规格保温条

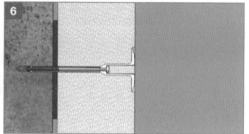

图11-44　锚固件安装完毕

图11-45　安装完成面

8）抹面砂浆的配置

抹面砂浆为配套成品聚合物砂浆，可在现场搅拌（图11-46）。在干净的搅拌桶里倒入一定量的洁净水，加水量约为粉剂的20%；采用手持式电动搅拌器边搅拌边加入配套聚合物抹面砂浆，充分搅拌均匀，搅拌时间为5~7分钟，稠度适中，放置一段时间进行熟化；使用时，用电动搅拌器再搅拌一下即可使用。一次配置用量以2小时内用完为宜，配好的聚合物砂浆应采取防晒避风措施，如果超过可操作时间不准再度加水使用，应作为废料处理。抹面砂浆应集中搅拌，专人定岗负责。

图11-46　抹面砂浆的配置

切记：抹面砂浆要搅拌充分，黏度确保刚粘贴上的抹面胶浆不掉落，不可加水过多；抹面胶浆只需加洁净水，不可加入其他添加料如：水泥、砂、防冻剂及其他异物；调好的抹面胶浆宜在4小时内用完；工作完毕，务必及时清洗干净工具。

9）抹面层施工

在大面积挂网之前，应先完成耐碱网格布翻包的工作，例如，在洞口四角处沿45°方向铺设一道200 mm×300 mm的附加网格布；在阴角部位铺设一道不小于400 mm宽的网格布等。还应先在阳角部位、窗洞口部位满打底灰安装护角线条、滴水线条。大面积网格布搭结在窗洞口周边的网格布。

抹面胶浆施工前应还先将耐碱网格布按楼层高度分段裁好，将耐碱网格布裁成长度3 m左右的网片，并尽量将网片整平。

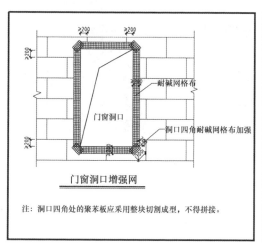
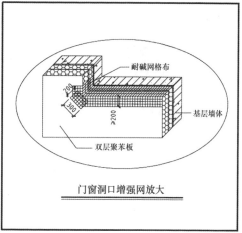

图 11-47　窗洞口增强网示意（mm）

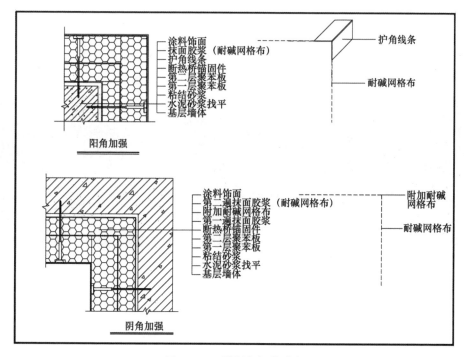

图 11-48　阴阳角加强示意

图 11-49　铺设 45°增强网　　　图 11-50　安装阳角护角线条　　　图 11-51　安装滴水线条

　　将制备好的抹面砂浆均匀地涂抹在保温板上，采用专用锯齿抹刀在保温板上拉涂，紧接着将裁剪好的网格布绷紧贴于底层抹面胶浆上，用抹刀边缘线压固定，然后将抹面胶浆在网格布上均匀抹平整，要确保抹面胶浆均匀，并保证整体面的平整度符合要求。

　　其间，要确保抹面胶浆与保温板黏结良好，分配物料并保证黏结良好，防止空鼓。

　　该工序不仅可以使得抹面砂浆充分包裹网格布，还能使得网格布尽量靠近抹面层的表面约 1/3 处，使得网格布的作用发挥到最大。该工序的施工质量控制标准为：看不见网格布颜色而看得见网格布格子。该工序强调工人相互配合。

图 11-52　锯齿抹刀涂拉砂浆　　　图 11-53　抹面一次成型　　　图 11-54　完成面

　　（1）大面积网格布埋填：沿水平方向绷直绷平，并将弯曲的一面朝里，自上而下一圈一圈铺设，然后由中间向上下、左右方向将抹面胶浆抹平整，确保抹面胶浆紧贴网布黏结，无空鼓、无外露。网格布左右搭接宽度不小于 80 mm，上下搭接宽度不小于 100 mm，局部搭接处可用抹面砂浆补充原砂浆不足处，不得使网格布皱褶、空鼓。该工序必须先布胶再埋网，严禁干挂网及挂花网的情形出现。

　　（2）对装饰凹缝，也应沿凹槽将网格布埋入抹面砂浆内，网格布在此断开处必须搭接，搭接宽度不少于 150 mm。

　　（3）对后于保温施工的墙体预留洞处理：在洞口四周应留出 100 mm 不抹黏结

剂，保温板层也应留出 100 mm 不抹面胶浆，待以后对局部进行修整。

（4）在阴阳角处网格布还需从每边双向绕角且相互搭接宽度不小于 200 mm。

（5）防火隔离带铺贴双层耐碱网格布，两层网格布之间抹面砂浆应饱满，严禁干贴。

（6）待第一道砂浆固化良好后，将制备好的抹面砂浆均匀涂抹，抹面层厚度以盖住网格布为准（现网不漏网为宜），避免形成空鼓。必须用大板批刮，再用小板、毛刷收光，达到平整度要求，抹面砂浆面层平整度/垂直度应控制在 4 mm 之内。

（7）抹面砂浆施工完毕后，再经自然养护 3~7 天后，经验收合格后即可进行后续饰面层工作。

3. 外墙保温施工注意事项

（1）施工前，应根据保温板材规格进行排版，并确定锚固件的数量及安装位置。

（2）外保温施工前，应具备以下条件：①基层墙面表面平整度和立面垂直度均应满足相关标准要求，且应清洁，无油污、浮尘等附着物。②外墙上预埋固定件、穿墙套管等均施工完毕。③外窗框安装就位。

（3）外墙粘贴保温材料时，宜采用点框粘贴；安装锚固件时，应先向预打孔洞中注入聚氨酯发泡剂，再立即安装锚固件；严禁采用点粘法粘贴保温板，防止保温板背面缝隙贯通相连而放大风荷载效应；对岩棉板，尚应采用金属托架进行承托处理，金属托架规格、数量及位置应符合设计要求。

（4）窗洞口四角处的保温板应整块切割成型，不得拼接；变形缝两端必须按设计要求填塞保温板。

（5）为防止雨、雪水渗入保温板与基层之间产生冻胀效应，对勒脚、变形缝、外墙洞口、女儿墙墙顶等系统起、终端部位，应进行防水密封处理。

（6）保温板应平整紧密地粘贴在基墙上，避免出现空腔，造成对流换热损失和保温脱落隐患。当发现有较大的缝隙或孔洞时，应拆除重做；如果仅为保温板外部表面缝隙或局部缺陷，可用发泡保温材料进行填补；如果缺陷为内侧的缝隙或空腔，使用发泡剂进行封堵不能保证长期的可靠性，则必须拆除重做。

（7）防火隔离带与其他保温材料应搭接严密或采用错缝粘贴，避免出现较大缝隙；如缝隙较大，应采用发泡材料严密封堵。

（8）对管线穿外墙部位应进行封堵，并应妥善设计封堵工艺，确保封堵紧密充实。

（9）外墙保温板抹面胶浆及锚栓安装施工，除应严格执行相关现行国家及地方技术标准外，还应符合下列要求：①XPS 板、岩棉板粘贴前必须进行界面处理，对 XPS 板，两个大面应喷刷专用界面剂，对岩棉板，2 个大面和 4 个小面均应喷刷防水型界面剂。②现场配制抹面胶浆时，应按照其产品使用说明书要求严格计量，并在规定时间内使用，不得二次加水拌和。③对 EPS/XPS 板，抹面胶浆层应分两次施工，并在第一道抹面胶浆施工时压入一层耐碱玻纤网，其中防火隔离带与保温板交接处应在第二道抹面胶浆施工时加铺一层耐碱玻纤网（上下搭接宽度不应小于 200 mm）。对岩棉板，抹面胶浆层应分 3 次施工，并在第一道抹面胶浆和第二道抹面胶浆施工时分别压入一层耐碱玻纤网。④在勒脚、变形缝、外墙洞口、女儿墙墙顶等系统起、终端部位应采用耐碱玻纤网进行翻包处理，在阴阳角部位应采用角网进行增强处理，避免抹面胶浆因应力集中产生开裂，防止雨、雪水渗入。⑤锚栓的数量应符合设计及相关标准要求；在保温板四角及水平缝中间均应设置锚栓，纵向间距不得大于 300 mm，横向间距不得大于 400 mm，梅花形布置，基层转角处间距不得大于 200 mm，窗洞口四周每边至少应布置 3 个锚栓。锚栓的有效锚固深度应符合设计及相关标准要求，在混凝土墙中不应小于 35 mm，在砌体墙中不应小于 60 mm。⑥对 EPS/XPS 板，锚栓的塑料圆盘直径不应小于 50 mm；对岩棉板，锚栓的塑料圆盘直径不应小于 140 mm。⑦锚栓安装应在第一道抹面胶浆（含耐碱玻纤网）施工完成后进行；锚栓钻孔及安装施工应严格按照其产品说明书要求进行，对旋入式锚栓，严禁采用锤击敲入的方式安装。

11.1.4　节点处理

节点及风道做法详见图 11-55 至图 11-60。

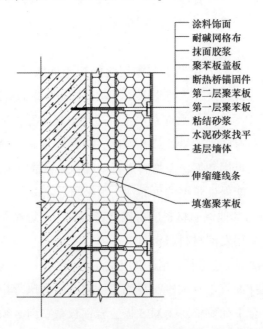

涂料饰面
耐碱网格布
抹面胶浆
聚苯板盖板
断热桥锚固件
第二层聚苯板
第一层聚苯板
粘结砂浆
水泥砂浆找平
基层墙体

伸缩缝线条
填塞聚苯板

图 11-55　外墙变形缝节点（一）

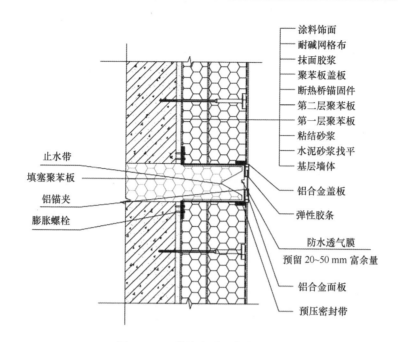

涂料饰面
耐碱网格布
抹面胶浆
聚苯板盖板
断热桥锚固件
第二层聚苯板
第一层聚苯板
粘结砂浆
水泥砂浆找平
基层墙体

止水带
填塞聚苯板
铝锚夹
膨胀螺栓

铝合金盖板
弹性胶条
防水透气膜
预留 20~50 mm 富余量
铝合金面板
预压密封带

图 11-56　外墙变形缝节点（二）

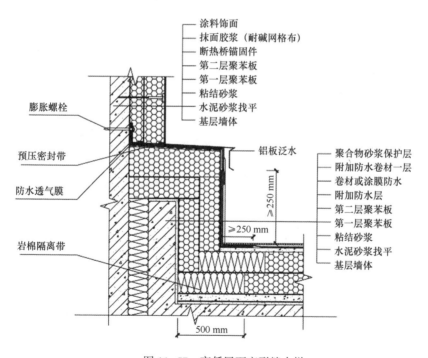

涂料饰面
抹面胶浆（耐碱网格布）
断热桥锚固件
第二层聚苯板
第一层聚苯板
粘结砂浆
水泥砂浆找平
基层墙体

膨胀螺栓
预压密封带
防水透气膜
岩棉隔离带

铝板泛水

≥250 mm
≥250 mm
500 mm

聚合物砂浆保护层
附加防水卷材一层
卷材或涂膜防水
附加防水层
第二层聚苯板
第一层聚苯板
粘结砂浆
水泥砂浆找平
基层墙体

图 11-57　高低屋面变形缝大样

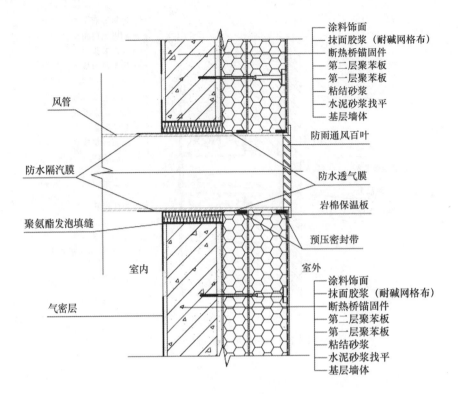

图 11-58　风道穿外墙做法

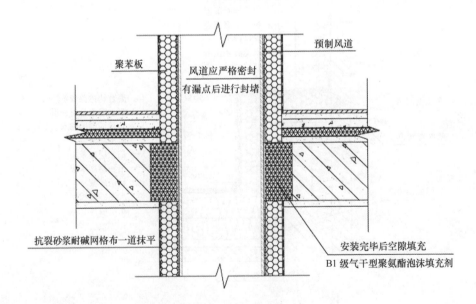

图 11-59　风道穿楼面做法

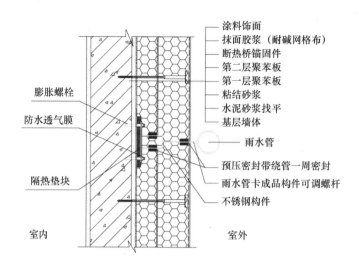

图 11-60　雨水管固定件节点

11.1.5　质量管理

1）外墙隐蔽工程重点检查内容

（1）基层表面状况及处理；

（2）保温层的敷设方式、厚度和板材缝隙填充质量；

（3）锚固件安装；

（4）网格布铺设；

（5）热桥部位处理等。

表 11-2　关键质量控制节点

控制点	控制点项目名称	备注
外墙粉刷	挂线、打点	
外墙粉刷	平整度、垂直度实测实量复核	留具资料
外墙粉刷	渗漏点排查	留具影像资料
保温施工	黏结面积、翻包网、网格布搭接、锚栓施工、洞口处理	隐蔽资料记录并留具影像资料
保温施工	热辐射自检	
涂料施工	腻子打磨、平整度、垂直度复核	留具资料

2）质量管理措施

（1）对于隐蔽施工需严格按照上道工序汇报→检查→工序交接→下道工序施工流程施工。

（2）做好班前交底，对于关键质量控制点施工提前做好巡视验收准备，不得遗漏，以现场资料为准，责任到人。

（3）关注天气，安排将受雨水影响质量的工序提前或落后施工。并在雨天检查渗漏点，明确部位留具资料后进行修补。

（4）现场施工人员进行交底时明确质量目标、奖罚措施；管理人员在关键质量施工节点全程跟踪。

（5）对于材料进场检查后，不定期检查，确保材料的质量。

3）外保温系统的验收

外墙保温板粘贴及抹面胶浆、锚栓安装施工过程中，施工总承包（专业分包）单位严格按照本规定及相关技术标准要求进行自检及工序交接检验，监理单位按下列要求实施对关键施工环节的检查验收：①对每一检验批均应严格实施隐蔽验收检查并附影像资料，隐蔽验收内容包括：外墙基层防水及整体找平处理、保温板界面处理、保温板黏结方式及黏结面积率、耐碱玻纤网设置、锚栓规格、位置及有效锚固深度等。②每一检验批施工完成后，应随机剥露检查不少于3处有代表性的保温板，对保温板黏结方法、黏结面积率、锚栓有效锚固深度等进行验证，并形成书面及影像检查记录。

保温板黏结方法、黏结面积率、锚栓有效锚固深度等检查项目中，若有1项不合格，即判定该处检查部位不合格。

对随机剥露检查的3处检查部位，若有2处及以上不合格，即判定该检验批不合格。若有1处不合格，应另外随机抽取6处进行检查，若仍有1处及以上不合格，则判定该检验批不合格；若另外6处全都合格，则判定该检验批合格，同时应对第一次检查所发现的不合格部位进行返工处理。

经检查不合格的，应立即签发相关监理文件，责令施工总承包（专业分包）单位返工重做并重新检查验收。

4）外保温系统的检测

外墙保温抹面层施工完成后，建设单位应委托具有相应资质的质量检测机构对保温板与基层黏结强度、锚固件锚固力进行现场拉拔试验。

（1）锚固件锚固力的现场拉拔试验应按每3层外墙为一个检测批，对不同基层的墙体，当该3层外墙面积不大于1 000 m² 时，应随机抽取3个测点，当该3层外墙面积大于1 000 m² 时，每增加500 m² 加测1点，增加面积不足500 m² 时按500 m² 计算。每层应至少抽取1个测点，上下层测点应在不同外墙面抽取。本条所指外墙面积为每层外墙所有立面的正投影面积之和，不扣除外窗洞口面积。

（2）保温板与基层黏结强度现场拉拔试验，每个单位工程每种类型的基层墙体的检测不少于一组，每组不少于5处。

（3）现场检测前，检测机构应根据工程设计文件、标准规范、检测合同编制检测方案，并经检测机构技术负责人审批同意及委托方确认。检测机构应至少提前 5 个工作日将检测计划告知监督机构。

（4）现场测点应编号，形成示意图。测点布置、检测过程等应留影像记录。监理应按规定见证检测，对测点布置示意图、检测原始记录应及时签字确认。

（5）检测机构的检测方案、测点布置示意图、检测影像记录应与检测原始记录、检测报告一并归档保存。检测机构出具的检测报告应注明实测值。不合格报告应及时上报监督机构。

11.2　屋面保温系统施工技术

11.2.1　屋面保温系统工程概况

良好的屋面保温系统是实现被动式节能建筑的重要组成部分。为保温系统的完整性，屋面保温层需覆盖屋面所有结构，且与外墙保温系统连为一体。同时，为了保证保温系统的有效性，尚需高品质的防水材料对屋面保温层进行安全包裹，防止雨水或湿气的进入而影响屋面保温系统的保温效果，如图 11-61 所示。

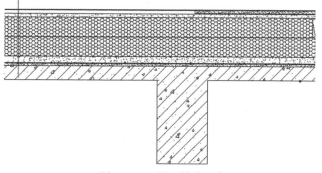

1. 8 mm 厚釉面防滑地砖铺实拍平，缝宽 5~8 mm；1:1 水泥砂浆填缝
2. 25 mm 厚 1:3 水泥砂浆结合层
3. 40 mm 厚 C20 细石混凝土内配 $\phi 6$ 一级钢筋网，双向中距 150 mm
4. 隔离层：200 g/m³ 聚酯无纺布
5. 4 mm+3 mm 厚自粘聚合物改性沥青聚酯胎防水卷材
6. 150 mm+150 mm 厚 EPS 保温板（表现密度 ≥25 kg/m³ 压缩强度 ≥180 kPa）
7. 隔汽层：1.2 mm 厚耐碱腐蚀铝箔面层 SBS 改性沥青防水卷材 (SD≥1 500 m)
8. 20 mm 厚 1:3 水泥砂浆找平
9. LC5.0 陶粒混凝土找坡 2%，最薄处 30 mm 厚
10. 现浇钢筋混凝土板

图 11-61　屋面做法示意

本工程屋面保温层为 300 mm 厚模塑聚苯板，采用 150 mm+150 mm 两层错缝铺设，屋面防火隔离带采用玻化微珠防火保温板。陶粒混凝土找坡，隔汽层为 1.2 mm 厚耐碱腐蚀铝箔面层 SBS 改性沥青防水卷材（SD≥1 500 m），防水层为 4 mm+3 mm 厚自粘聚合物改性沥青聚酯胎防水卷材，防水等级为一级，防滑面砖面层。

11.2.2　屋面保温系统施工流程

1. 施工流程

施工准备→基层处理及出屋面风井、管根等根部处理→隔汽层铺设→第一层保温板施工→第二层保温板施工→第一层防水层施工→第二层防水层施工→验收。

2. 施工准备

1）材料准备

进场的材料验收合格，检测复试合格。材料外观无损坏，尺寸误差在允许范围之内。

2）施工机具准备

主要施工机具设备为：外接电源设备、2 m 靠尺、壁纸刀、手锯、手持电热丝切割机、卷尺、拉线、弹线墨斗、发泡枪等。施工用劳防用品、安全帽、手套等准备齐全。

3）技术准备

①施工方案的选择。由于本工程屋面设备较多，原设计设备基础落在结构板上，保温和防水层施工时节点处理较困难，容易产生渗漏点，雨水进入保温层造成保温效果下降，影响屋面整体保温效果。经与设计和监理单位协商，确定待屋面保温防水层施工完毕后，在保护层上施工设备基础，从而保证了屋面防水保温的整体性。另外，由于本工程恰逢在雨季施工，阴雨天气极大地影响了工程质量和工程进度。经与防水施工单位沟通，报设计院同意，确定采用干法施工。即保温板用专用 PU 胶粘贴在基层上，两层保温板之间也采用 PU 胶粘贴，防水卷材直接粘贴在保温层上，减少了在保温层上施工找坡找平层，避免了找坡找平层自带含水无法干燥或者雨后根本无法施工，造成防水层被水包裹，节点、搭接部位就会容易被侵蚀损坏，造成渗漏。同时，根据天气情况设置防水分区，减少了气候对施工的影响，保证了一个分区防水、保温系统的损坏而不影响其他防水分区的保温、防水效果，提高了工程质量。两道防水卷材错缝搭接，上面的搭接部位被下面的整面卷材弥补，同理下面搭接部位被上面整面弥补，实现无缝效果。保温层完全被防水层包裹，有效保障了保温材料的长久使用。②保温施工前施工负责人应熟悉图纸，明确施工部位和工程量。③屋面保温施工方案已报总监理工程师或建设单位技术负责人签字认可。④对工人进行技术培训和技术交底，明确施工工艺和质量要求。⑤实行样板间制度。在大面积施工前，现制作样板，

样板间经建设、监理单位共同验收合格后方可大面积进行施工。

3. 施工条件

屋面保温层施工时，基层必须保持干燥。尽量避免在雨季施工。

4. 施工要点

1）基层处理

首先清理基层，将基层表面的泥土、浮浆块等杂物清理干净。突出屋面的管道、风井等根部进行检查，清除模板、钢丝等。对雨水口和其他孔洞临时进行封堵。屋面避雷带的焊接和埋设。

基层要平整、干净、干燥，无开裂，含水率符合规范要求。如果基层开裂，要用聚氨酯进行灌缝处理。

2）隔汽层施工

本工程隔汽层采用1.2厚耐碱腐蚀铝箔面层SBS改性沥青防水卷材（SD≥1 500 m），主要是保证屋面的气密性，同时也起到防水层的作用，防止基层内湿气进入到保温层内而降低保温效果。隔汽层必须上翻到女儿墙和出屋面管道、设备基础顶部，以保证建筑物整体气密性效果。

（1）涂刷冷底子油：使用环保型沥青冷底子油，涂刷于干燥的基面上，不宜在有雨、雾、露的环境中施工。用量为300~500 g/m^2。

（2）隔汽层采用1.2 mm厚耐碱腐蚀铝箔面层SBS改性沥青防水卷材（SD≥1 500 m），揭去下表面及接缝处的自粘保护膜直接黏结在基层上，搭接宽度为8 cm。

（3）纵向搭接宜在波峰位置，接缝和收边部位都要压实密封。

（4）"T"形接头须作45℃斜角，搭接形成的不平应采用胶带或者热烘烤方式使其平整。

（5）隔汽层沿墙面向上翻过女儿墙下延350 mm。

（6）穿过隔汽层的管线周围应封严，转角处应无折损，隔汽层凡有缺陷或破损的部位，均应进行返修。

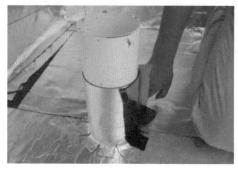 

图11-62 隔汽层施工

3）保温层施工

屋面保温层厚度为 300 mm 厚，保温聚苯板规格为 600 mm×1 200 mm，分150 mm+150 mm 两层铺设，保温板与基层之间以及两层保温板之间采用专用 PU 胶粘剂错缝铺设。

作业条件：

屋面隔汽层已经施工完毕，在墙面和管道上弹好+50 cm 水平线，设置控制面层标高和排水坡度的水平基准线。

将基层打扫干净，使基层达到表面平整、洁净且无积水现象。

在隔汽层按保温板尺寸弹线，每隔 3~4 块的距离弹一道控制线，并将控制线引至女儿墙的底部。弹线由分水线向两边进行，宽度符合保温板的模数，铺砌时便按照弹线位置施工。

11.2.3　施工工艺

（1）PU 专用胶为预发泡聚氨酯，装在专用的塑料瓶内。预发泡胶具有 80% 的预发泡，使用时具有较小的发泡膨胀能力，能保证粘贴保温板时，产生较小的膨胀变形，减少板与基层和板与板之间的缝隙。使用时，用力摇晃专用胶粘剂，安装到胶枪上。

（2）为了确保保温板与基层以及板与板之间具有可靠的黏结强度，在每平方米面积上至少挤出 3 股均匀一致的黏结胶条（分股直径约为 30 mm）。

（3）如果保温板具有梯形片型材，必须施工在上凸缘的最高点，同时需重新计算黏合剂股喷涂股数，必要时还要进行加强处理。

（4）第一层保温板干铺紧靠在基层表面上，应铺平垫稳，两层保温板分层铺设，第一层保温板错峰铺设，板缝要错开 1/3 板宽，保温板缝隙大于 1 mm 时，要用发泡聚氨酯或同等材料进行填塞。第一层保温板铺贴完毕后，进行平整度和外观检查，验收合格后进行第二层铺贴。第二层保温板采用同第一层保温板方法铺设，板缝要与第一层板缝错开 1/3 板宽。

图 11-63　第一层保温板施工

图 11-64　第二层保温板施工

（5）第二层保温板铺设及板缝处理：保温板铺设完毕后，要进行粘接质量和平整度检查，对于空鼓、翘曲、变形的板材要进行更换修复。平整度超出验收标准的要进行打磨、修整。

（6）保温层的质量标准：板状保温材料的质量应符合设计要求。要检查出厂合格证、质量检验报告和进厂复试检验报告。保温层的厚度为 150 mm+150 mm，应符合设计要求，其正偏差应不限，负偏差应为 5%，且不得大于 4 mm。出屋面管道、风井、避雷带、设备基础等屋面热桥部位处理应符合设计要求。板状保温材料铺设应紧贴基层，应铺平垫稳，拼缝应严密，粘贴应牢固。板状材料保温层表面平整度的允许偏差为 5 mm，接缝高低差的允许偏差为 2 mm。

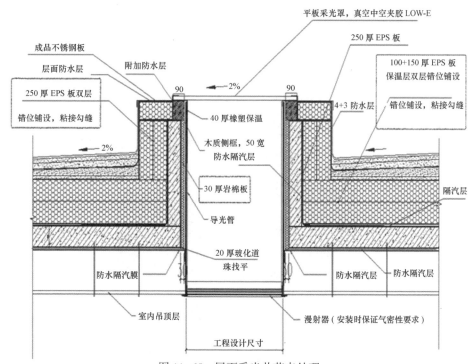

图 11-65　屋面采光井节点处理

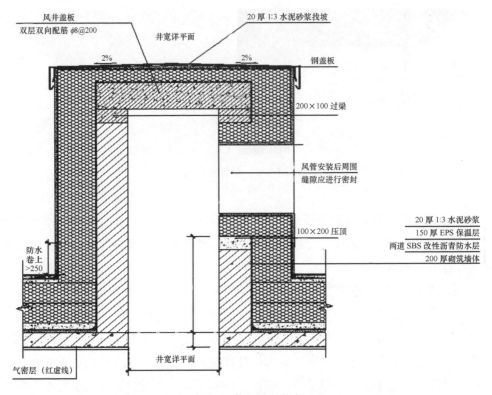

图 11-66 风井出屋面节点处理

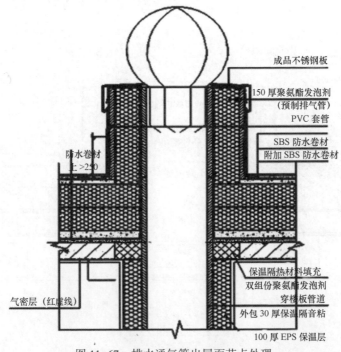

图 11-67 排水通气管出屋面节点处理

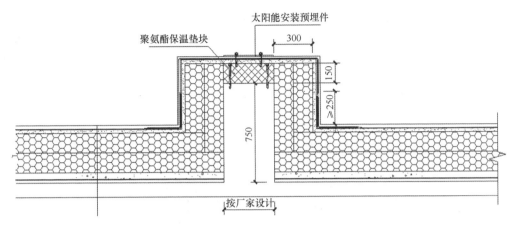

太阳能安装预埋件
聚氨酯保温垫块
300
150
≥250
750
按厂家设计

图 11-68　太阳能基础节点处理

（7）防水卷材施工：本工程屋面防水层采用德国 4+3 厚自黏聚合物改性沥青聚酯胎防水卷材。这是一种优质的弹性改性沥青自粘防水卷材，采用抗撕拉加强胎基，下表面为改性沥青本体自粘胶，上表面为 PE 保护膜及搭接边自粘保护膜。也是一种简单经济的冷自粘防水卷材，搭接边自粘保护膜在上表面，使安装简单易行，并且具有良好的相容性和黏结性能，可以直接与保温板粘接。屋面防水层与隔汽层形成一个严密的封闭系统，完全把屋面保温层包裹，防止雨水或湿气进入保温层而降低保温效果。施工时，需严格按节点精细化施工。

11.2.4　附加层施工

在檐沟、女儿墙、管根、阴阳角等细部先做附加层，附加层宽度每边 250 mm。附加层以屋面最高处上返 250 mm 在女儿墙及高出屋面部位弹水平线为卷材铺贴高度线。水落斗周围与屋面交接处应做密封处理，并加铺一层附加层，附加层和防水层深入水落口杯内不得小于 50 mm，并应黏结牢固。

图 11-69　附加层施工

1）第一层防水卷材施工

（1）第一层防水卷材为 3 mm 厚自粘隔火防水卷材，防水卷材安装时通过揭去底层和搭接边的自粘胶保护膜直接与基层黏结。搭接至少需 8 cm（长向 10 cm，短向 8 cm），在末端需 45°切下一个小角。

图 11-70　防水卷材施工

（2）铺贴卷材宜平行于屋脊铺贴，平行于屋脊的搭接缝应顺流水方向搭接。同一层相邻卷材的搭接不小于 80 mm，相邻两幅卷材短边搭接缝错开不应小于 500 mm，上下层卷材长边搭接缝应错开，且不小于幅宽的 1/3。

（3）被动式屋面气密层沿女儿墙上至女儿墙顶，被动式屋面 4 mm+3 mm 防水卷材沿女儿墙保温层外翻至女儿墙外部下翻 350 mm。

（4）卷材向前滚铺、粘贴，搭接部位应满粘牢固，铺贴时先平面后立面。铺贴平面立面相接茬的卷材，由下向上进行，使卷材紧贴阴阳角，不得有皱褶和空鼓等现象。

（5）在温度较低时，自粘型防水卷材可采用辅助加热的方式进行铺设，注意不要破坏保温层。

图 11-71　第一层防水施工

2）第二层防水卷材施工

（1）第二层防水卷材为 4 mm 厚板岩面改性沥青防水卷材，是热熔型卷材，可采用喷灯热熔焊接安装，应完全热熔铺设在底层卷材上，长边及短边搭接均应大于 8 cm。

（2）第二层卷材铺设方式同第一层防水卷材，两层防水卷材搭接边不小于 1/3 卷材宽度。

（3）叠层铺设的各层卷材，在天沟与屋面的连接处应采用叉接法搭接，搭接缝应错开；接缝宜留在屋面或天沟侧面，不宜留在沟底。

（4）蓄水或淋水试验：防水层铺设完成后，至少放 25 mm 深（最高点）的水 24 小时试验，并堵住所有的出水口，经确认没有渗漏后，办理隐检及蓄水试验手续。若现场无条件蓄水，可在雨后或持续淋水 2 小时后检查屋面有无渗漏、积水和排水系统是否畅通，经确认没有渗漏后，办理隐检及淋水试验手续。

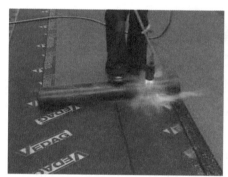 

图 11-72　第二层防水施工

11.2.5　防水工程质量要求

卷材防水层所用卷材及其配套材料，必须符合设计要求，不得有渗漏或积水现象，在天沟、檐沟、檐口、水落口、泛水、变形缝和伸出屋面管道的防水构造，必须符合设计要求。卷材防水层的搭接缝应粘（焊）结牢固，密封严密，不得有皱褶、翘边和鼓泡等缺陷；防水层的收头应与基层黏结并固定牢固，缝口封严，不得翘边。卷材防水层上的撒布材料和浅色应铺撒或涂刷均匀，黏结牢固；水泥砂浆、块材或细石混凝土保护层与卷材防水层间应设置隔离层；刚性保护层的分格缝留置应符合设计要求。排气屋面的排气道应纵横贯通，不得堵塞。排气管应安装牢固，位置正确，封闭严密。卷材的铺贴方向应正确，卷材搭接宽度的允许偏差为-10 mm。

1）屋面保温施工要点

（1）屋面保温施工应选在晴朗、干燥的天气条件下进行；

（2）施工前，应对基层进行清理，确保基层平整、干净；

（3）防水层施工前，应对施工部位保温材料进行保护，防止降水进入保温层；

（4）隔汽层施工时，应注意保护，防止隔气层出现破损，影响对保温层的保护效果；

（5）对管道穿屋面部位应进行封堵，并应妥善设计封堵工艺，确保封堵紧密充实。

2）屋面隐蔽工程重点检查内容

（1）基层表面状况及处理；

（2）保温层的敷设方式、厚度和板材缝隙填充质量；

（3）屋面热桥部位处理；

（4）隔汽层设置；

（5）防水层设置；

（6）雨水口部位的处理等。

3）质量检查

保温材料的强度、容重、导热系数和含水率等必须符合设计要求和《屋面工程质量验收规范》（GB 50207—2012）等规定。

（1）找平层采用 1∶3 水泥砂浆，配置时严格按配比进行，所用原材料及配合比必须符合设计要求和施工规范的规定。

（2）找平层的坡度必须符合设计要求。

（3）防水卷材的规格、性能、配合比必须达标，并有合格的出厂证明材料。

（4）防水层不得有渗漏和积水现象。

（5）细部防水构造必须符合设计要求和规范要求。

（6）屋面施工时，各道工序完成后，必须经过验收并办理相应手续方可进入下一道工序。

（7）保温材料应紧贴基层铺设，铺平垫稳，拼缝严密。

（8）突出屋面的管道和阴阳角等部位做成圆弧形，圆弧半径 R 为 50 mm，水落口周围 500 mm 范围内应做成略低的凹坑。

（9）找平层无空鼓、起砂，表面平整，用 2 m 长直尺检查，直尺与基层间隙不应超过 5 mm，阴阳角要弧形或钝角。

（10）防水卷材铺附加层接头要嵌牢固。

（11）卷材黏结要牢固，无空鼓、损伤、滑移翘边、起泡、皱褶等缺陷。

（12）卷材的铺贴方向正确，搭接宽度允许偏差为−10 mm。

4）质量检查验收

（1）屋面工程施工时，应建立各道工序的自检、交接检和专职人员检查的"三检"制度。每道工序完成，应经监理单位（或建设单位）检查验收，合格后方可进行下道工序施工。

（2）屋面工程施工应按工序或分项工程进行验收，构成分项工程的各检验批应符合相应质量标准的规定。

11.2.6　出屋面结构保温系统做法

对女儿墙、管井、风井、设备基础等突出屋面的结构体，其保温层应与屋面、墙面保温层连续，不得出现结构性热桥。

根据被动式建筑整体保温性能的要求，女儿墙内外均增加保温层，厚度同外墙保温层厚度。隔汽层、卷材防水层均翻至女儿墙顶，把保温层完全包裹住。同时，女儿墙、安装管井、风道出风口等薄弱环节，宜设置金属盖板，以提高其耐久性，金属盖板与结构连接部位，应采取避免热桥的措施。金属盖板压顶向内排水坡度满足规范要求5%，下端做鹰嘴。

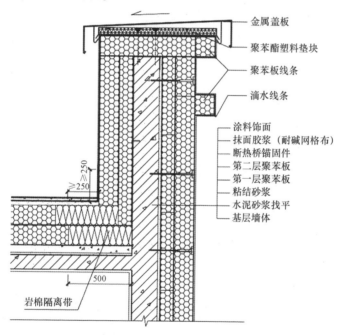

图11-73　屋面女儿墙做法（mm）

11.2.7　变形缝保温做法

本工程屋面变形缝两侧保温做法同女儿墙做法。另外，为保证保温效果，减小热桥的产生，变形缝内填塞保温材料，保温材料深入变形缝内不小于1 000 mm。对于较小的变形缝，可采用喷射保温材料的做法，缝隙要填塞密实，填塞深度不小于1 000 mm。

变形缝处防水要交圈，不得有渗漏和积水现象，如图 11-74 所示。

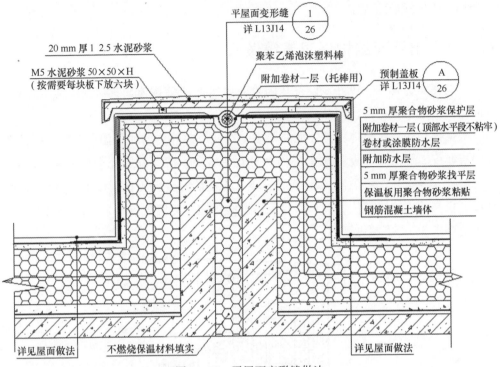

图 11-74 平屋面变形缝做法

11.2.8 伸出屋面管井、管道

伸出屋面的风井、管道也要做保温处理。对于伸出屋面的风井，保温做法同屋面女儿墙做法，同时防水要翻到风井顶部盖板，交圈处理，防止雨水渗透。伸出屋面外的管道应设置套管进行保护，套管与管道间应设置保温层，管道与套管间采用发泡聚氨酯填塞密实，厚度不小于 200 mm，高度不小于 800 mm，顶端做好防水处理。

图 11-75 出屋面风井保温实施效果

11.3 楼地面保温系统施工技术

11.3.1 设计概况

本工程楼地面为保温地面，其中首层地面为 150 mm 厚聚苯板保温地面，首层以上楼面为 30 mm 厚聚苯板保温楼面。同时，为保证楼地面整体保温性能，保温板上下铺设塑料薄膜作为防潮层，严密地包裹住保温层，防止水分或湿气的进入。

11.3.2 楼地面做法

1）首层地面做法
（1）彩砂耐磨地面整体面层；
（2）40 mm 厚 C20 细石混凝土找平压光；
（3）0.4 mm 厚塑料薄膜浮铺；
（4）150 mm 厚 EPS 保温板；
（5）0.4 mm 厚塑料薄膜浮铺；
（6）20 mm 厚 1∶3 水泥砂浆找平；
（7）素水泥浆一道；
（8）垫层。

2）首层以上楼面做法
（1）彩砂耐磨地面面层；
（2）40 mm 厚 C20 细石混凝土找平压光；
（3）0.4 mm 厚塑料薄膜浮铺；
（4）30 mm 厚 EPS 保温板；
（5）0.4 mm 厚塑料薄膜浮铺；
（6）20 mm 厚 1∶3 水泥砂浆找平；
（7）素水泥浆一道；
（8）现浇混凝土楼板。

11.3.3 楼地面保温地面施工工艺

（1）施工工艺：基层处理→水泥砂浆找平→浮铺塑料薄膜→铺设保温板→浮铺塑料薄膜→浇筑细石混凝土。

（2）基层处理：楼地面基层凸起物产品，钢筋要割除，垃圾需清理干净。

（3）水泥砂浆找平：基层清理完毕后，先刷一遍素水泥砂浆，然后进行砂浆找平。注意要在墙柱上弹好控制线，在找平的过程中控制好标高。

（4）浮铺塑料薄膜：待水泥砂浆找平层干燥后即可浮铺塑料薄膜。塑料薄膜沿长方向依次展开，搭接宽度不小于 100 mm，铺设完毕后用胶带进行封闭处理。

（5）铺设保温板：铺前先进行排版，合理进行裁割，减少材料的浪费。铺设时从房间一层开始，错缝铺设，挤压严实，尽量不留缝隙错缝，宽度不小于板宽的1/3。对于板缝之间缝隙小于 2 mm 的，可用发泡聚氨酯填塞密实，对于较大的板缝，可用同种材料进行填塞。凸出楼地面的管线、开关等，预先进行裁割，顺着管线和开关铺设，务必填塞密实无缝隙（图 11-76 和图 11-77）。

图 11-76　一层地面保温板铺设

图 11-77　二层以上楼面保温板铺设

（6）浮铺塑料薄膜。保温板铺设完毕后进行检查，处理好缝隙，即可进行塑料薄膜铺设。塑料薄膜的搭接边要与板缝错开，塑料薄膜铺设完毕后，用胶带沿搭接边进行封闭处理，防止浇筑混凝土时进入水和混凝土。塑料薄膜铺设完毕后，应及时浇筑混凝土（图 11-78）。

图 11-78　浇筑混凝土

11.3.4   +0.000 以下结构保温系统施工技术

（1）严寒和寒冷地区地下室外墙外侧保温层应与地上部分保温层连续，并应采用防水性能好的保温材料；地下室外墙外侧保温层应延伸到地下冻土层以下，或完全包裹住地下结构部分；

（2）地下室外墙外侧保温层内部和外部宜分别设置一道防水层，防水层应延伸至室外地面以上适当距离；

（3）严寒和寒冷地区地下室外墙内侧保温应从顶板向下设置，长度与地下室外墙外侧保温向下延伸长度一致，或完全覆盖地下室外墙内侧；

（4）无地下室时，地面保温与外墙保温应尽量连续、无热桥；

（5）本工程局部有地下室，其余部分为独立基础，为保证整体保温效果，满足被动式节能建筑的技术要求，+0.000 以下部分尚需做保温层。

其中有地下室部分外墙保温需伸到筏板部位，同时，在保温板里外均做 1 层 3 mm 厚聚氨酯防水卷材，以满足地下室防水的要求，同时地下室外保温系统完全被防水卷材包裹，防止地下水进入到保温层中而降低保温效果，最外侧防水层外砌筑砖墙或用 50 mm 挤塑板进行保护。

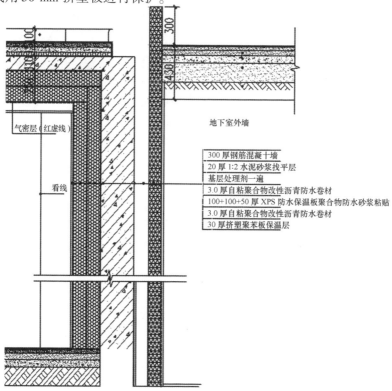

图 11-79　地下室保温系统施工

无地下室外墙勒脚处，应从基础底部外侧粘贴 2 道 SBS 防水卷材，向上铺至室外地坪正负零往上 400 mm 高，保温板采用 XPS，黏结不能使用砂浆，使用聚氨酯发泡胶。保温板外侧粘贴 1 道 SBS 防水卷材向上铺至室外地坪正负零往上 300 mm 高，外侧防水卷材进行平收头，与内侧防水自粘收头 100 mm。防水外侧砌筑保护砖墙。有外廊的部分，考虑到鲜有雨水会冲刷勒脚位置，可不做防水处理。

首层外门出入口下保温层需与室内楼地面保温层相连，同时结合外门的构造，增加隔热垫块，以减少热桥的产生，如图 11-80 所示。

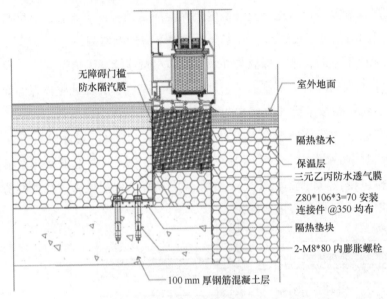

图 11-80　首层外门增加隔热垫块

11.4　建筑风井保温方案比选技术

根据被动式建筑的要求，与室外环境相通的风井属于室外结构，井外壁也要做保温。考虑到风井的通风率和保温施工工艺，需对保温方案进行对比分析，选择一种既能满足风井保温性能的要求，又有利于施工的方案。

11.4.1　方案一：在风井外粘贴保温板

本工程风井保温原设计采用在风井外侧做 100 mm 厚岩棉保温板，外抹聚合物水泥砂浆。由于风井在每层数量较多，在每个楼层的位置也不尽相同，风井有的在新风机房内，有的在卫生间内，还有的与楼梯间共用墙体，在外侧做保温施工虽然方便，但影响其他房间的整体装饰效果和使用功能，给其他房间的施工和装饰装修效果带来较大的困难。且保温层无法完全交圈封闭，容易形成冷热桥，无法保证井道的保温效果。

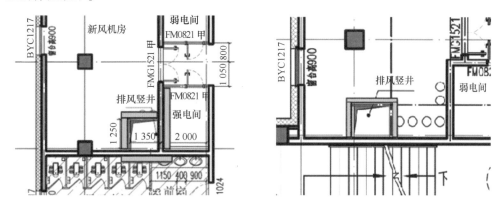

图 11-81　方案一：风井外粘贴保温层

11.4.2　方案二：在风井内粘贴真空保温板

真空保温板是一种较新型的保温材料，厚度较薄，保温效果好，能较好地保证风井的保温效果。但由于风井空间狭小，施工操作困难，且从底层一直通到屋面上，操作架无法搭设，采用吊篮空间又不足，材料运输困难，安全隐患大，对于高层建筑根本无法实现。另外，风井结构复杂，有突出的框架梁和风口，真空保温板异形块较多，排版精度高，尺寸要求加工准确，且真空保温板又不能切割，工厂预制加工困难，造价高，施工质量很难保障。

11.4.3　方案三：预制金属风井管，外做橡塑保温层

根据井道尺寸，在满足通风量的要求下，经过热工计算，计算出达到被动式建筑保温效果最薄的保温层厚度，然后用镀锌铁皮分段预制风管，外包保温层。安装时，从底层开始安装，逐层连接。此方案操作方便，施工安全，保温效果好，但对分段风井的加工尺寸要求高，必须经过精确计算，算出每段风井的长度，与分口连接时需要较大的操作面。同时，保证风井的整体气密性也是必须考虑的重点，必须精细化施工，严格施工质量。

经过与设计、建设和监理单位的沟通协商，认真对比分析，确定采用第三个方案，即采用预制风管外做保温的方法。经过计算，在保证通风量的前提下，保温层采用 100 mm 厚橡塑保温板。

确定每段风管的长度后，在现场或工厂进行风管的制作，在做好的风管上进行每层的标注，以免安装错误。

风管制作完成后，即可在风管外粘贴橡塑保温板，注意保温板一定黏结牢固无空隙，连接处也要用橡塑进行保温加强处理。

11.5 高性能建筑外窗安装施工技术

本工程外窗安装最显著的特点就是：外挂式整体安装，无热桥施工，气密性处理，增加防水隔汽膜和防水透气膜工序。

11.5.1 窗安装的难点

（1）被动式超低能耗绿色建筑在国内尚无成熟施工规范和工艺标准。

（2）为减少热桥效应，被动式超低能耗绿色建筑外窗设计设置在外墙保温层，利用角钢外挂在墙体外侧。由于外窗自重较大，且外挂施工，外窗对于外墙产生较大拉力足以拉裂外墙，造成质量、安全事故，影响被动式超低能耗绿色建筑气密性要求指标，因此，外窗外侧四周均设构造柱，且与过梁、压顶配筋后整体浇筑（尺寸、配筋需设计单位计算后出具有效深化设计图纸）。

（3）外窗安装施工，角钢、防腐托木等连接件与外墙均加设隔热垫块。固定节点采用无热桥的连接方式，以减少室内外的热传导而降低保温效果。

（4）外窗安装施工对该建筑气密性影响很大，提高窗自身气密性是保证被动式建筑整体气密的关键。本工程外窗室内增加防水隔汽膜，室外增加防水透气膜工序施工。

11.5.2 安装方案的选择

（1）方案一：传统的窗施工工艺是在窗洞口砌体完成后即安装窗外框，粘贴室内隔汽膜与室外透气膜，等窗洞口四周收口完成后再分阶段安装窗扇、玻璃和五金配件。此方案操作简单，施工方便，但施工周期较长，成品保护要求严格，窗的安装质量、整体气密性不容易保证。

（2）方案二：外窗采用整体安装施工技术，即窗框、玻璃、五金件先行组装，防水隔汽膜预先粘贴完毕，然后在室内采用平推法进行整体安装。此安装方法，能有效提高窗自身气密性，一次性成活，保证了窗整体安装质量，加快了施工速度。

根据本工程特点和被动式建筑对窗的特殊要求，经与德国能源署和国家住建部沟通，确定采用第二种安装方案，这也是国内众多的被动式建筑窗工程首次采用此种安装方案，为被动式建筑的发展做出了积极贡献，已被国家住建部列为重点推广施工技术在全国进行了推广应用。

11.5.3　工艺特点

（1）窗整体安装、保证了安装质量和自身气密性的要求，减少了分散安装带来的质量通病。

（2）窗整体外挂在结构窗洞口，窗框四周粘贴保温板，固定件采用减少热桥的连接方式，从而减少热量通过窗框和固定件造成的流失。

（3）窗框安装前内侧周边连续交圈粘贴防水隔汽膜。安装后外侧连续交圈粘贴防水透气膜，一侧粘贴在窗套上，一侧粘贴于外墙墙上，并对预埋件和固定件部位进行气密性加强处理，保证了窗整体气密性要求。

11.5.4　材料要求

（1）外窗大批量进场前，应组织甲方、监理单位、施工总承包单位对同一厂家、同一品种（铝合金窗、塑钢窗等）、同一类型（推拉窗、内开窗等）进场样窗的尺寸及分格、开启方式、型材材质、框料颜色、玻璃种类和颜色、玻璃及空气层厚度、气密性、水密性、抗风压性、传热系数、外窗遮阳系数（如设置活动外遮阳设施，还应增加综合遮阳系数）、隔声性能是否符合设计图纸及规范、标准要求进行确认，并形成样窗确认记录。

（2）外窗安装施工前，窗安装单位应在建设单位、总承包单位及监理单位的见证下，从进场的同一厂家、同一品种、同一类型的外窗中随机抽取 3 樘有代表性规格尺寸的外窗（重点抽检居室外窗），委托有资质检测单位对其抗风压性能、水密性能、气密性能、传热系数、中空玻璃露点进行复试，并对复试外窗的型材壁厚、增强型钢壁厚、隔热铝合金型材抗拉强度和抗剪强度、橡胶密封条拉断伸长率变化率进行复试。未经复试或复试不合格的外窗不得进行安装。

11.5.5　技术准备

（1）在图纸和正式的施工图纸完成后，组织项目有关专业人员认真阅读熟悉图纸，领会设计意图，掌握被动式节能建筑的结构形式和特点，掌握节点设计要求、设计分格特点、熟悉设计采用的新技术、新方法、新材料，同时核查设计提料单、加工订货单准确无误，并将阅读图纸中发现的问题整理，形成图纸自审记录提交设计院和深化设计师，在设计交底时逐一解决，设计交底后及时整理形成设计交底记录，各方会签后形成施工依据。

（2）深入消化建筑、结构施工图纸，了解建筑上关键位置，特殊部位的技术要求，预先对在即将开始的施工图设计中可能出现的问题，做好技术储备。

（3）针对本工程的材料选择要求以及荷载的要求，做好材料采购前的资料整理工作，如玻璃、塑钢型材、密封胶、透气膜、隔汽膜等主要材料以及主要五金配件。

（4）由技术负责人对参与施工的人员，进行技术交底与现场有关的实际技术讲解及技术培训。

（5）施工机械、设备：吊篮、冲击钻、焊机、搅拌器、刮刀、扳手、手锯、腻子铲、密封胶枪、红外线水平仪、经纬仪、水平尺、钢卷尺、皮锤、墨斗、线坠。

（6）工艺流程：测量放线→规范洞口→安装固定件→室内隔汽膜粘贴于主框上→整窗安装→粘贴室外防水隔汽膜→固定件处粘贴防水布→清理室内窗台→填充发泡胶→粘贴室内隔汽膜→安装窗台板。

11.5.6 操作要点

1）测量放线

（1）以建筑标高线、墙体控制线及轴线为基准，根据施工图纸要求确定主框安装位置。

（2）根据轴线位置采用经纬仪沿建筑物标高引测窗洞口左右控制线。

（3）根据建筑标高线引主框框安装标高线两侧两点，确定主框的安装标高。

（4）根据墙体进出线引窗口下侧两点，确定主框的进出位置。

（5）外墙大面积抹灰后，弹出每层水平线、平窗中线（或窗边线）及洞转角窗的转角线，复核洞口尺寸，检查洞口质量，对不合格洞口及时进行处理。

2）规范洞口

由于整体外窗自重较大，且外挂式整体安装施工，外窗对于外墙产生较大拉力足以拉裂外墙，造成质量、安全事故，影响被动式超低能耗绿色建筑气密性要求指标，因此外窗外侧均设构造柱，且与过梁、压顶配筋后整体浇筑。注意混凝土标号不小于 C30，宽度不小于 300 mm。

（1）严格把控洞口尺寸及位移偏差，偏差过大将会导致洞口内侧防水隔汽膜粘贴不平整、褶皱、空鼓，影响气密性指标要求，且后期收口抹灰空鼓、开裂。

（2）外窗安装前将洞口浮浆、灰尘清理干净，保证室内防水隔汽膜粘贴牢靠。

表 11-3 项目允许偏差及检验方法

项次	项目		允放偏差（mm）	检验方法
1	轴线位移		10	用尺检查
2	垂直度（每层）	≤3 m	5	用 2 m 托线板或吊线、尺检查
		>3 m	10	
3	表面平整度		8	用 2 m 靠尺和楔形尺检查
4	门窗洞口高、宽（后塞口）		±10	用尺检查
5	外墙上、下窗口偏移		20	用经纬仪或吊线检查

3）安装固定件

（1）根据放线标出的洞口边线，按照固定件布置原则，先将固定件固定在洞口四周，下侧为主要承重件，注意固定件一定要固定牢固，位置准确。

（2）外窗框两侧、底部及顶部采用"L"形金属固定件外挂，固定件靠墙侧用拉爆螺栓固定于窗洞口混凝土结构上，靠窗侧采用窗配套螺丝固定外窗；外窗底部采用防腐木块支撑。

（3）窗框四周用角铁固定，上部固定点距窗框上梃不大于 180 mm，下部固定点距下梃不大于 600 mm，固定点中间距离不得大于 700 mm，或规范规定的范围以内。外窗主框与结构之间采用金属固定件连接，采用 $\phi10$ mm×100 mm 拉爆螺栓固定，金属固定件与墙体之间采用 PVC 隔热垫片，以减少热桥效应。

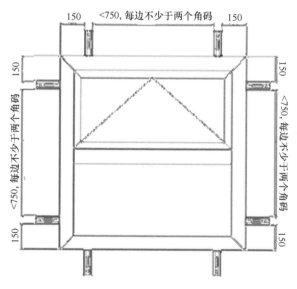

图 11-82 外窗固定件位置示意

4）粘贴防水隔汽膜

外窗安装前，提前把室内隔汽膜粘贴于主框上，室内防水隔汽膜粘贴窗套宽度不小于 30 mm，应连续交圈粘贴。粘贴时，先从一边的中间位置开始张贴，做成一个环状，搭接长度约为 40 mm，（注意窗框和洞口的大小关系），周圈搭接长度不小于 50 mm。

图 11-83　粘贴防水隔汽膜

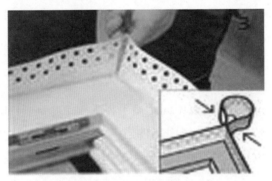

图 11-84　外窗角部位置隔汽膜处理

5）整体安装窗

窗框的进出线应按图纸要求的位置确定，然后将窗的下水平找好固定，放置防腐木。外窗安装到位后，调整窗框的垂直度、水平度、对角线和窗框宽度、高度等。窗框安装在正确位置后，确定窗框的三维垂直度及标高，同时沿外墙拉水平通线进行出墙面距离控制，然后通过脚件的通胀孔，将窗框预固定。再进行三维的垂直度校核，确认无误后，在定孔处将窗框固定好。

外窗主框安装窗框的安装位置由安装人员根据已放出的墨线用钢卷尺测定，开启方向必须符合设计要求，窗框与预埋件固定，水平度用水平尺校验，用钢卷尺测量窗框对角线，保证槽口对角线差不大于 1.5 mm。当主框与墙体间的缝隙小于 3 cm 时，采用发泡剂填充或采用预压膨胀密封带封堵，单层预压密封带自膨胀后厚度可达 25 mm；当主框与墙体间缝隙大于 3 cm 时，需用水泥砂浆处理后再打发泡胶进行处理。

外窗固定件与墙体间设置隔热垫块，以阻断热桥，固定件、防腐托木采用拉爆型螺栓固定，螺栓入墙深度不得小于 80 mm，固定后逐个检查是否牢靠，混凝土结构是否开裂，窗框是否破损。

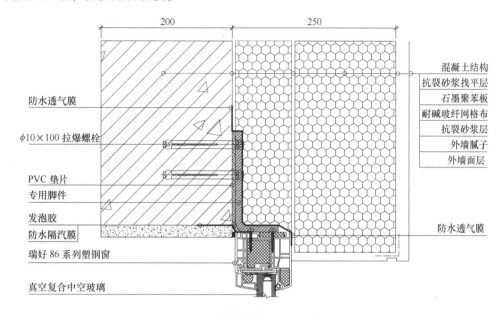

图 11-85　外窗安装施工节点剖面

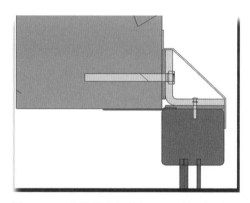

图 11-86　安装节点竖向剖面（顶部及两侧）

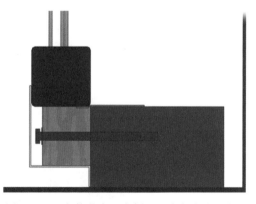

图 11-87　安装节点竖向剖面（底部方木固定）

6）室外防水透气膜粘贴

施工前应将洞口结构找平，将防水透气膜与窗框及门框搭接，应用防水透气膜直线泛水密封，转角处应用防水透气膜曲线泛水密封。密封处与窗框及门框粘接宽度不小于 2 cm，转角处黏结宽度不小于 10 cm。安装顺序为：窗框下部→窗框下部转角→窗框的侧框→窗框的上部转角→窗框的上部→密封。对于固定件无法一次性覆盖住的，采取"打补丁"的方式进行覆盖，要求超出固定件各边不小于 30 mm。

7）固定件处粘贴防水布

防水透气膜在固定件处无法一次性覆盖住，采取"打补丁"的方式进行覆盖，要求各边超出固定件不小于 30 mm。

图 11-88　室外窗粘贴防水透气膜　　　　　图 11-89　固定件处加强处理

8）清理室内窗台

外窗框安装完毕后，室内窗台要清理干净，扫除浮灰，铲净砂浆，对于窗台不平整、开裂等问题，要用水泥砂浆进行找平处理，阴阳角要顺直、光滑。

9）粘贴室内隔汽膜

外窗套固定后将室内防水隔汽膜剩余部分采用专用胶粘贴至室内窗洞口混凝土结构上，角部要做折角处理，使得侧边覆盖下口，上侧覆盖侧边，要求粘贴牢靠、无空鼓。粘贴时，不要用力拉扯防水隔汽膜，要使其处于松弛状态。

图 11-90　室内粘贴防水隔汽膜

室内防水隔汽膜应整体连续不间断，如出现角部有缝隙或其他情况时，应及时"打补丁"补粘，如图 11-91 所示。

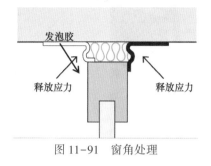

图 11-91　窗角处理

10）安装窗台板

室外透气膜安装完毕后，检查透气膜有无破损、空鼓，有破损、空鼓或粘贴不牢的地方重新进行粘贴处理，然后安装窗台板，安装窗台板时注意不要破坏透气膜，窗台板坡度向外，坡度 5%。窗台板与窗框交接处用密封胶进行打胶处理，确保严密。窗台板下与外墙保温板相交处填塞预压密封带处理。

图 11-92　窗台板密封处理

11）外墙收口

外墙保温层尽可能多地覆盖外窗框，以减少窗框的热桥效应，窗框外露尺寸不大于 30 mm，保证气密性及保温效果，保温层与窗框之间粘贴窗连接线。

12）室内外封胶处理

在内外墙收口完毕后、条件具备时即进行密封胶工作；首先将窗框的保护膜、窗框及洞口的水泥、沙石等物清理干净；胶面宽度应视窗框与洞口的缝隙而定，如缝隙小时，应尽量缩小胶面宽度；密封胶打出后应确保其密实、均匀、胶面由上到下、由左到右应确保宽窄的一致性。

图 11-93　门窗连接线安装

13）调整、清洗

（1）在最后清理建筑物时方能清除粘贴的胶纸，并用清洗液清洗主框及玻璃。

（2）窗框清除保护胶纸后，露于室外的窗框边用业主认可的建筑胶粘剂进行密封，注意密封胶不得污染窗框及玻璃，对开启扇配件应加润滑剂润滑。

（3）对未能满足验收要求的五金配件、开启扇进行调整或更换直到达到工程验收标准。

（4）在确认窗框保护胶带已清除干净，外墙界面无任何杂质或污染后，于塑钢窗框同外墙接缝满打防水胶一道，要求粘贴牢固密实，厚度一致美观，表面无杂质；密封胶的截面宽度控制在 15~20 mm。

（5）窗扇安装要求周边密封严实、开闭灵活，窗框安装扇部位应安塞密封条。

11.5.7　外窗安装要点

（1）外窗安装可为以下步骤：①检查外窗结构洞口是否符合要求，如不符合要求，应进行修整处理，确保变差在允许范围之内；②外挂安装窗户，外挂专用金属支架安装应牢固并能调整，窗框与支架连接时，应保证窗户垂直平整且牢固可靠；③在窗框与结构墙间的缝隙处可装填预压自膨胀缓弹海绵密封带进行密封处理；④在窗框与结构墙结合部位进行防水密封处理；⑤安装外墙保温板，保温板外侧应加装网格布，并采用抗裂聚合物砂浆抹平；⑥在顶部设置专用成品滴水线。

（2）外窗应采用专用金属支架固定，固定位置和间距按设计要求和有关标准执行；当外窗较大时，应在外窗底部增加金属支架，保障安装牢固。

（3）外窗洞口与窗框连接处应进行防水密封处理，室内侧宜粘贴隔汽膜，或刷防水保温涂料，避免水蒸气进入保温材料；室外侧宜采用防水透气膜处理，以利于保温材料内水汽排出，防止保温层内水汽过大而降低保温效果。

（4）外窗安装时，应最大限度地减少外窗框的热桥损失。外墙保温层应尽可能地多包住窗框，窗框未被保温层覆盖部分宽度不宜超过 30 mm，如开启扇外侧安装纱窗，应留出纱窗安装位置。保温板包窗框外边缘部位宜用专用成品连接件进行连接，保证窗框与保温层的牢固连接和密封。

（5）外窗口保温层做薄抹灰面层时，应在窗口四角处多加一层网格布，加强保护；窗口顶部安装预制成品滴水线，阳角部位宜安装护角条。

（6）窗台板安装时，其向外的坡度不宜小于 5%。

11.5.8　安装质量检测验收

（1）密封胶缝宽度符合要求，填嵌密实，平整光滑；保温有防潮措施，填塞饱满；窗型材、玻璃表面洁净，划痕、划伤符合规范要求；玻璃安装牢固，玻璃嵌入符合要求，橡胶条或密封胶镶嵌密实，平整光洁、美观；窗安装封闭严密，开关灵活，附件齐全，安装牢固，开启角度符合要求；密封条装配后应均匀、牢固；接口应黏结严密、无脱槽现象。

（2）外窗工程进行验收前，建设单位应组织施工总承包单位、监理单位制定《外窗淋水试验方案》，确定抽样数量、试验方法及验收标准等，单位工程抽样数量宜不少于外窗总樘数的 10%且不少于 3 樘，应重点抽查阳台外窗、飘窗及居室外窗，且应均匀分布；分包应在监理单位见证下按《外窗淋水试验方案》进行外窗淋水试验，淋水试验不合格的，分包应对不合格外窗及同一使用部位的外窗进行检查整改，并重新进行淋水试验，直至合格。施工总承包单位、监理单位应形成外窗淋水试验记录，并留存外窗淋水试验影像资料。

（3）外窗淋水试验合格后，安装单位应委托有资质的检测单位，在建设单位、监理单位、总承包单位、安装单位的见证下随机抽取外窗对其气密性能、水密性能进行现场实体检测，任何单位不得弄虚作假对抽检的外窗提前进行处置后再检测。单位工程抽样数量为同一厂家、同一品种、同一类型外窗各 2 组 6 樘，应重点抽取居室中不同规格尺寸的外窗，且应均匀分布。对抽检不合格的外窗，直接判定为不合格，由建设单位组织设计、施工总承包、监理单位及外窗生产企业分析原因，并提出整改处理意见，分包应对抽检不合格外窗及同规格尺寸的外窗按整改处理意见进行整改，整改完成后重新委托检测单位对抽检不合格的外窗及同规格尺寸外窗随机抽检 1 组 3 樘进行实体检测，合格后方可进行验收。

（4）外窗隐蔽工程重点检查内容：①外窗洞的处理；②外窗安装方式；③窗框与墙体结构缝的保温填充做法；④窗框周边气密性处理等。

11.5.9　外窗质量控制标准

（1）安装工程的窗质量应符合《建筑装饰装修工程质量验收标准》（GB 50210—2018）中窗安装及验收标准的有关规定；同时应备有产品合格证、施工方案、隐蔽工程检验表及检测单位的测试报告。

（2）安装工程所使用的窗品种、规格、开启方向及安装位置应符合设计图纸的要求；窗及密封条的物理性能与设计要求相一致。

（3）窗的安装要符合被动式超低能耗绿色建筑技术导则（试行）的要求。

（4）窗安装质量标准。①窗安装允许偏差见表11-4；②窗安装的质量要求及其检验方法应符合表11-5的规定。③成品保护：成品窗由车间发往工地前已缠绕保护膜进行保护，但在运输或安装过程中出现脱落的，必须进行现场保护。在窗框固定后必须用保护膜进行保护，以防其他施工方的水泥、砂浆造成的窗框污染。窗摆放地点应避开道路繁忙地段或上部有物体坠落区域，应注意防雨、防潮，不得与酸、碱、盐类物质或液体接触，避免浸泡腐蚀，导致材料表面遭到破坏，从而影响观感，造成不必要的损失。交叉作业中严禁在安装完的窗上悬挂重物、践踏、搭脚手架和因电、气焊火花的烧伤等现象。

表 11-4　窗安装允许偏差

检查项目	质量要求
扇与框搭接量	+1.0 mm
同一平面窗扇高低差	≤0.2 mm
装配间隙	≤0.2 mm
压条安装缝隙	≤0.2 mm
压条安装平整度	≤0.2 mm
现场窗框拼接缝隙	≤0.2 mm
现场窗框拼接平整度	≤0.2 mm
窗表面	平整、光滑、型材颜色一致，无大面积划伤、碰伤等。各拼接处不应有超过0.2 mm的缝隙
密封质量	门、窗扇关闭后，框、扇之间无明显缝隙，密封胶条处于均匀的搭接或轻度压缩状态
排水孔	排水孔不应被砂石等物封堵，验收前应扣装排水孔盖
工艺孔	窗框工艺孔应安装相应尺寸的工艺孔盖
过程质量	各工序、过程的安装质量应符合本手册内容的第一项至第四项的相关要求

表 11-5 窗安装的质量要求及其检验方法

项目		质量要求	检测方法
密封条	窗表面	洁净、平整、光滑、无明显色差、大面积划痕、碰伤、型材开角或开焊断裂等	观察
	五金件	齐全、位置正确、安装牢固、使用灵活、达到规定的使用功能	观察、卡尺、合尺
	窗玻璃密封胶条	三元乙丙密封条与玻璃及玻璃槽口的接触平整,不得卷边、间断、脱槽、拐角处过度圆滑、松紧适度	观察
	塑钢门、窗密封胶条	三元乙丙密封条与窗槽口的接触平整、顺直,不得有间断、脱槽、拐角处过度圆滑、松紧适度、两接触面接触严密	观察、塞尺
	密封质量	窗关闭时,框与扇及扇与扇之间无明显缝隙,密封面上的密封条应处于压缩状态,且外形均匀	观察、塞尺
玻璃	真空玻璃	安装好的玻璃不得直接接触型材,应按要求垫实玻璃垫,玻璃中间的铝槽或胶条应在窗框或窗扇的中间位置。玻璃应平整、安装牢固,不应有松动现象	观察
压条	塑钢窗压条	带密封条的压条必须与玻璃全面贴紧,压条与型材的接缝处应无明显缝隙。压条与型材接触的上平面应平整高度差不超过 0.2 mm,压条与压条的接缝无明显缝隙,缝隙值不超过 0.2 mm	观察、卡尺
拼樘料	塑钢窗拼樘料	应与窗连接紧密,不得松动,螺钉间距应不高于 600 mm,其固定点不少于 3 个。拼樘料与窗框间用嵌缝膏密封	观察、合尺、塞尺
	无拼樘料	窗框与窗框连接紧密,不得松动,螺钉间距应不高于 600 mm,其固定点不少于 3 个。窗框与窗框间接缝应用嵌缝膏密封	观察、合尺
开关部件	平开内倒窗扇	关闭严密,搭接量均匀,开关执手位置准确、灵活,密封条无脱槽。开关力:平铰链≤80 N	观察、塞尺、拉力计量器
	主框与支架连接	先在室外结构面固定支架,主框在与支架用螺丝进行紧固,保证水平、垂直度不大于安装规范	观察、水平仪、合尺

11.6 外窗保温结合部位施工技术

窗和外墙保温作为被动式建筑外围护结构,对建筑的保温隔热性能起着关键性的作用,而窗与保温结合部位设计得是否合理、施工质量的好坏直接影响建筑物整体的保温效果。

本工程原设计窗采用 86 型塑钢型材,保温层为 125 mm+125 mm 聚苯板双层错缝铺设。窗采用整体外挂式安装,窗框固定在窗洞口外侧,由于窗框凸出墙面约 100 mm,第一层 125 mm 厚保温板与窗框有高差,第二层保温板铺设时需压住窗框,这样就出现第二层保温板与窗框间有空隙,虽然可以采用填塞保温板或用发泡聚氨酯进行密闭处理，但施工较复杂，板材需裁割，易产生冷热桥，质量也不易保证，影响整体保温效果。后与设计单位协商，保温板改为 100 mm+150 mm 厚，第一层保温板铺设时与窗框平齐，第二层保温板错缝铺设后压在窗框上，这样就避免了空隙的产生，减少了施工工序，施工便捷，质量有保证，如图 11-94 所示。

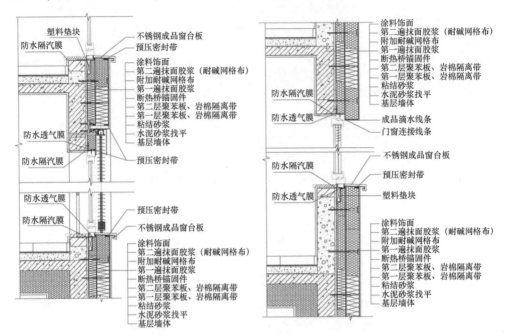

图 11-94　窗节点构造示意

窗洞口四角周围的保温板应割成"L"形进行整板粘贴。外挂窗安装时应注意窗与结构墙之间、窗与第一层保温板之间的缝隙需做好相应的密封、防水处理。窗与第一层保温板之间应使用防水透气膜将其金属固定件完全包裹，窗与第一层保温板交接的终端部位宜使用窗连接线条。第二层保温板覆盖部分窗框压在窗连接线条上，窗连接线条自带的网格布翻包至第二层保温板面。第二层保温板与窗台板两侧及底面相接处的部位宜使用预压膨胀密封带压紧，外卷帘凸出墙面的金属预埋件与基层墙面之间的空隙应采用保温板块填塞满。

外窗台应设置窗台板，窗台板凸出外墙保温层 20 mm，以免雨水侵蚀造成保温层的破坏而降低保温效果；窗台板应设置滴水线；窗台宜采用耐久性好的金属制作，窗台板与窗框之间应有结构性链接，并采用密封材料密封。

窗框两侧与保温层间采用门窗连接线连接，上端采用自带滴水线的门窗连接线，在窗台板与两侧墙体部位用预压密封带进行密封防水处理。

安装窗台板时，注意施工顺序，必须先对窗台板下保温层进行挂网格布抹聚合物砂浆进行找平处理，注意需做向外的坡度，然后再安装窗台板。

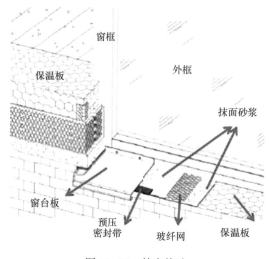

图 11-95　外窗构造

11.7　无热桥施工技术

被动式建筑是将自然通风、自然采光、太阳能辐射和室内非供暖热源得热等各种被动式节能手段与建筑围护结构高效节能技术相结合建造而成的低能耗建筑。该类建筑借鉴德国被动房设计理念，强调无热桥设计和气密性设计原则。无热桥设计原则强调建筑物应采用保温性能更高的围护结构和连续完整的外保温系统。

11.7.1　热桥概念

热桥，是指在建筑物外围护结构与外界进行热量传导时，由于围护结构中的某些部位的传热系数明显大于其他部位，使得热量集中地从这些部位快速传递，从而增大了建筑物的空调、采暖负荷及能耗。建筑工程中热桥主要发生在外墙造型变化处、阳台板、地下室、雨棚、女儿墙根部、窗洞口周边、金属构件及支架、穿墙管道等部位。

热桥对于建筑物有着破坏作用，它会造成房间的热量损耗，浪费能源；会在高温侧的内墙及楼板产生凝结水；影响隔热材料的隔热性能；造成墙体和楼板表面发霉，影响装饰效果。

热桥分为结构性热桥和系统性热桥。结构性热桥是由于外围护结构，如梁、柱、板等构件穿入保温层而造成保温层减薄或不连续所形成的热桥。这种热桥能量损失较大，可能会造成结露、发霉现象，应尽量避免。比如传热面积突变的位置，如外墙与梁、楼板交界处、外窗与外墙交界处等；贯穿保温层的悬挑构件，如阳台、门斗、雨棚等；建筑材料的交界处，如外墙钢筋混凝土结构与加气混凝土砌块交界处；建筑构件厚度不一致等。

系统性热桥是在外墙保温系统及屋面系统中，由联结保温材料与结构墙的锚栓或是插入保温层的金属连接件等所形成的热桥，一般是不能完全避免的。

图 11-96　阳台及窗洞口

图 11-97　阳台及窗洞口位置热成像

建筑围护结构中热流密度显著增大的部位，成为传热较多的桥梁，称为热桥。热桥对超低能耗建筑的影响更为显著。超低能耗建筑设计时，应更严格控制热桥的产生，对建筑外围护结构进行无热桥设计。

避免热桥应遵循以下设计原则：

（1）避让规则：尽可能不要破坏或穿透外围护结构。

（2）击穿规则：当管线等必须穿透外围护结构时，应在穿透处增大孔洞，保证足够的间隙进行密实无空洞的保温。

（3）连接规则：保温层在建筑部件连接处应连续无间隙。

（4）几何规则：避免几何结构的变化，减少散热面积。

11.7.2　外墙无热桥设计要点

（1）外墙保温若采用单层保温，宜采用锁扣方式连接；采用双层保温时，应采用错缝黏结方式，避免保温材料间出现通缝。外墙外保温应将整个建筑外立面全部包裹并与屋面及地面保温有效交圈。尽量采用双层保温形式，两层保温板错缝粘贴，及时清除干净板侧挤出的黏结料，板与板间挤紧，不留间隙。板间缝隙较大处应使用同材料保温条将缝塞满，板条不得黏结，板缝更不得用黏结砂浆直接填塞。板间缝隙较小处采用聚氨酯发泡剂填充。板间高差较大的部位应使用打磨板打磨平整。

（2）外墙阴阳角部位是热桥的薄弱环节，极易产生结露，保温板时应交叉错缝咬合粘贴，咬合部位不得带有黏结砂浆。

（3）墙角处宜采用成型保温构件。

（4）保温层应采用断热桥锚栓固定。

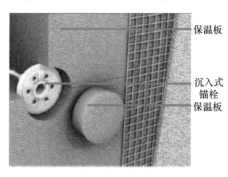

图 11-98　沉入式锚栓

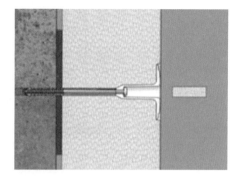

图 11-99　浮头式锚栓塞岩棉条

（5）应尽量避免在外墙上固定导轨、龙骨、支架等可能导致热桥的部件，必须固定时，应在保温板施工前安装，在外墙上预埋断热桥的锚固件，支架周边塞满保温板，支架与每层保温板外侧接触位置缠绕一周预压膨胀密封带，防止雨水渗入保温板。并尽量采用减少接触面积、增加隔热间层及使用非金属材料等措施降低传热损失。

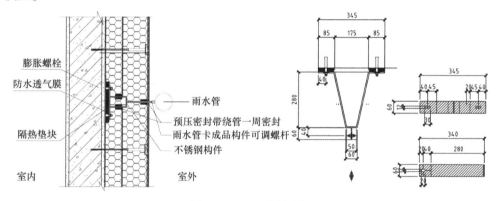

图 11-100　雨水管支架

（6）设计可调节外遮阳装置安装节点时，应在其内部或外部留有足够的空间，用来填充保温材料，避免热桥。外置可调节电动百叶安装节点示意如图 11-101 所示。外遮阳的固定方式应最大可能减少热桥，不管是固定外遮阳板还是外置卷帘遮阳，遮阳板或导轨的固定金属支架，不能太大。金属支架与墙体之间增加隔热垫片。外置卷帘遮阳两侧边导轨系统边轨尺寸尽量不大于 25 mm×100 mm，边导轨不要突出外墙面，墙体空隙用保温材料填塞。遮阳帘的罩盒应尽量减小，保证保温覆盖的厚度不减少。罩盒与保温板最外侧接触位置塞入预压膨胀密封带，防止雨水渗入保温板。

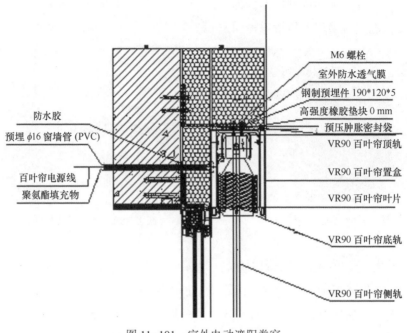

防水胶
预埋 φ16 窗墙管（PVC）
百叶帘电源线
聚氨酯填充物

M6 螺栓
室外防水透气膜
钢制预埋件 190*120*5
高强度橡胶垫块 0 mm
预压肿胀密封袋
VR90 百叶帘顶轨
VR90 百叶帘置盒
VR90 百叶帘叶片
VR90 百叶帘底轨
VR90 百叶帘侧轨

图 11-101　室外电动遮阳卷帘

（7）管道穿外墙部位应预留套管并预留足够的保温间隙；施工图中应给出节点设计大样及详细做法说明（图 11-58 和 11-59）。

（8）户内开关、插座接线盒等不应置于外墙上，以免影响外墙保温性能。

11.7.3　屋面无热桥设计要点

（1）屋面保温层应与外墙的保温层连续，不得出现结构性热桥；屋面施工应采用干法施工，尽量减少湿作业。屋面找坡层应尽量采用结构找坡或者保温板找坡，尽量避免湿作业。屋面工程整体采用防水保温一体化"干法"施工，即从屋面基层直接铺贴隔气层，隔气层采用自粘型的防水隔汽卷材，其中隔汽指标 SD 不低于 1 500 m（SD 为耐水汽渗透性等效空气层厚度）。在隔汽层上粘贴保温层时，隔汽层与保温板之间以及保温板与保温板之间使用专用黏结剂（PU 胶）固定粘贴。保温层施工完不需要做水泥砂浆保护层，之间在保温板粘贴 3 mm 厚的自粘型 SBS 改性沥青防水卷材，之后采用热熔法粘贴第二道 4 mm 厚的板岩颗粒防水卷材。隔汽层及防水层均应上翻至女儿墙顶部并做好封闭收口，避免雨水或水蒸气的进入而影响保温效果。屋面四周的防火隔离带易采用成品岩棉板或玻化微珠防火保温板，避免湿作业。

（2）屋面保温层靠近室外一侧应设置防水层，防水层应延续到女儿墙顶部盖板内，使保温层得到可靠防护；屋面结构层上，保温层下应设置隔汽层；屋面隔汽层设计及排气构造设计应符合现行国家标准《屋面工程技术规范》（GB 50345）的规定；

（3）对女儿墙、风井等突出屋面的结构体，其保温层应与屋面、墙面保温层连续，不得出现结构性热桥。女儿墙、土建风道出风口等薄弱环节，宜设置金属盖板，以提高其耐久性，金属盖板与结构连接部位，应采取避免热桥的措施。

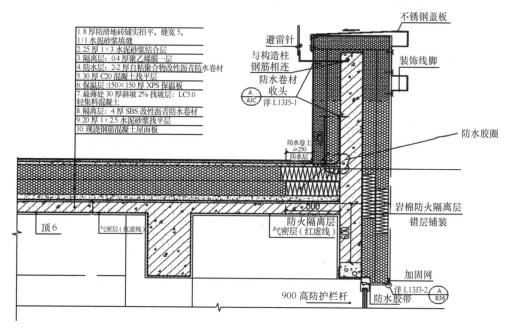

图 11-102　屋顶女儿墙节点（mm）

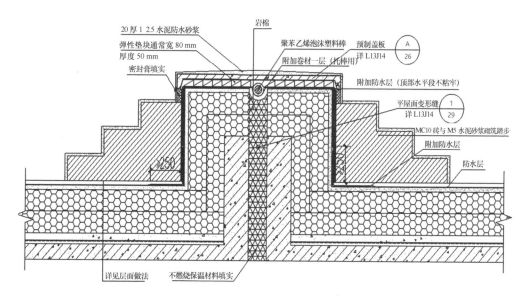

图 11-103　屋面变形缝保温处理

（4）管道穿屋面部位应符合下列要求：①预留洞口应大于管道外径，并满足保温厚度要求；②伸出屋面外的管道应设置套管进行保护，套管与管道间应设置保温层。

水系统管道、管件等均应做良好保温，尤其应做好三通、紧固件和阀门等部位的保温，避免发生热桥。

11.7.4　地下室和地面无热桥设计要点

（1）严寒和寒冷地区地下室外墙外侧保温层应与地上部分保温层连续，并应采用防水性能好的保温材料；地下室外墙外侧保温层应延伸到地下冻土层以下，或完全包裹住地下结构部分；地下室外墙外侧保温层内部和外部宜分别设置一道防水层，防水层应延伸至室外地面以上适当距离。

（2）严寒和寒冷地区地下室外墙内侧保温应从顶板向下设置，长度与地下室外墙外侧保温向下延伸长度一致，或完全覆盖地下室外墙内侧。

（3）无地下室时，地面保温与外墙保温应尽量连续、无热桥。

11.7.5　外窗无热桥设计要点

（1）外窗分隔应在满足国家标准要求的前提下尽量减少，并按照模数进行设计。

（2）外窗节点设计时，宜利用建筑窗玻璃幕墙热工计算软件，模拟分析不同安装条件下外窗的传热系数和各表面温度，进行辅助设计和验证。

（3）外窗宜采用窗框内表面与结构外表面齐平的外挂安装方式，外窗与结构墙之间的缝隙应采用耐久性良好的密封材料密封严密。

（4）外窗台应设置窗台板，以免雨水侵蚀造成保温层的破坏；窗台板应设置滴水线；窗台宜采用耐久性好的金属制作，窗台板与窗框之间应有结构性链接，并采用密封材料密封。

11.7.6　悬挑结构物热桥设计与施工

悬挑阳台、雨棚、飘窗等悬挑结构可采用悬挑板与主体结构断开的设计；悬挑板靠挑梁支撑时，保温材料应将挑梁和阳台结构体整体包裹，避免或减少热桥的产生。

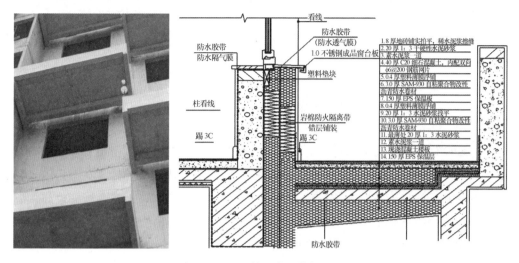

图 11-104　悬挑阳台无热桥处理

11.7.7　屋面设备基础无热桥处理

屋面设备基础尽量与结构断开，若较重的设备基础需要直接落在结构上，在设备基础与固定件之间需要加设隔热垫块，减少设备固定件与基础的接触面积，如图 11-105 所示。

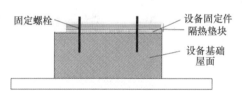

图 11-105　屋面设备基础无热桥设计

11.7.8　无热桥施工共性要点

热桥控制重点应包括外墙和屋面保温做法、外窗安装方法及其与墙体连接部位的处理方法，以及外挑结构、女儿墙、穿外墙和屋面的管道、外围护结构上固定件的安装等部位的处理措施。

热桥部位质量控制重点检查内容包括：①重要节点的无热桥施工方案；②女儿墙、窗框周边、封闭阳台、出挑构件等重点部位的实施质量；③穿墙管线保温密封处理效果；④对薄弱部位进行红外热成像仪检测，查找热工缺陷。

11.8 高气密性墙体施工技术

11.8.1 高饱满度墙体砌筑技术

外墙砌体作为外围护结构，是气密性的首要屏障。砌体选用密实度较高的粉煤灰加气混凝土砌块、高密度板或混凝土结构，尽量不要选用空心砖、空心板或轻质疏松的材料。块材砌筑时，要求砂浆饱满，饱满度达到100%，或者密缝砌筑，缝隙不得有透缝或砂浆不饱满。在圈梁构造柱处，混凝土密实，无孔洞、露筋等现象。对脚手架眼、预留洞口、对拉螺栓孔要进行封堵。在砌体顶部和底部，要用砂浆填塞密实。

图 11-106　砂加气混凝土条板　　　　图 11-107　加气混凝土砌块

11.8.2 墙体内抹灰技术

室内抹灰是气密层的重要组成部分，抹灰质量的好坏，直接影响建筑物的整体气密性。所以，要加强抹灰工程质量的控制，必要时，选用聚合物砂浆进行内墙抹灰，以增强气密性。

对于加气混凝土砌块外墙，在内抹灰之前，确保灰缝砂浆饱满，所有外墙孔洞塞实，内表面抹灰应从混凝土梁底面抹至混凝土楼地面，保证连续不间断灰浆满铺砌块，尤其是房间内及楼梯间的踢脚位置。与钢筋混凝土梁、柱搭接处的抹灰层应铺设玻纤网格布，抹灰层搭接宽度至少100 mm。嵌入外墙上的开关箱、配电箱或插座（未穿透外墙），安装前，预留口内侧满填水泥砂浆，趁砂浆干燥前将插座盒及穿线管嵌入墙体内，确保安装后存留的狭孔和槽口用灰浆填实。

对于蒸压轻质砂加气混凝土板材（ALC 板）拼接外墙，板材内侧满铺玻纤网格布并确保抹灰层厚度不小于 15 mm，板材上、下侧楼板交接处应粘贴可抹灰型的防水隔汽膜，随后在防水隔汽膜上抹灰刮腻子进行保护。

图 11-108 墙体内抹灰

11.8.3 墙体孔洞封堵

在墙体上预留的脚手架眼、孔洞，要用砌体的同种材料进行封堵，主要要填塞密实，不得透亮、疏松，填塞不密实，抹灰前，此部位用网格布或钢丝网进行加强处理。螺栓眼要用水泥砂浆整个填塞密实，不得只在表面处理。

11.9 屋面气密层施工技术

屋面工程作为建筑物的重要组成部分，由于受外界环境的影响较大，易产生系统性质量问题，采用高品质的材料是解决屋面整体质量的主要手段之一。

为了更好地隔绝湿气潮气、避免保温材料吸入潮气，降低甚至失去保温隔热功能，起到承上启下的作用，确保系统的整体性，本工程隔汽层采用高品质的 1.2 cm 厚耐碱腐蚀铝箔面层 SBS 改性沥青防水卷材（SD≥1 500 m），耐酸碱腐蚀铝箔面层 SBS 改性沥青自粘性卷材的上表面为特殊处理过的铝箔，隔汽效果突出，保证了屋面整体气密性，同时也起到防水层的作用，防止基层内湿气进入保温层内而降低保温效果。下面为自粘的 SBS 涂层，可以直接与基层黏结，施工时，揭掉下面的隔离膜，黏结在基层上即可。

隔汽层应从屋面低的位置向高的位置铺设，上翻墙高度与保温层高度一致，气温较低时辅热黏结。搭接边必须实现 100% 满粘，如果卷材与铝箔搭接时，可采用热熔辅热的方式保证搭接边黏结牢固。出屋面结构，根部需做加强处理。

隔汽层必须上翻到女儿墙和出屋面管道、设备基础顶部，以保证整体气密性效果。

11.9.1 施工准备

基层处理：在找平层施工及养护过程中都可能产生一些缺陷，如局部凹凸不平、起砂、起皮、裂缝以及预埋件固定不稳等，故防水层铺设前应及时修补缺陷。

（1）凹凸不平：如果找平层平整度超过规定，则隆起的部位应铲平或刮去重新补作，低凹处应用 1：3 水泥砂浆掺加水泥重量的 15% 的 108 胶补抹，较薄的部位可用掺胶的素浆刮抹。

（2）起砂、起皮：对于要求防水层牢固黏结于基层的防水层必须进行修理，起皮处应将表面清除，用掺加 15% 的 108 胶水的素浆刮抹一层，并抹平压光。

（3）裂缝：本工程要求对找平层的裂缝进行修补，尤其对于开裂较大的裂缝，应予认真处理。当裂缝宽度小于 0.5 mm 时，可用密封材料刮封，其厚度为 2 mm、宽为 30 mm，上铺一层隔离条，再进行防水层施工；若裂缝宽度超过 0.5 mm 时，应沿裂缝将找平层凿开，其上口宽 20 mm，深 15~20 mm "V" 形缝，清扫干净，缝中填嵌密封材料，再作 100 mm 宽的涂料层。

（4）预埋件固定不稳：如发现水落口、伸出屋面管道及安装设备的预埋件安装不牢，应立即凿开重新灌筑微膨胀剂的细石混凝土，上部与基层接触处留出 20 mm×20 mm 凹槽，内嵌填密封材料，四周按要求做好坡度。

（5）基层必须干燥，检验方法：将 1 m² 卷材平坦的干铺在找平层上，静置 3~4 小时后掀开检查，找平层覆盖部位与卷材上未见水印即可铺设。

11.9.2 涂刷冷底子油

使用环保型沥青冷底子油，涂刷于干燥的基面上，用量 300~500 g/m²，但不宜在有雨、雾、露的环境中施工。

（1）隔汽层采用 1.2 厚耐碱腐蚀铝箔面层 SBS 改性沥青防水卷材（SD ≥ 1 500 m），揭去下表面及接缝处的自粘保护膜直接黏结在基层上，搭接宽度为 8 cm。

（2）纵向搭接宜在波峰位置，接缝和收边部位都要压实密封。

（3）"T" 形接头须作 45℃ 斜角，搭接形成的不平应采用胶带或者热烘烤方式使其平整。

（4）隔汽层沿墙面向上翻过女儿墙下延 350 mm。

（5）穿过隔汽层的管线周围应封严，转角处应无折损，隔气层凡有缺陷或破损的部位，均应进行返修。

（6）隔汽层应铺设平整，卷材搭接缝应粘接牢固，密封应严密，不得有扭曲、褶皱和起泡等缺陷。

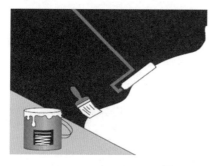

图 11-109　基层涂刷冷底子油

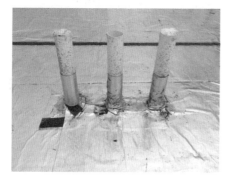

图 11-110　出屋面管道气密性处理　　　　图 11-111　出屋面管井气密性处理

图 11-112　女儿墙气密层处理　　　　　图 11-113　屋面气密层处理

11.10　管道穿外墙密封技术

11.10.1　穿外围护结构管道

当单一管道穿外墙时，预留套管与管道间需要留出 50 mm 的空隙并用岩棉塞实。确保基层墙体整洁后，在室内一侧管道四周粘贴可抹灰型的防水隔汽膜（或防水隔汽卷材），室外一侧管道四周粘贴防水透气膜。

新风方形管道穿外墙时，可以不留设套管，但需要留出孔洞，并保证孔洞与管道之间塞至少 50 mm 的岩棉，并在室内外两侧分别粘贴防水隔汽膜和防水透气膜（图 11-114 至图 11-117）。

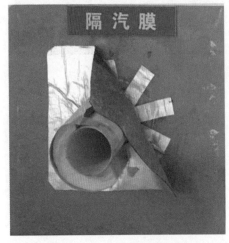

图 11-114　室内防水隔汽卷材

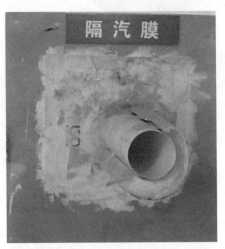

图 11-115　室内防水隔汽膜

图 11-116　室内贴防水隔汽膜

图 11-117　室外粘贴防水透气膜

11.10.2　桥架穿外墙气密性处理

在各种建筑中，由于功能的要求，桥架不可避免的需要穿过外墙延伸到室外。常规做法只要做好防火封堵就行了，但对气密性要求较高的被动式节能建筑，还需对桥架进行气密性处理，以提高建筑物的整体气密性。

本工程在穿外墙处电缆桥架线盒更换成圆形钢套管，整体管道外包裹岩棉或橡塑保温层，以减少热桥效应。然后保温层外侧采用膨胀混凝土浇筑，干燥后室内侧管壁粘贴防水隔汽膜，外侧粘贴防水透气膜，隔汽膜和透气膜包裹住套管长度不小

于 50 mm，超过保温层厚度不小于 100 mm。电线电缆与套管之间用粘贴防水隔汽膜
和透气膜的白色密封胶或者黑色结构胶封堵，封堵厚度至少 20~30 mm。

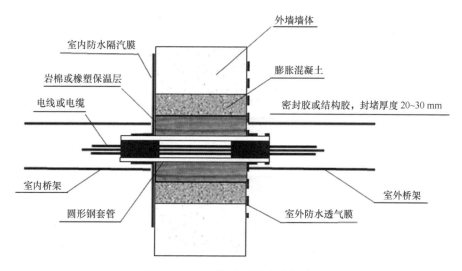

图 11-118　桥架穿外墙气密性处理

图 11-119　室内气密性处理

图 11-120　室外气密性处理

　　高气密性的被动式建筑，能够大幅度降低建筑能耗。但由于建筑的复杂性，影响建筑物的整体气密性的因素很多。对于穿外墙密集型管道，如冷媒管或冷热水管，由于管道比较密集，管道外一般都有橡塑保温，如果不采取特殊的封堵措施，封堵不严密，将严重影响建筑物的整体保温效果和整体气密性要求，达不到被动式节能建筑的功能要求。

　　本工程对穿外墙密集型管道采用管道外浇筑膨胀混凝土，管道在墙体内外两侧分别粘贴防水隔气膜和防水透气膜的方式进行处理，较好地解决了密集型管道的气密性问题。

　　穿外墙密集型管道在浇注膨胀混凝土之前，要用铁丝或者钢圈将管道外侧橡塑

保温层扎紧绑牢，管与管之间的距离不小于 25 mm，以利于混凝土的浇筑。隔汽膜和透气膜包裹住管道长度不小于 50 mm，超过保温层厚度不小于 100 mm。

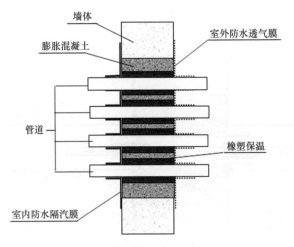

图 11-121　密集型管道穿外墙气密性处理

图 11-122　室外气密性处理

图 11-123　室内气密性处理

当电线穿外墙时，因电线比较细，建议使用自粘型可抹灰的成品气密性套环（保证气密性。如果不用，电线穿外墙应该增加套管，套管两侧伸出外墙长度控制在 20~30 mm，保证与防水隔汽膜、防水透气膜的搭接长度即可，套管与外墙之间室内一侧四周粘贴可抹灰型的防水隔汽膜，室外一侧四周粘贴防水透气膜，套管室内一侧与电线之间填充厚度不少于 20 mm 后的结构密封胶。

图 11-124　室内粘贴隔汽膜

图 11-125　气密性套环

11.10.3　通气管穿屋面楼板密封技术

1）施工要点

屋面气密性保障应贯穿整个施工过程，在施工工法、施工程序、材料选择等各环节均应考虑，尤其应注意外窗安装、围护结构洞口部位、砌体与结构间缝隙及屋面檐角等关键部位的气密性处理。施工完成后，应进行气密性测试，及时发现薄弱环节，改善补救。

应避免在外墙面和屋面上开口，如必须开口，应减小开口面积，并应协商设计制定气密性保障方案，保证气密性。

2）外窗安装部位气密性处理要点

（1）外窗采用三玻两腔真空中空复合的塑料窗，所有主辅材如窗框、玻璃、密封条、五金件等（除执手外）全部在工厂组装完成。开启扇使用多锁点五金件，锁点和锁座分布在整个窗框的四周，锁点、锁座与铰链或滑撑配合，提供强大密封压紧力，使密封条弹性变形，从而保证了外窗本身的气密性要求。

（2）窗洞口两侧设置构造柱，增大窗台压顶及过梁厚度，窗洞口外侧凹凸不平位置用聚合物砂浆找平，安装时，采用整窗外挂的方式，窗框与外墙连接处必须采用防水隔汽膜和防水透气膜组成的密封系统。其中室外一侧应使用防水透气膜，室内一侧采用防水隔汽膜。在粘贴前应将基面处理平整并清扫干净，粘贴时保证防水隔汽膜及防水透气膜的连续性。防水隔汽膜是可抹灰型的，在防水隔汽膜粘贴好之后进行窗口抹灰保护。

（3）窗框与结构墙面结合部位是保证气密性的关键部位，在粘贴防水隔汽膜和防水透气膜时要确保粘贴牢固严密。支架部位要同时粘贴，不方便粘贴的靠墙部位可抹粘接砂浆封堵。

（4）在安装玻璃压条时，要确保压条接口缝隙严密，如出现缝隙应用密封胶封堵。外窗型材对接部位的缝隙应用密封胶封堵。

（5）窗扇安装完成后，应检查窗框缝隙，并调整开启扇五金配件，保证窗密封条能够气密闭合。

11.10.4 围护结构开口部位气密性处理要点

（1）纵向管路贯穿部位应预留最小施工间距，便于进行气密性施工处理。

（2）当管道穿外围护结构时，预留套管与管道间的缝隙应进行可靠封堵。当采用发泡剂填充时，应将两端封堵后进行发泡，以保障发泡紧实度，发泡完全干透后，应做平整处理，并用抗裂网和抗裂砂浆封堵严密。当管道穿地下外墙时，还应在外墙内外做防水处理，防水施工过程应保持干燥且环境温度不应低于 5℃。

（3）管道、电线等贯穿处可使用专用密封带可靠密封。密封带应灵活有弹性，当有轻微变形时仍能保证气密性。

（4）电气接线盒安装时，应先在孔洞内涂抹石膏或粘接砂浆，再将接线盒推入孔洞，保障接线盒与墙体嵌接处的气密性。

（5）室内电线管路可能形成空气流通通道，敷线完毕后应对端头部位进行封堵，配线管管口至管内 100 mm 管内打聚氨酯发泡密封胶，以保障气密性。打完胶待胶发胀完毕后清理管口多余发泡胶，保证管口发泡胶与管口平齐。电气接线盒气密性处理示意如图 10-126 和图 11-127 所示。

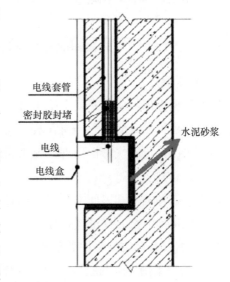

图 11-126　接线盒气密性处理

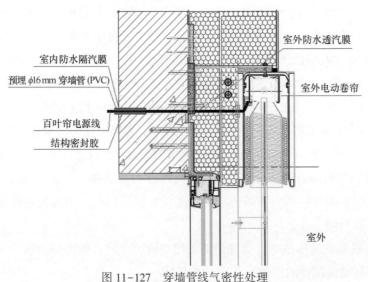

图 11-127　穿墙管线气密性处理

11.11 送室内新风管道施工技术

11.11.1 技术概况

本工程室内送新风通风管道采用镀锌钢板制作，其长边小于 630 mm 的风管厚度为 0.6 mm，长边小于 1 000 mm 的风管厚度为 0.75 mm，长边大于等于 1 000 mm 的风管厚度为 1.0 mm。

本工程根据被动房施工要求，新风管道材料及施工要求按照高压通风系统风管进行，具体施工工艺可见高压通风管道施工。

11.11.2 管道保温技术要求

1）技术概况

此段技术要求是针对从新风机房内外墙进风口至新风机进风口段通风管道进行保温，防止管道上冷凝水的产生。

2）施工要求

（1）此段风管保温厚度为 100 mm。

（2）保温采用难燃 B1 级橡塑闭孔发泡材料，尽量减少保温层数，最多不能大于 3 层。

（3）基层处理：风管必须干净，风管上的尘土擦拭干净，保证风管黏结的牢固性。

（4）抹胶处理：保温板抹胶必须抹满胶，黏结时要使贴着风管的保温板紧贴风管，不能有空隙，以后每层保温板的粘贴质量要求都要保证粘贴紧密，防止有空腔。

（5）每层保温板的拼接缝不能在一条线上，缝与缝之间距离间隔大于 200 mm。

11.11.3 设备本身技术参数技术要求

1）工程概况

本工程采用新风换气机需拥有新风置换、空气净化、热回收、变频等功能，充分保证被动房对室内空气环境各项参数的要求。

2）设备功能具体细化要求

（1）新风置换功能。热回收新风机组是一种双向流换气新风系统，其独有的同步吸排气功能，使排气和进气同时进行，形成全方位循环空气对流。能快速把室内的污浊空气经过滤后排出，并及时补充经过滤的新鲜空气，新风等量置换，换气一步到位。当额定送排风风量相同时，其换气效果可达到普通换气扇的两倍以上。

（2）空气净化功能。热回收新风机组内设置粗效过滤器，或活性炭、负离子等专用过滤器，以过滤吸附二氧化硫、氨气、苯和甲醛等有毒气体。机内选用进口高档滤材，不仅能阻止大气中 10 μm 以上的花粉、尘土等的侵入，还可以过滤空气中的病毒、细菌、螨虫等有害微生物以及 50% 的 PM2.5，大大提高了所引入新风的品质，为用户带来清新、纯净的空气。

（3）热回收功能。①热回收新风机组的核心器件是全热交换器，可对室内排出的能量进行回收。夏季回收排出空气中的冷量，再把室外的热空气预冷后送入室内；冬季回收排出空气的热量，再把室外的热空气预热后送入室内，从而减少能量的损失，降低了空调制冷制热空气的能耗。②此功能需保证热回收效率在 70% 以上，为保证此项参数指标，风机进场后需对设备抽样送具有国家认可的资质单位进行复试。

11.12　新风热回收系统调试技术

11.12.1　新风系统调试概况

1）冷热源控制要求

（1）冷热源设备可实现顺序联锁启停，冷源设备启动顺序为冷却塔风机→冷却水电动阀→冷却水泵→冷冻水泵→冷水机组，停机顺序相反。

（2）热源设备启动顺序为热水循环泵→热源（换热器），停机顺序相反。

（3）根据冷却水供水温度（由设在冷却水供水总管上温度传感器获取）控制冷却塔风机的频率。

（4）计算空调系统冷、热实际负荷，自动控制供热设备投入数量或提出供冷设备运行数量方案；同时将冷、热计量值远传到能源分项计量系统。

（5）根据冷冻水总管流量与供回水总管温差，计算系统实际冷负荷，与冷机额定冷量或者根据流量计的流量与冷冻水泵的流量比较确定冷机的开启台数，以确保各台启动冷机均处于 70% 负荷以上区域运行。

（6）根据空调水系统供、回水总管间的压力差或供回水温差使循环泵变频变流量运行，但通过冷水机组的最小流量不得低于额定流量的 70% 或厂家要求的最低流量值，且应在供回水总管之间设压差旁通阀。通过测定空调冷冻水系统的压差与设定供回水之间压差值比较：当测定压差值大于设定压差值则水泵降频以减小流量，当流量计显示流量等于单台冷机的额定流量的 70% 而测定压差值仍大于设定压差值时，水泵停止降频，调节旁通阀开度使其开度变大，从而在确保设定压差值的前提下维持通过主机的流量不低于额定流量的 70%，如测定压差值小于设定压差值，则水泵变频增大流量。

（7）通过测定空调热水系统的压差与设定供回水之间压差值比较：当测定压差值大于设定压差值则水泵降频以减小流量；当测定压差值小于设定压差值，则水泵变频增大流量。

（8）根据室外温度变化调节供暖二次供水温度，避免建筑物中过热的现象。冷冻水侧，各系统的不同环路在分集水器上应均设冷热量计量设备，且设有远传接口。将流量、温差及冷热量数据传输至 BA 系统。

（9）根据天气和需求情况，自动优化太阳能制冷与电制冷，蓄冷蓄热系统的运行模式，最大限度地利用太阳能和低谷电进行供冷；最大限度地利用太阳能供热。

11.12.2　新风机组控制

（1）新风机与新风阀应设联锁控制，当加热盘管表面温度低于 4℃ 时风机停止运行，此时加热盘管水路两通阀全开，新风阀门关闭，温度回升后机组恢复正常工作。

（2）可自动控制和手动控制新风机启停；当机组处于 BA 系统控制时，可在上位机控制风机的启停。

（3）新风机组根据送风温度与设定值偏差自动调节空调水阀开度。

（4）送风机运行故障报警。

（5）上位机应能显示新风机组送风温湿度、当日设备运营时间和累计运行时间及送风温度趋势图。

（6）可根据室内二氧化碳浓度和室内外焓值，自动判断并控制新风机组的热回收装置运行状态和新风风量。

11.13　气密性检测技术

11.13.1　气密性测试要求

我国气密性检测常用方法是鼓风门气密性测试方法，通常由甲方委托第三方具有相应资质的机构完成检测。气密性检测需在建筑外围护全部施工完成后实施，通常是在建筑即将移交给业主之前进行的。此外，为确保工程质量和气密性最终检测合格，防止工程返工造成的工期和成本的影响，建议在施工过程中就组织开展有针对性的气密性检测。

本项目建筑气密性测试分 3 次进行：第一次抽取典型房间"新风机房"进行气密性测试，通过测风仪、烟感测试等仪器可以检测门窗、砌块墙、穿墙管道存在的漏风点，制定整改措施并为后续施工提出指导意见；第二次是本项目整体围护结构施工完后的建筑气密性测试，目的是在大面积内外装饰施工之前，将全部漏风点整改完毕，避免后续装饰返工；第三次是本项目装修完后移交给甲方之前进行的建筑气密性测试。

建筑整体气密性检测应严格按照基于 EN 13829 的 PHI. BDT 指南规定的方法进行测试。气密性指标计算过程中需要两个数据：一个是鼓风门气密性测试并转换得到的标准空气状态下 50 Pa 的空气泄漏量，另一个是建筑物内部体积。PHI. BDT 指南中指出，对于体积超过 4 000 m³ 的大型建筑，由于相对于小型建筑具有较小的体形系数，通过 $n_{50} \leq 0.6/h$ 的指标要求相对容易，这样就不能真实地反映出大型建筑是否具有足够气密性。因此，PHI. BDT 指南要求体积超过 4 000 m³ 的大型建筑采用基于围护结构表面积的 $q_{50} \leq 0.6$ m³／（h/m²）指标判定。

该项目实施气密性检测时，室内温度 24℃，室外温度 28℃，室外风速为 4 m/s，符合 PHI. BDT 指南规定的要求。测试前完成建筑物必要洞口的封堵，测试位置选在南楼一层大厅主入口，按照 PHI. BDT 指南的要求安装鼓风门气密性测试设备，并与已安装 TECTITE 测试软件的电脑连接，放置室内外数字数温湿度计和室外空盒气压计。

通过测试，该项目的建筑气密性测试结果为 $n_{50} = 0.3/h$，满足我国被动式房屋 $n_{50} \leq 0.6/h$ 的指标要求，顺利通过了德国能源署、住房城乡建设部科技与产业化发展中心的验收。

11.13.2 气密性检测

施工过程中应进行气密性检测，保障气密性。气密性检测可采用鼓风门法和示踪气体法。

（1）鼓风门法通过鼓风机向室内送风或排风，形成一定的正压或负压后，测量被测对象在一定压力下的换气次数，以此判断是否满足气密性要求；鼓风门法检测应符合规定。

（2）示踪气体法使用人工烟雾，通过观察示踪气体向外界泄漏的数量和位置，查找围护结构气密性缺陷。气密性质量控制重点检查内容：①重要节点的气密性保障施工方案；②窗产品气密性质量；③窗、管线贯穿处等关键部位的气密性效果。

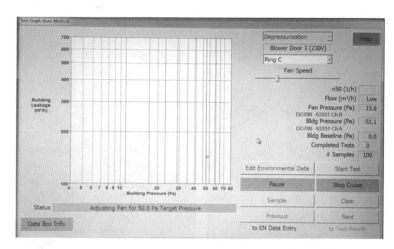

图 11-128　气密性检测操作界面

图 11-129　气密性测试风机

图 11-130　气压测试图

图 11-131　烟雾渗漏探测

11.14　净零能耗建筑屋面保温防水干法施工技术

11.14.1　技术概况

　　净零能耗被动式建筑，需要保温隔热性能更高的非透明围护结构。在设计中，屋面保温层厚度一般在 250 mm 以上，为了减少和避免热桥，需要分层错缝铺设，同时，为了确保保温层的最大保温隔热效果，在保温层下部需做防水隔汽层，保温层上部做防水层，避免水汽进入保温层，另外，在施工时要确保各种材料保持干燥状态。

　　屋面防水等级为一级，保温层为 150 mm+150 mm 双层保温聚苯板，隔汽层为 1.2 mm 厚自黏性耐酸碱特殊铝箔面层玻纤胎 SBS 改性沥青隔汽卷材，防水层为 3 mm+4 mm 双层防水，第一层防水卷材为 3 mm 厚玻纤胎基改性沥青隔火自粘防水卷材，第二层防水卷材为 4 mm 厚改性沥青防水卷材（上表面自带防紫外线的岩石颗粒）。防水材料均为德国维达高品质系列卷材防水产品，质量保证可达 30 年以上。本产品与聚苯保温板具有良好的相容性，可直接粘贴在保温板上，无须做隔离层。

　　本工程屋面保温防水系统采用干法施工技术，较好地解决了屋面系统要求干燥施工的问题。

11.14.2　重难点分析

　　（1）本工程屋面保温系统为超厚 EPS 板保温层，厚度达到 300 mm，为减少热桥的产生，需分层错缝铺设。

（2）隔汽层为 1.2 mm 厚耐碱腐蚀铝箔面层 SBS 改性沥青防水卷材，防水层为 3 mm 厚含加强筋玻纤胎基改性沥青隔火自粘防水卷材和 4 mm 厚改性沥青防水卷材，为德国进口品牌，国内应用较少。

（3）第一层防水卷材采用自粘法直接粘贴在保温板上，第二层防水卷材采用热熔法铺设，此种施工方法在国内尚未有成熟的施工工艺和操作方法。

（4）本工程屋面施工恰逢雨季，如何保证保温和防水施工质量是首要考虑的问题。

11.14.3　施工工艺

1）施工工艺流程

基层清理→涂刷冷底子油→隔汽层施工→保温板铺设→自粘法铺设第一层防水卷材→热熔法铺设第二层防水卷材→蓄水试验→检测验收。

2）操作要点

（1）基层清理。基层必须干净、干燥、无浮灰；发现薄弱环节先行补强，不得有酥松、起砂、起皮现象；经检查合格后方可进行上面屋面系统的施工。

（2）涂刷冷底子油。基层应基本呈干燥状态，使用环保型沥青冷底子油涂刷于干燥的基面上，用量 300~500 g/m²。要按由远及近、由高到低的顺序进行涂刷。

（3）隔汽层施工。隔汽层为 SBS 改性沥青自黏性卷材，上表面为特殊处理过的铝箔，下面为自粘的 SBS 涂层，可以直接与基层黏结，施工时，揭掉下面的隔离膜，黏结在基层上即可。

（4）保温板铺设。为了确保保温板与基层可靠的黏结强度，将发泡 PU 胶喷涂在隔汽层上，每一副宽隔汽层喷涂不少于 3 条 PU 胶条，屋面四周不少于 3 条，然后用力将保温板压覆在上面，等胶表干固化后即可施工下一道工序。本工程为超厚保温层，分两层铺设，上下层接缝相互错开 1/3 板宽，大于 2 mm 的板间缝隙可采用同类材料碎屑填密实或填塞发泡聚氨酯。

图 11-132　第一层保温板用 PU 胶粘贴

图 11-133　第二层保温板铺设

（5）自粘法铺设第一层防水卷材。第一层防水卷材是一种 3.0 mm 厚本体自粘含加强筋的玻纤胎基 SBS 改性沥青防水卷材，与 EPS 板有良好的相容性，可以直接粘接在 EPS 保温板上，无须在保温板上做刚性隔离层，可大大降低系统重量，提高施工速度，方便快捷。若空气中湿度较大，或者温度较低时，可以用辅热的方式铺贴。施工期间必须考虑天气变化对系统造成的影响，当快要下雨时，必须停止施工，并且将自粘卷材与隔汽层黏结密封，设置防水分区，防止雨水湿气进入保温层。雨停后，卷材表面干燥后可继续进行施工，按照此方式可杜绝施工期间雨水对系统质量的影响。

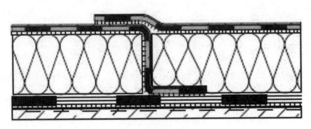

图 11-134 防水分区处理

（6）热熔法铺设第二层防水卷材。第二层防水卷材采用 4 mm 厚改性沥青防水卷材，上表面自带防紫外线的岩石颗粒，含加强筋聚酯胎，尺寸稳定性好，采用热熔法施工工艺铺贴。热熔法施工时，先热熔搭接边，然后热熔大面，检查搭接边施工黏结牢固，搭接边搭接是否满足要求。简易检查方法为看搭接边是否有沥青渗出，如果渗出，说明黏结牢固，在搭接边没有溢出沥青的部位用力撕搭接边，如果不能轻易地撕开说明也已经黏结牢固。搭接宽度检查方法为看预留的搭接边是否全部被覆盖，如果看不到有预留的搭接边存在，说明搭接宽度满足要求。

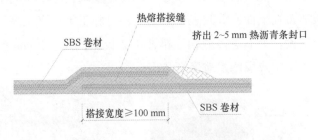

图 11-135 防水卷材搭接示意

（7）蓄水试验。第二层防水卷材铺设完成后，即可进行蓄水试验，若现场无条件蓄水，可在雨后或持续淋水 2 小时后检查屋面有无渗漏、积水和排水系统是否畅通。经确认没有渗漏后，办理隐检及蓄水试验手续。

（8）检测验收。屋面防水层施工完毕后，做淋水试验或雨后气温升高后观察屋面，检查防水层是否有起鼓现象，如有起鼓说明有水汽进入，应重新进行施工，也可以在雨后或者淋水试验后用红外线热成像仪观察，是否有冷热桥，如果有不规则的冷热桥，说明此处进水，需进行修缮。

11.14.4 总结

屋面保温防水干法施工，取消了保温隔离层和黏结砂浆，减少了湿作业，避免了等待干燥的时间，加快了工程进度；防水分区的设置，减少了气候对施工的影响，同时也保证了一个分区防水、保温系统的损坏而不影响其他防水分区的保温、防水效果，提高了工程的耐久性。采用高品质的防水材料，使建筑保温有效地被利用，实现实验室保温性能数据真正体现在建筑应用上。屋面系统可提供 30 年以上的质量保障，社会和经济效益显著。

随着我国防水生产企业不断成长，施工技术不断成熟，产品质量不断提高，新产品也越来越多，屋面系统干法施工技术在我国必将得到广泛的应用。

参考书目

北京市住房和城乡建设委员会，天津市城乡建设委员会，河北省住房和城乡建设厅，2017. 京津冀超低能耗建筑发展报告（2017），北京：中国建材工业出版社.

中国建筑标准设计研究院，2017. 被动式低能耗建筑——严寒和寒冷地区居住建筑 16J908-8. 北京：中国计划出版社.

住房和城乡建设部科技与产业化发展中心，2018. 中国被动式低能耗建筑年度发展研究报告（2018）. 北京：中国建筑出版社.

黑格尔，曲翠松，2018. 主动式建筑：从被动式建筑到正能效房 [M]. 上海：同济大学出版社.